Finding Your Way
in a Wild New World

Reclaim Your True Nature to
Create the Life You Want

狂野的觉醒

再造你的真如本性，
创造你想要的生活

[美] 玛莎·贝克 著
秦昊 译

图书在版编目（CIP）数据

狂野的觉醒：再造你的真如本性，创造你想要的生活 /（美）贝克著；秦昊译.
—北京：华夏出版社，2013.10
书名原文：Finding Your Way in a Wild New World: Reclaim Your True Nature to Create the Life You Want
ISBN 978-7-5080-7794-9

Ⅰ.①狂… Ⅱ.①贝… ②秦… Ⅲ.①成功心理—通俗读物 Ⅳ.①B848.4-49

中国版本图书馆CIP数据核字（2013）第203068号

Copyright © 2012 by Martha Beck
All rights reserved, including the right to reproduce this book or portions thereof in any form whatsoever.
All rights through the world are reserved to Proprietor.

版权所有，翻印必究

本书中文版权由北京掌娱互动文化传播有限公司所有
北京市版权局著作权登记号：国作登字－2013－A－00081840

狂野的觉醒：再造你的真如本性，创造你想要的生活

作　　者	[美]玛莎·贝克
译　　者	秦　昊
文字编辑	王占刚
运营推广	北京掌娱互动文化传播有限公司　悦读客
出版发行	华夏出版社
经　　销	新华书店
印　　刷	三河市李旗庄少明印装厂
装　　订	三河市李旗庄少明印装厂
版　　次	2013年10月北京第1版　2013年10月北京第1次印刷
开　　本	670×970　1/16开
印　　张	22
字　　数	293千字
定　　价	49.00元

华夏出版社　网址：www.hxph.com.cn　地址：北京市东直门外香河园北里4号　邮编：100028
若发现本版图书有印装质量问题，请与我社营销中心联系调换。　电话：（010）64663331（转）

目 录 CONTENTS

序言
找到你的犀牛,治愈你的人生 1

第一部分
第一种神奇之术:无言

第一章
快速寻找出路(平静,痛苦,欢喜) 3

第二章
微小关系和神圣的玩耍之路 26

第三章
无时无刻的信息(似是而非之路) 41

第二部分
第二种神奇之术:融通

第四章
嬉戏与技术交融 61

第五章
我的阿姨,树木(绿色王国的融通) 75

第六章
与亲密的人更亲密(动物是通往融通的世界之门) 97

第七章

你！你！你！（人际关系是通往融通之门） 119

第三部分
第三种神奇之术：冥想

第八章

冥想飞跃 145

第九章

问题？什么问题？（用冥想修缮人生） 166

第十章

用冥想破解谜题 189

第十一章

如果一切都正常，恰恰说明一切都不正常 213

第四部分
第四种神奇之术：塑就

第十二章

塑就——不是强迫——你的渴望 235

第十三章

塑就你的艺术，自我修缮 257

第十四章

如何塑就生活 278

第十五章

跃入狂野新世界 303

序言
找到你的犀牛，治愈你的人生

冒着随时都有可能被犀牛杀死的危险，我并没有预期中那样惶恐不安。诚然，当我第一眼看到它的时候，我的心不禁感到震颤，但是我的震颤不是源于恐惧，而是出于敬畏。

好吧，也许也有那么一点恐惧。

直到这一刻，我的朋友克勒·辛普森（她的名字听力来像诺勒，但却是以K开头）还是集中精力盯着地上犀牛的足迹，以至于都忘了应该抬头看一眼——这是人们通常易犯的错误，就像我们俩一样，一心只想着追踪。当克勒抬起眼睛的时候，她猛地向后退了将近两米，几乎跟我撞个满怀，此刻的我们与犀牛的距离几乎超不过六米远。

请相信：在动物园观察动物跟在森林里亲眼见到是完全不一样的，尤其是见到像斯巴鲁森林人一般大小的动物。平日里，一只相当大的蜘蛛就足以把我吓出心脏病来，而此刻，我居然距离这个长着尖锐犀角的庞然大物如此之近，近得我都可以朝着这个山一样高大的动物吐口水了，当我意识到这一点的时候，我感到……惶恐不安。我像一只受伤的狮子狗一样，张嘴大叫。但随后，敬畏之情油然而生，我闭上嘴，盯着它一动不动。

半隐藏在荆棘丛中的犀牛，翘起它那看起来还没进化好的头——差不多有超市购物车那么大，然后将卫星碟一样的耳朵转向了我们。它似乎心急火燎。很快我就明白为什么了。从丛林中的沙沙声就可以听出，第二

2　狂野的觉醒

只动物来了,那就是它的孩子。就犀牛而言,这只小犀牛太小了,它还没有沙奎尔·奥尼尔高大。它在我的身后盘旋,把我们四个圈在了它和它妈妈之间。虽然我不是住在森林里的人,不懂得什么森林知识,但是我也能猜想得到这只犀牛妈妈马上就要采取手段了,它会找到机会和动机刺向我们,甚至踩死我们。

但是此刻,我却只是感到伟大。

这像不像一觉醒来后,发现自己身处欧仁·尤内斯库(译者注:罗马尼亚及法国剧作家,荒诞派戏剧最著名的代表之一)荒诞的戏剧《犀牛》中?我不仅没有感到恐惧,反而觉得如果能被刺死在非洲荒野是一件令人愉快的事。我的意思是,能有多少来自菲尼克斯的中年妈妈能以这样的方式死去呢?

犀牛妈妈紧张地用爪子在地上乱抓,我感到脚下的地面都发生了震颤。它非常巨大,它也非常紧张。它可以轻而易举地杀死我,就像我修剪指甲一样轻松。但是我的脑海里充满了疑问,最后精炼成两个问题。

问题1:我到底是怎么来到这儿的?

问题2:我现在到底该怎么办?

这两个问题似乎都非常难解。噢,当然了,我可以选择像童话故事里那样一路跟着面包屑来到这片非洲原野上。但是,是什么在无意中促使了我作出这样的选择呢?把第1个问题放一放,让我先来回答第2个问题,因为第2个问题似乎更紧迫:如此近距离面对一头受惊的犀牛,该如何逃脱?此刻,看着犀牛不断地朝我们挑起牛角,就像一个球员在开定位球前做着热身运动,我真希望我的非洲朋友们至少能想出一个双管齐下的对策来应对这样的紧急状况。

仿佛读懂了我的心思一般,从小就在这片非洲丛林里长大的博伊德·瓦提勾勒出了一个逃生计划,他低声对我们说:"呼吸。"

噢,没错。原来从最初吸进的那一口气到现在,我一直都屏住呼吸呢，这是典型的"打或逃"反应，刺激了肾上腺素的分泌，也加快了心跳。从严格意义上来讲，我知道比这更好的逃生计划，但是我忘记了。毕竟我的大多数知识都是二手的。过去的几年里，我采访了各种研究人类意识的专家，包括神经学家、心理学家、僧侣和女巫医，得到的答案并没有什么特别之处，他们都一致同意深呼吸是强有力的行为，是长寿、快乐等一切的基石。在如此近距离面对一只比你全家人的总重量还重的野生动物时，这一点表现得尤为真实。

呼吸，仅仅一个长呼吸就能改变我的整个身体：改变我的大脑、我的激素平衡、我的直觉能力，还有我对其他生物的影响。我是在理智上明白这一点，而我的朋友们却是发自内心地明白这一点。也许克勒就是一个非常好的模型，只不过作为现实生活中的"马语者"，在经过了数千个小时的训练后，她在面对紧张的庞然大物时异常冷静。博伊德与这片荒野已经非常和谐了，实际上他自己就是一只非洲野生动物。我们小组的第四名成员——也是最后一名成员——叫索利·穆朗戈，他是一位尚迦纳族追踪者，拥有传奇的技能和勇气。他曾经以百米冲刺的速度飞跃过一条河，把博伊德从鳄鱼的口中拽了出来。当时的情况非常凶险，鳄鱼就像咬鸡腿一样咬着博伊德的腿，幸好博伊德脑筋转得快，他用脚猛踩鳄鱼的喉咙，使它的黏膜打开，水从肺部（所谓的喉咙带或喉囊）流出，这才得以脱身。从此，《踢它的喉囊》这首歌诞生了，每逢节日场合，博伊德的整个家族都会喝酒欢唱此歌，还把它编成一曲欢快的嘻哈。

但是我要说的不是这个。

我想说的是，在我们的四人探险小组中，毫无疑问我是最弱的那一个。不过，我却觉得自己像是四美元一瓶的气泡酒一样，冒着幸福和欢乐的泡泡。我笨拙地向博伊德伸出大拇指，他回敬给我的是电影明星一样闪耀的微笑（这看起来也太不公平了，这些人已经够勇敢、够聪明了——他们怎么还这么漂亮呢？）。这时候，犀牛妈妈发出呼哧呼哧的喘息声，摆好了架势准备跟我们开战，而小犀牛则继续在我们身后两侧徘徊。博伊德悄悄地启动了第二个逃生计划，那就是慢慢地向一边移动，进入荆棘丛。我们小心地移动脚步，生怕踩上岩石、动物的洞穴和蛇。荆棘撕裂了我的衣服，划伤了我的头发和皮肤。我心里很清楚，此刻任何的失误都可能会导致异常危险的后果。

但是我还是止不住嘴角的微笑。

我到底是怎么来到这儿的？我现在到底该怎么办？

当蹑手蹑脚前进的时候，我突然想起来，在我的一生中，我都在问自己这个问题，从学龄期就开始了，那时候我就开始怀疑我是否脱离了宇宙的轻轨系统，登陆上了错误的星球。在慢慢躲避犀牛的过程中，几十年前的一幕幕闪现在我的眼前，我的头发直立，我的胳膊上布满了划痕，我的注意力完全放在了鸟儿、松鼠、小野猫身上，我愿意跟它们成为朋友，哪怕冒着死亡的危险。

我是怎么来到这儿的

在我四岁的时候，我已经能够记住大多数事情了，我仍然对自己最喜欢的书半信半疑：童话故事里面的老鼠和鹿会说话；梅林可以将曾经与未来之王——亚瑟——变成任何野兽；泰山和莫戈里是由动物们养大的。当人们问我"当你长大了，你想成为什么"的时候，我的回答都是"一名弓箭手"。并不是因为我想用弓箭射击什么，而是因为我觉得只有成为弓箭手，我才能够像罗宾汉（译者注：12世纪英国民间传说中家喻户晓的绿林好汉）一样，跟一群理想化的朋友们在森林里玩耍。

这不仅成了我正式的人生志向，也不可避免地成了我生活的整个重心，我的"真如本性"。这完全是我自己思考出来的。从来没有人告诉过我要这样思考，没有人告诉过我要记住几百种哺乳动物的名称，花上几个小时待在户外观察鸟儿，津津有味地咀嚼各种各样的植物，看看会发生什么。没有人催促我去读书，但是我却痴迷于读书，因为除了读书，我如何还能到遥远的荒野旅行？如何经历大冒险？如何了解我可能永远都无法指望在现实生活中见到的动物？我家一共有八个孩子，作为老七，我得到的最伟大的礼物就是绝对的自由，我可以阅读任何我想阅读的书籍，钻进任何我能找到的荒野之中，于是，我以为我的整个人生都将会这样继续下去。与我成年之后辅导过的数千位客户不同的是，那时候从来没有人试图阻止我追随我的真如本性，直到我长到五岁。

令人困惑的是，我刚开始上学后发现，我的第一任老师们并不相信我是在树林里学习动物语言长大的。遭到了大人们的挖苦和批评后，我才意识到我的文学英雄和他们在森林里的生活方式都不是真的。在这个文雅的社会里，围着空地追逐流浪猫不会让我有任何发展，要想成功，我必须全心全意地专注于我的学业。我也确实做到了。事实上，我不仅做到了，而且长期以来我一直都高度专注于学业，在经过刻苦努力后，我获得了三个哈佛学位。在我快三十岁的时候，我已经成功地成了一名专家，是社会学、社会心理学，还是组织行为学，或者是社会行为组织心理学来着？管它到底是什么呢，反正是个专家。

在我的职业生涯中，只有一处小小的美中不足，那就是一想到我的整个人生都将在创作学术期刊、参加教师会议中度过，我就恨不得用鞋子敲死自己。因此，在三十出头的时候，我回归了五岁的自己，回到了那个指甲脏兮兮、对野外生物学充满了激情的小女孩时期，我问她，她想做什么。当然，在理智范围内。她说，有些人被办公室、官僚机构或家庭压力所囚禁，她想写东西，给这些人以希望。她想写书，让这些人感受到自由，就像《人猿泰山》和《丛林故事》让她感受到的自由一样。她想告诉读者们，自己的规则可以由自己来定。

对于受过教育的我来说，这种言语听起来勉勉强强能够接受。我想象着自己生活在城市里，过着我的写作生活：穿着肥大的衬衫，笔耕不辍，写着散文，从家门前古雅质朴的邮箱里查收支票。等我意识到我已经加入了娱乐行业的时候，都有点来不及了。但是作为一名作家，我是幸运的。我结束了无休止的巡回售书活动，结束了不断地四处奔波，结束了午宴会上的会场演说，也不再在电视上露面。然后，互联网时代来临，信息开始以新的方式进行传播。如今，除了写作、演讲、媒体采访，人们告诉我我还要通过博客、推特和脸书发表东西。尽管我尽力了，但是每当我试图跟上互联网的潮流，我就会感到毛骨悚然，就好像我那可怕的高中老师突然出现在同学们的啤酒聚会上一样。我正在尽我所能地奋力奔跑，但是我又一次感受到了痛苦和过度劳累，我被困住了，困在了如何通过真正努力获得商业成功的规则之中。

在这期间，我收到了一份不寻常的邀请。有一个叫做亚历克斯·范·登·西瓦的男人，他是位狩猎区护林员（管它是什么职位呢），他邀请我去参观南非一个叫做伦多洛里的禁猎区。我曾经去过伦多洛里，不过是在书中的畅游，那时候我就完全爱上了这个地方。正因为如此，亚历克斯的邮件才格外吸引我的注意——或者更确切地说，是吸引了我身体里那个身上带着被刺划伤的伤痕，头发像树枝一样根根直立的四岁小女孩。"伦多洛里"这个词听起来仿佛从我自己的身体里发出，它像一个清晰的音符，一个与我的真如本性完美和谐的音符。读着读着亚历克斯写给我的邮件，我就开始哭了起来，我自己都不太清楚这是因为什么。

但是等我回复了亚历克斯的邮件，成了伦多洛里的常客，与母犀牛和小犀牛面对面接触之后，此刻的我才明白了自己流泪的原因。我小心翼翼地把脸颊上的刺拔下来，希望犀牛不会扑过来，但就算它扑过来，我也不会真的介意。过去的场景一个一个地浮现在我的脑海里，就好像拼图碎片找到了各自恰当的位置。

伦多洛里属于祖鲁语，意为"万千生灵的守护者"。为这片荒野命名的人们把他们的生命奉献给了这片土地，他们说自己在"修复伊甸园"。

我脚下的土地曾经是一片贫瘠的牛场，几乎是不毛之地。然而，就是这几个人将这个生态系统恢复到了原来的状态，他们是亚历克斯、我的朋友博伊德·瓦提及他的家人、像索利一样的尚迦纳族追踪者们。尽管这些人已经修复了一块面积大过瑞士的土地，但丝毫不见他们有要停下来的意思。

所以此刻一切看起来都清晰明了了，是四岁那个未受到文明世界熏陶的我带我来到这片土地的，她对动物充满了热情，她喜欢跟这几位朋友四处跑来跑去，正是因为这样，她才愿意被这几位朋友拽到万里之遥的荒野，在这片神奇的土地上，与这些狂野神奇的人们待在一起。眼下，我悄悄地潜入灌木丛中，跟我在一起的有一位非洲追踪者、一位环保主义者，还有一位能够真正跟动物交谈的女人。这个事实像坚硬的犀牛一样重重地向我砸来：我所相信的世界，早在我最天真、最不明就里、最幼稚的心灵里所相信的世界；早在很久以前我就已经不抱希望并停止寻找的世界；早在几十年前，因为我一心向着"文明"的目标，被我埋葬在了劳而无功的文明工作背后的世界，原来是真的。这就是为什么，就算这一刻死去我也觉得无比开心，比这四十几年来的任何时候都要开心。能与这些朋友，还有这些原始动物待着这片土地上，为了这一刻死去也值得了。我的心脏欢喜得怦怦直跳。我终于体会到找到真如本性后有多快乐了。这是我经历过的最美妙的时刻之一。因为独乐乐不如众乐乐，所以我希望你也能感受一下。

而此刻，这个21世纪的狂野新世界正是找回你的真如本性的最好地方。如果你听从真如本性的指引，你的人生将会变得更美好。它会为你带来自由、安宁和欢喜；为你带来创造美好生活的最佳机会；为你周围的一切带来尽可能好的影响。我不能确定在你的生活中，它会怎样发挥出它的作用，但是此刻我所知道的是：是时候遇见你的犀牛了。

你是怎么来到这儿的？你现在该怎么办？

不管是什么，只要能满足你人生的真正目的，那它就是你的"犀牛"。如果有人告诉你："它就在外面——但是当心，它能杀死你！"你依然会等不及把门打开，干脆直接赤着脚破门而出，那你就找到了你的犀牛。其实你现在已经知道什么是你的犀牛，但也许你还不知道你已经知道了，因为清楚地看到你正确的人生的那部分正是常常缄默不语的真如本性（稍后我们会看到）。你的犀牛也许不像我的犀牛那样显眼，但是它会唤醒你渴望一遍又一遍回味的幸福。

也许你也会经历你的犀牛时刻，比如玩一场很酷的新视频游戏，与你的灵魂伴侣一起装饰房间，帮助孩子种植一棵花，鼓励那些一直面带笑容、乐于助人的朋友。也许你的犀牛还没有被挖掘出来。当我的二女儿问我大学应该选什么专业的时候，我告诉她："你要自己设计你自己的专业。然后选择所有能让你在早晨，或者下午，不管什么时候，只要一想到就兴奋得从床上一跃而起的课程，因为也许你能从事真正属于你的职业的年头是有限的。"

当我们开始21世纪里第二个十年的时候，技术的进步和社会的变迁已经达到了统计学家口中的"转折点"，呈指数增长模式。这意味着，从最基本的钻木取火到后来的工业革命，经过了多个世纪缓慢的进步后，如今的我们已经发明了更先进的技术，技术发展的速度如此之快，以至于很快人类的大脑就将无法跟上自己创造的机器的脚步。即使是专业的未来学家，都不知道在未来的几十年里世界将会变成什么样子，尽管他们可以非常肯定地指出一些关键趋势几乎会毫无疑问地继续进行下去。例如：

- 像你我这样的小个体如今有能力做一些以前做不了的事情了，比如获取数十亿人的信息，要知道在早些时候，只有像政府和企业这样的大型机构才能做得到。

- 这意味着，如今人们可以通过更便宜、更方便、更普遍的方法来实现这类目的。

- 知识已经不再是力量了，因为知识已经不再稀缺，稀缺的是人类的注意力。引导大众的注意力成了人们在狂野新世界里进行商品和服务交易的手段，也是人们赚钱生存的方法。

- 如今，能吸引大众正面注意力的不是华而不实、平淡无奇、大众舆论的东西（无聊的），而是真实的、创新的、幽默的、美丽的、独特的、诙谐的、移情的、有意义的东西（有趣的）。
- 最稀缺、最令人垂涎的资源不是高科技和高度发达的城市，而是"未受污染的"地方、人物、动物、物体和经历。

一旦弄清楚了什么是你的犀牛，要想生活蒸蒸日上、幸福快乐，最好的选择就是跟你的犀牛进行连接。要说正面注意力（狂野新世界里最宝贵的资源），其实最强烈的无疑来自于你自己，它从你的真如本性中来，到人们、动物、植物、事件和情景的真如本性中去。

真如本性的作用

因为接受过社会科学训练，所以在最终遇见了真正属于我的活生生的犀牛之前，我就已经知道了这一点。我还知道所有人的真如本性，确切地说是广义上的真如本性，一直都受限于生存压力，包括德国社会学家马克斯·韦伯指出的理性化"铁笼"。韦伯写道，只要人们不停止通过理性化手段赚钱，那么社会的铁笼就会一直将他们囚禁，扼杀他们的愿望，消除个人特征，把作为工人的人类变成社会这个巨大的金融机器中微小的颗粒。

作为一名毕业生，在读韦伯的作品时，看到这个伟大的理论笼罩着一丝忧郁，我一点都没觉得惊奇。实际上，有时候他会在自己的房间里连躺数日，把人类的未来看成"冰冷黑暗的极夜"。我也丝毫不惊讶韦伯（像我一样）患有慢性身体疾病，残废了几十年。每当我放下手中的研究生课程，躺下来观赏野生动物纪录片时（更好地忍受慢性疾病带给我的疼痛），我总会听到同样的预言："冰冷黑暗的极夜"就要来了，也许会是核冬天（译者注：指核武器爆炸引起的全球性气温下降），也许会是其他形式的全球性灾难。我们到底是怎么走到这一步的？我们现在到底该怎么办？

　　作为当事人，我觉得其乐无穷。

　　尽管我很早就接受了一个事实，即你的、我的、大地的真如本性已经被破坏得再难修复，但是当我到达伦多洛里的时候，我听到我的真如本性在我耳边传达给了我一个新消息。我还以为这次出行只是从工作的铁笼中偷得浮生半日闲，看一眼最后一块即将消失的自然世界，但是就在我坦然接受即将被犀牛杀死的瞬间，我的意识中浮现出了不同的想法。在这无言的瞬间，我卸下了一直追随在我脑海中的虚假自我。伴随着宁静后的第一声心跳，我听到了当年那个晒得黑乎乎、指甲脏兮兮的四岁小女孩的声音，听到了伦多洛里这片特殊的土地的声音，听到了修复这片土地的那些朋友的声音，听到了焦急的犀牛妈妈和它健康魁梧的小犀牛的声音，他们都在对我说：自然可以治愈。

治愈你的真如本性

　　短短一句话却成了我生命中的分水岭。它告诉我，如果我们给生态系统一次机会（就像人们给了伦多洛里机会一样），那么整片土地都能自己进行自我修复。它告诉我，尽管这么多年来我一直被困在各种各样的铁笼里，但是我的真如本性还可以自我修复。所以，你的也可以。即使你是一位虔诚的都市人，即使在你的眼中，整个大自然已经完全被鳞次栉比的高楼所占据，就连去一次飞机场，都得开车穿过一栋栋高楼才能到达；即使你像威廉·克劳德·菲尔兹一样，认为"痛恨孩子和动物的人并不一定都是坏人"，认为你所表现的出来的这种独特的偏好是你的真如本性的一部分，也不要紧。你现在和你余生的任务，就是治愈你的真如本性，并让它茁壮成长。

　　如今，许多行业的铁笼纷纷坍塌，许多自以为牺牲了幸福，就能确保经济安稳的人也纷纷失去了工作。改变正在大范围迅速进展着，大部分社会机构和经济机构都已发生了改变，只剩下少部分还没变（这少部分也即将面临改变）。21世纪狂野流动的世界意味着，你不仅可以将自己从你的铁笼中释放出来，你还必须这么做。给最深处、最真实的自己以自由和健康，是在这个陌生又新奇的时代蓬勃发展的根本，在这个时代（我们稍后就会看到），真实往往等同于注意力，注意力等同于价值，价值又等同于繁荣。

你到底是怎么来到这儿的？你做了所有能做的努力，穿越了一连串破坏你的真如本性的社会压力才到达这里。你现在到底该怎么办？寻到一条新的道路，一条更好的道路。在狂野新世界中，这条神秘未知的路会帮助你，独一无二的你，完完全全地召回你的真如本性。

你能接受这个挑战吗？如果你不能，那我希望你就舒舒服服地守在你的笼子里，然后睁眼看清与日俱增的变革浪潮如何将你的笼子粉碎。如果你能，那么祝贺你，你的未来将充满冒险和刺激。你还会在同龄人小组中找到自己的方向。这一决定会治愈你的真如本性，当然，也会使你成为大自然的治愈者。正如我们看到的那样，治愈者们在狂野新世界中扮演着独一无二、空前重要的角色。

要想做成某件事，就像每起神秘谋杀案告诉你的那样，你需要动机、方法和机会。你的真如本性正为你提供了动机，鼓舞你创造你真正想要的生活。我们文明的流动性恰好为你创造了机会。至于实现"正确人生"的方法，也许就没有那么明显了。但是我相信，这些方法一定来自于古老的传统，是由许多不同文化和地方的治愈者们用他们的智慧创造并且亲身使用过的。治愈者们研究出这些修缮方法来帮助修复任何宝贵、复杂的破损之物。我们的文化，尽管它对于物理世界的掌控远远超过了先前的社会，但它却将抚平人类和世界伤痕的方法遗失了，或者说，是故意丢弃了。而这本书的主要目的，就是教你如何重拾并使用这些方法。

治愈小组

遥想当年我在大学和商业学校任教的时候,我的身上发生了一些奇怪的事情:不知道是什么原因,人们开始不停地出现在我的办公室里问我问题,不是关于学校的问题,而是关于生活的。他们会问我:"我到底是怎么来到这儿的?""我现在到底该怎么办?"

我不知道。不过幸运的是,我发现我坐在那里就可以,人们总能自己为自己寻找答案。这就是为什么我最终成了一名人生导师的原因,这是一个非常低级的行业,它被埋在蔑视之下(有些人确实这样认为)。我并没有把人生导师当做一种职业,我想变得更有声望,比如当一名教授、一位便利店店员,或者一个瘾君子。但是作为一名教练,我渐渐发现许多聘请我的人都惊人的相似。尽管他们表面上看起来非常不同,他们的性别、年龄、种族、国籍、职业都不同,但是他们说的话都惊人的相似。这里有一些例子,看完后你就会明白我的意思了。

- 肯德拉是一位19岁的大学生,她在哥伦比亚大学第一学期的成绩一塌糊涂,她的父母将她送到了我这里。肯德拉以前是一位非常出色的学生,她告诉我:"我无法集中精力,我在纽约行走的时候,感觉自己就像是被困在了混凝土之中。我不属于这里。我想,我应该在别的地方,做别的事情。至于做些什么,我不知道,反正是一些有帮助的事情。"她在说这些话的时候,声音颤抖,这倒是没什么,但是显然,这背后隐藏的情感却强大得不容忽视。

- 杰克出生在纽约市一个富裕的家庭,他曾经渴望成为一名骑警或者中央公园的遛狗师。"这是我所知道的唯一能与动物们待在一起的户外工作。"他笑着说道。在15岁的时候,杰克遇见了一个患有自闭症的男孩,于是他的脑海中冒出了一个新想法:"我看到了丹尼与动物待在一起时有多放松,我开始对此痴迷。"杰克在大学和研究生时期接受了特殊的教育，最终成了一名职业治疗师，专门为需要特殊护理的儿童提供治疗，其中，与动物互动就是他们的一项疗法。杰克说："在我这样的家庭里，我们完全不应该干这一行，但这却是我唯一想做的事情。"

- "我整日忙得离谱，但几乎每一天，我都会把自己的事情都放到一边来聆听别人的倾诉。"洛丽是一位中年妈妈，她告诉我，"有时候甚至我几乎不认识的人都会来找我倾诉。我不知道他们为什么这么信任我，但是他们确实非常信任我。然后，我听到自己竟然给出了建议，这些建议以前我想都没想过，是这一刻才出现在我脑海里的。我觉得似乎该做的事情我都没有去做，却把时间花在了其他事情上，但这又何妨？我是怎么了？"

- 在卡茨基尔山区开完会议后，由皮特开车载我去奥尔巴尼机场。他从小就以狩猎为乐趣，但当他参与反对越南战争的活动的时候，他开始对自己不道德的杀生行为进行深刻的自我反省。由于对政府感到失望透顶，皮特选择生活在阿帕切族（译者注：墨西哥北部和美国西南部的印第安人游牧民族）保护区，在那里，他跟当地的巫医成了最好的朋友。许多年过去了，皮特依然居住在那里，与那片荒野打着交道，并常常惦记着治愈这片土地。他告诉我："每到狩猎时节，我就会穿上我的迷彩服，把自己伪装起来走进丛林中吓唬动物，好帮它们远离猎人。"当我指出这听起来有一点危险的时候，他笑了起来，"虽然这不是我该冒着生命危险报效国家的方式，却是我所知道的最好的方式。"

- 阿普里尔曾经只想要一份安稳的好工作，有不错的工资、福利和晋升空间。但是她在一家著名银行的工作并"不能完全满足自己的愿望"，她说，"实际上，要是我当时勉强留下来，我应该早就忍不住胡乱扎人了"。阿普里尔在别处找到了圆满，她说："我喜欢跟朋友们谈论如何改变这个世界。虽然闲聊只是为了打发时间，但我却有一半是抱着认真的态度的。我真的能感觉到有什么事情正在发生，我不应该还留在企业里隔岸观火。"

所以你明白我的意思了吗？尽管按照人口统计数据来看，他们迥然不同，但是他们都不断地冒出同样的需求，他们自己也不知道这是怎么回事，只知道自己迫切地需要连接自己的真如本性。随着越来越多的人给我讲述他们的故事，我开始意识到他们还拥有一些共同的特点，只不过我们在人口统计数据上看不出来。这些特点几乎总是可以归结于下：

- 有一种特殊的使命感或目的感，只知道人类要发生一场重大转变，却无法说清楚这场转变可能是什么。
- 有一种很强烈的感觉，这个使命离自己越来越近了，不管它到底是什么。
- 强烈地想掌握某种技巧，想成为某一领域或专业的大师，不仅是为了职位的晋升，也是为似懂非懂的个人使命做好准备。
- 有很强的同理心，能够与他人感同身受。
- 迫切地渴望减轻人类、动物，甚至植物的伤痛，使他们或它们免受苦难。
- 尽管经常参加高层次的社会活动，却还是因为意识到自己的不同而产生孤独感。一位女士曾完美地总结了这种感觉，她说："每个人都喜欢我，但却没有人真正像我。"

除此之外，这些人还具有下列特征，少数人下列特征全部具备，剩下的都能具备大部分特征：

- 高创造性，对音乐、诗歌、表演和视觉艺术充满激情。
- 强烈地热爱动物，有时候渴望与动物沟通。
- 经历过艰难的岁月，通常遭受过虐待或童年创伤。
- 与某种自然环境紧密相连，比如海洋、高山、森林。
- 抵抗传统宗教信仰，却又自相矛盾地追随一种强烈的感觉，也许是精神使命感，也许是精神向往。
- 热爱植物和园艺，若是不能与绿色生物待在一起，或者不能帮助它们成长,就会深感空虚和沮丧。

- 非常敏感,往往由于过于敏感而容易导致焦虑、癖嗜、饮食失调。
- 感觉到与某种文化、语言和地域紧紧相连。
- 自己或者自己心爱之人常常患有与大脑相关的残疾(阅读障碍、发育迟缓、自闭症)。对患有智力障碍或精神疾病的一类人比较亲近。
- 一方面性格非常合群,另一方面又深度渴望定期一个人独处,两方面对比鲜明。生出对社交精疲力竭之感,虽精疲力竭,却拒绝再次为自己"充电"。
- 患有持续复发的身体疾病,通常还比较严重,且病症波动异常。
- 做白日梦(或夜有所梦),梦见自己治愈了受到伤害的人、动物、地方。

我自己就有许多上述特征,我觉得这就是其他人不停地找我倾诉的原因。这些人的内心生活和个性非常相似,以至于不知怎的,我产生了一种奇怪的感觉,他们注定要在一起工作,于是我开始称他们为小组。在我四十多岁的时候,我四处都能遇见小组成员,他们一直在问:"我到底是怎么来到这儿的?我现在到底该怎么办?"他们不停地问,频率越来越高,几乎惹人心烦。差不多有数百人来找我,让我给他们以指导,通过参加我的演讲活动来接近我,或者写信给我,他们都是为了一件事:尽管不知道为什么,但他们却能感觉到有一场特殊、有利的变化即将发生,自己生来就属于该变化的一部分,自己从出生起就开始为此做准备,如今距离行动之日一天比一天近了。

尽管我不知道小组成员们在期待什么,我却也像他们一样期待着。当一位女士问我我们在做什么的时候,我说我不知道,她回答道:"呃,好吧,管它是什么呢,天一亮我们就出发。"我们俩都由衷地开怀大笑,我怀疑看到我这个样子,下一刻我的同事就会找医生开抗精神病药给我,也不知道他们会开什么牌子的药。

这件事发生后不久,一位人类学家告诉我:"你知道,在现代化之前，你所描述的这些人被认为是部落的治愈者，比如德鲁伊特（译者注：指古代英国、爱尔兰、高卢地区凯尔特人中的教士、祭司、教师、法官、诗人、巫师、占卜者等）、巫医、萨满，或者其他什么。你已经知道这一点了，不是吗？"

"为什么这么说，不，教授，"我说，"我不知道。"说完我就迅速离开了，我得赶紧找书学习学习。

为小组寻个称呼

我发现我的教授朋友是对的。纵观人类历史，纵观每个地区每种文化传统（现代理性主义除外），拥有小组特征的人都被视为是上天赋予了他们天赋和责任，让他们与自然和超自然世界连接，目的很明确，为的就是治愈万千生灵。这不仅是他们的天命，也是他们的工作和事业。

通常来讲，这些特征并非依靠遗传而得来，拥有这些特征的人会被他们的长辈识别出来，然后被培养成一位……什么。每种文化都有自己的称呼来形容他，但是现代西方文化却没有。我们把神秘主义者、医生、治疗师、艺术家、中医、自然主义者和说书人的角色区分开来，这些通常被认为是有害职位。而在其他社会中，大部分都能有一个称呼、一项工作任务，专门针对具备以上所有角色于一身的人。

我仍然在努力寻找一个合适的英文词来形容这个小组，要保证这个词既不会引发人们联想到过于简单的迷信，也不能让人的脑海中浮现出穿着狼皮、为自己重新起名为月光蜂鸟的新世纪信徒。虽然"治愈者"一词恰好表现出了小组成员们渴望对这个世界作出的贡献，但是当我在发达国家和发展中国家研究这个话题的时候，遇到了很多自封为"治愈者"、"大师"、"精神导师"的人，这些人主要关心的无非是自己的银行账户，所以他们肯定不属于我们的小组。

但是有时候，我也会遇见能够完全体现出治愈者原型的人。这些人是行走的发电机,他们释放和平、希望、慈悲并帮助恢复。他们所完成的事情令人惊叹,但是他们自己却普遍都很谦虚,坚持认为他们所做的只是简单和务实的工作。为了与讨厌的冒牌者区分开来,我开始选择用"修缮者"这个词来称呼他们,这个词既可以描述出这些可爱的人的主要职能,也符合他们谦虚的态度。我在这本书前面的部分会常常使用这个词来称呼他们,但是我最常用来称呼这个小组的词语是"寻路人"。

弄清我们到底是怎么来到这儿的和我们现在到底该怎么办

人类学家韦德·戴维斯发明了"寻路人"一词来形容首先发现了太平洋群岛的古代航海家,他们指引小船穿过一望无边的大海,来到一片非常小的土地上,如同大海捞针,完全没有任何现代导航设备。为什么古老的智慧对现代世界有着重大影响,戴维斯在他的书《生命的寻路人:古老智慧对现代生命困境的回应》中写道:波利尼西亚寻路人(如今还存在一些这样的人)能够"读"海,他们对大海的感应能力非常强,通过观察涌起的浪潮拍打独木舟的船身,就能识别百米远处岛链的折射波模式。他们的观察来自于长期的经验,再加上几许近乎神奇的直觉。

寻路人是一个完美的隐喻,象征人类现在面临的任务。我们必须在这个像水一样不停流动的环境中开辟一条道路,不仅要停止破坏自己的真如本性,还要把它修复。当我们这样做的时候,也只有在这样做的时候,我们就会开始自然而然地治愈这个地球。最近我看到一辆汽车的保险杠上贴着这样一则标语:"亲爱的人类:拯救你们自己,我就会很好。爱你们的,地球。"我们小组的成员们都能感受到内心的召唤,然后找到自己的真如本性,治愈地球上的某个实实在在的地方。如果你也是一位天生的"修缮者",那么你就会不知不觉地追求这种治愈。等你找到它,你会自动成为变化本身,成为你希望看到这个世界发生的变化,自动治愈着你周围一切的真如本性。

没错，你也在小组之内

因为你在读这本书，你挑选了这本书进行阅读，这就足以证明你也在小组之内，也就几乎可以肯定你生来就是一位寻路人。坦白地说，这些天来，我们无处不在。这不仅是一个社会角色，还是一种原型，是隐藏在所有人类灵魂深处的内在行为模式或角色。在大多数情况下，如果所处的特定情况需要，人类几乎可以化身成任何模型。例如，如果你曾经经历过危险，那么你也许已经召唤过你的"英雄"原型，发挥出你的勇气和刚毅战胜危险。如果你照顾过婴儿、宠物，或者生病的爱人，那么你也许已经发挥出了你的"慈父慈母"原型，给他们需要的关怀。当你看到某人或某物徘徊在灭亡的边缘时，你的治愈——寻路人原型——就会被唤醒。现在，只要你留意，你就会发现人类、动物、地方、关系，各种形式的真如本性都迫切地需要修缮。因此，世界各地的人们都感受到一股力量，在牵引自己唤醒内心的治愈者和寻路人原型。

如果你怀疑（或者知道）自己属于这个小组，那么千万不要错误地认为你需要重返学校，接受更多的正式培训，或者争取更多的学位。很少有学校会教你怎样找回你的真如本性。你需要学习的是古老部落里寻路人要学的东西。你需要了解梅林教给了亚瑟什么。总而言之，你需要魔法。

修缮者之法

说到亚瑟，我想起了一位科幻作家亚瑟·查理斯·克拉克，他曾经写道："只要技术足够先进，便与魔法无异。"由于小组越来越吸引我的注意，我开始认真研究起寻路人所使用的方法。我尽我所能从书本里、专家那里，还有仍然使用这种古老方法的人们那里，了解关于他们的一切。我了解到这些方法包括：熟悉物理世界、与众生连接和沟通、预见未来、在任何情况下都能带来舒适和治疗作用。通常情况下，培育这些寻路人的社会认为他们神奇得不可思议，但是修缮者们自己却往往认为这只是些实用的技巧，是可以学习和评估的，时间长了就有经验了。我管这些技巧叫做"神奇之术"。只要一有机会，我就试着练习我在研究中学会的神奇之术。也许是我自己的悟性太差了（特别是在刚开始的时候），我所尝试的许多神奇之术看起来都非常奇怪，或者充其量能达到无效就不错了。不过出乎我意料的是，有一些竟然真的发挥了作用。

我是说，在我尝试了各种传统里的神奇之术后，通过它们在这个三维世界中取得的"成效"，我得出了可靠的结果。这本书会让你对此获得更多的了解。这里我要补充的是，对于修缮之术，我学习得越多，使用得越频繁，我能治愈的范围就越广。在身体上，令我卧床不起12年并让我受尽折磨的纤维肌痛久久都得不到医治，但现在居然消失了。在心理上，我变得更加快乐、安宁、有活力、有爱心。在职业上，我从来没打算创建的业务在持续增长。在生活上，我的身边充满了更美好的人，他们比我想象的还要美好，他们似乎也在我的自我治愈道路上受益匪浅。

这就是寻路的疗效：起初你练习某些技巧只是为了让自己感觉更好，但是你的所作所为无意中也令他人受益，到了最后，你不仅修复了自己的小世界，还在不知不觉中修复了一片更大的天地。无论你在狂野新世界中找到了哪一条路（你的路也许与我的路完全不同），最终都能加入我们的小组，与我们的小组成员一起在自己的生活中，在无数复杂的情况下创造惊人的变化。

所以，也许你想知道，什么是神奇之术，我现在到底该怎么办？

等的就是你这句话。

四种神奇之术

如果你以为寻路方法全都是巫毒法术和古怪的仪式，那我可要让你失望了。真正的神奇之术并不都是那么令人印象深刻的（至少从外表上看来不是。而从内在开看，它们可以让你的思想不受控制）。这本书中的练习都是我精挑细选出来的，与许多修缮者传统略微不同。因为最初，不同的人在使用神奇之术的时候会使用不同的语言，身处不同的地点，戴着不同的花哨帽子（我不确定他们这样做是为什么，但是所有文化里的修缮者似乎都偏好好看的帽子）。不过这不重要，在使用神奇之术的时候，这些表面上的细节都无关紧要。这本书里没有过多花哨的东西，它主要为你提供神奇的核心技巧。不过技巧没有你想象的那么多。经过我的研究，每种可靠的寻路人传统里都只有四种基本技巧，这些技巧由他们各自的文化传统塑造，为他们在狂野新世界里指明道路。我管这些技巧叫做无言、融通、冥想、塑就。以下是这四种神奇之术的简短预览，稍后我会在这本书中为你详述。

无言将意识从大脑的言语区转移到更具有创造性、直觉和感觉更灵敏的区域。这两个区域哪个更厉害呢？让我们来看一看，言语区每秒钟处理大约40比特信息，而非言语区每秒钟处理大约1100万比特信息。你一定学过数学的。

融通让你感觉到你的意识与众生的意识交互相连，尽管他们看起来明显与你毫不相关。现在，科学已经确认我们都是紧密相连的。实际上，虽然我们的能量振动频率不同，但它们却是无限重叠的。

一旦无言和融通之术生效，冥想就该前来相助。在无言状态下与你周围的世界相连，你会像天才一样解决一个又一个问题，其乐无穷。

最后，你冥想的情况、对象、事件，塑就会在现实世界中帮你创造。例如，如果你使用前三种神奇之术冥想出了一个完美的人际关系、事业或家庭，塑就会帮你真正遇见你的灵魂伴侣、开展你的事业、购买新房子。在塑就阶段，有两种方法可以使冥想成真：完全依靠物理过程实现；或者将物理行动配合其他三种神奇之术来实现。比起单纯使用各种物理方法埋头苦干，第二种方法下的塑就就有效得多了，使用第二种方法的寻路人仿佛施展了魔法一样得心应手。

你可能注意到了，前两种技巧——无言和融通——并不是行动，而是意识状态。我们的文化对于意识状态这种东西漫不经心，我们所有人都在行动，行动，行动。所以对你来说，冥想和塑就可能会更熟悉、更实在。然而，如果不进入无言和融通状态，直接采用冥想和塑就，那得到的效果就会微乎其微。

许多人会问，他们能不能越过前面两种技巧，或者直接从第二种技巧开始向后进行呢？答案是——我要怎么才能表达清楚——不能。对于寻路人来说，娴熟地把握好存在状态可比任何行动都重要得多。但是由于寻路下的意识状态本身就是极乐，所以非常值得学习一下深奥的道家学说"无为之治"。

但是我还是要提醒你一件事：从文化意义上来讲，你习惯认为单靠阅读就能理解四种技巧的使用过程，但是你这种习惯在这里可就不起作用了。我们的文化之所以失去了神奇，一方面是因为我们的学习几乎完全依靠语言，这就赶走了无言，也把其他神奇之术清扫得失去了效力。如果你想通晓神奇之术，你就必须真正尝试这本书中的练习。即便你全都尝试了，也只能有一部分真正令你震撼。每一位修缮者都有独特的一面，别人喜好的技巧对你来说可能就完全不感冒。但是如果你不实实在在试一试的话，哪一种技巧都发挥不出作用：知道是一回事，知道如何去做又是另外一回事。要想在狂野新世界里找到你自己的路，你就必须知道如何去做，你懂的。

积累寻路人的神奇

如果你真的马上尝试这些练习，尤其是当你练习了一阵子之后，你会发现各种有趣的事情都会发生。你会感觉到有一股拉力，牵引着你去乘坐你从来没坐过的车，遇见你的新朋友。你会重新考虑一直渴望的旅行，然后几天之内就恰巧有人邀请你跟她或他一同开启这趟旅行。你的新事业会像注入了生命一样，自己创立起来。这些趣事会在狂野新世界里为你开辟一条道路，至于是什么道路我无法预知，但是我知道它们都有一个共同的作用，那就是为你疗伤。随着你继续练习，你破碎的真如本性将编织在一起。然后你会发现你在治愈自己的同时，也积攒了力量、洞察力和渴望，去为众生疗伤。

如今更是如此，因为我们的文化虽然放弃了神奇之术，却发展了"神奇的科学技术"。我知道这听起来跟"神奇之术"几乎完全一样，但是我想区分一下两者在某种程度上的不同。神奇的科学技术指的是机器，它们超出你的常规预期，在你眼里近乎虚幻。再次重复一遍，我真的不相信魔法，我只是觉得这些科学技术非常有魔力，因为就在刚刚过去的短短十分钟里，我目测了我女儿在日本的宿舍，购买并开始阅读一本小说，给数百人发了一条消息，查看了明天的天气预报，单靠一个小设备，小到放到钱包里我还常常找不到它。正是因为这种机器，如今寻路人的影响范围才远远大于远古时代。如果当今的修缮者掌握了神奇之术，他们就可以通过神奇的科学技术传播影响力，影响的不是区区几个村民，而是数十亿人。通过神奇的科学技术，任何发生在我们自己身上的有关治愈的故事都可以迅速传播给我们的家人、朋友、社区成员，甚至是我们的整个物种。如果在我们正在创建着的这个紧密相连的世界里，有足够多的人开始修复他们的真如本性，那么积累出来的效应就真的能治愈万物的真如本性。

这一想法在我脑海中涌现的时候，我正悄悄地向一侧移动，我的耳朵里塞满了树叶，我闻到的都是犀牛身上的尿液和芫荽的气味，就在一毫秒前，我的真如本性在我耳边对我说，自然可以治愈。

噢，我的上帝。我想，我们的小组来这里就是为了拯救世界。

噢，是这样。

犀牛妈妈转向左，又转向右，两条腿上好像拴了一个大铁球。而小犀牛转过身，朝空气里嗅了一下，蹒跚着向我们扑来，不过还没迈几步，它就被一根木头绊倒了，摔倒在一边。犀牛妈妈发出焦急的鼻息声。危险像电压一样在空气中迸发开来。

我身旁的博伊德开始低语，仿佛在唱着一首摇篮曲。"那里，那里，小家伙。"他对着这只轻而易举就能推翻一辆面包车的小犀牛低声吟唱，"现在，回到你妈妈那里，回去看看你的妈妈。"

我能感受到从博伊德身上散发出来的深深的平静，在我看来，他不应该在当前这种情况下散发出这样的能量。但是小犀牛却突然放松下来，我见过这一情形，以前克勒接近马时，马就会这样放松下来。如果我当时就知道博伊德这么精通神奇之术，包括与动物沟通的技巧，我就会把心放到肚子里了。但是此刻我还不知道，所以看着小犀牛挣扎着站起来，听从博伊德的话乖乖地回到妈妈身边，舒服地待在妈妈庇护的羽翼之下，整个过程我的脉搏一直都跳个不停。犀牛妈妈呼了一口气，放松了它的耳朵，带着小犀牛离开了我们。

我们朝着相反的方向离去，路上索利问我："你还好吗？"

"这，"我说，我心中对小组使命有了全新的认识，此外，我此刻的肾上腺素充沛得都足够杀死一群地狱天使了，"是世界上最大的无以言表。"

在伦多洛里遇见犀牛的那一天，我放下了我所熟知的生活，然后发现我的真如本性正在那里等着我，如今，已经五年过去了。我希望这本书能带你找到你的犀牛。也许这本书本身就是你的犀牛，虽然它是一个奇怪又笨重的大家伙，却可以令你容光焕发，打破你平时的思想和需求，用诗人玛丽·奥利弗的一句话来说，就是："告诉我，你打算用你狂野又宝贵的生命做什么？"

在你读这本书的时候，我需要你做的只是聆听这一问题的真正答案。这个答案，不是来自大多数人眼中的"你"，不是来自那个穿着不自在的衣服、带着疲惫却礼貌的社交面孔的你，而是来自你的真如本性：那个溅着一身泥巴的小公主，那个披着抹布斗篷、兴高采烈地站在最喜欢的树上咧着嘴大笑的小家伙。如果最纯粹的自己不想成为一名寻路人，那就别强迫自己学习神奇之术去拯救世界。好了，如果是这样的话，请勿见怪，你现在就可以停止阅读了。

　　但是如果你内心最真实的那部分能够感受到我看到犀牛时的心情，仿佛一场美丽虚幻、快要被遗忘的梦境即将出现在你的眼前，那么请继续阅读下去。从这里开始在狂野新世界中找寻你未来的路，你会常常问自己："我到底是怎么来到这儿的？""我现在到底该怎么办？"但是随着生活中铁笼的消融，神奇的取而代之，我敢打赌你会明白，寻路人之旅一直都是你心中真正的目的地。

亲眼见到它们，它们比想象中的高大。马莎·贝克/摄

第一部分　第一种神奇之术：无言

第一章 快速寻找出路（平静，痛苦，欢喜）

　　这是伦多洛里一个寻常的早晨，时钟正指向5点整。在这月落参横之际，有些游客已经挤进了宽敞的路虎中，等待着一场即将开启的摄影"探险之旅"。车中洋溢着喜悦：既像一次大冒险，又像一场鸡尾酒会。游客们互相介绍着彼此，闲聊各自的家庭、事业、旅行的经历，还有他们在旅途中期望见到的动物。他们不停地问着森林看管理员这样那样的问题：这棵树叫什么名字？那只鸟为什么是紫色的？每天早晨都会这么冷吗？那一坨是大象粪吗？森林管理员用渊博的知识和热情的幽默感一一回答着，这给车中又添加了一丝愉悦的气氛。

　　然而，坐在路虎最前面的一位男士却显得与其他人格格不入。他是尚迦纳族的一位追踪者，他的英文名字叫理查德。虽然他彬彬有礼，却很少与其他人交流，甚至都很少看别人一眼。但事实上，他并没有在做什么特别的事情，他只是面无表情地注视着窗外的土地，时而抬头看看天空，时而继续盯着土地。然后他时不时地举手示意一下，于是森林管理员就会把路虎停下来让大家休息一会儿。别的游客都休息的时候，理查德却比平常更加沉默寡言了，他只是坐在那儿，打量着四周，用尚迦纳族语独自嘟囔一会儿，然后手又指向丛林。

　　"我们要继续前进了，请大家坐好。"森林管理员对游客们说完后，就径直把路虎开进了浓密的灌木林。20分钟的车程里，路虎在高高的草丛中行驶着，轧过半人高的树苗，穿过深深的沙地，驶向了荆棘丛生的灌木林。一路上，游客们在颠簸的车中说说笑笑。正当这片土地在太阳的照耀下渐渐地呈现出一片耀眼的金色绿洲之时，理查德突然指向了一堆白蚁丘旁的灌木丛。那是一处几乎被这片灌木丛完全掩盖的隐蔽之地，那里有两只被妈妈藏好了的小美洲豹，要不是因为它们毛茸茸的耳朵和明亮又好奇的眼睛正好露在了草丛上方，人们根本看不到它们的踪迹。

毫无悬念，游客们发出了惊喜的尖叫声。一时间，闪光灯咔咔地响个不停。大家的问题也开始接踵而来：这两个幼崽有多大了？为什么它们没跟妈妈在一起？它们是雄的还是雌的，还是一雄一雌？它们以后能长多大？它们是不是饿了？它们是处于哺乳期，还是已经可以吃肉了？为什么它们的身上会有斑点？为什么狮子身上没有斑点？为什么斑马身上布满了条纹？

森林管理员一一为他们解答着，而理查德却依然静静地坐在那儿，仿佛完全沉浸在自己的幻想之中。大家问了这么多关于美洲豹的问题，却没有一个人去问问理查德那个最该问的问题。上帝啊，这两只小美洲豹距离公路至少有4800米之远，而且又那么安静，那么隐蔽，理查德到底是怎样透过茂密的灌木丛，发现这么小的两个小家伙的？这可就说来话长了，其实理查德是通过观察各种微小的细节，通过调动敏锐的直觉，还通过作为一位资深追踪大师多年练就的合理的推测来做到这一点的。但是理查德能够如此娴熟地运用这些几乎令人叹为观止的技巧，准确地进行寻路的最主要原因，还是在于他已经充分掌握了第一种神奇之术，一种被我称之为"无言"的意识状态。

对于各个地区、各种文化中的寻路人来说，保持这种无言的大脑状态都是一项最重要的技能。每当我的客户情绪波动或者面临人生的重大选择之时，我就要花大量的时间来帮助他们分析，于是我发现引导他们作出最终决定的方向有两个：一是通过言语进行思考，但是这一方法收获甚微，因为在这种情况下，所选择的已经在人们的脑海中根深蒂固；二是无言，若是进入无言的意识状态,在这种情况下,人们的思想和行为都会变得更有效力。如果你知道如何进入无言的世界,你就会对所处环境和你的一举一动异常清楚明了,这样不论未来多么渺茫、路途多么坎坷,你都会一路走向最美好的人生。因此,在这样一个日新月异的年代,在这样一个人人都压力重重的年代,你真的需要掌握进入无言的世界的技巧,帮你找寻自己的人生之路。

在帮你到达毕生追求的目的地的同时,无言本身也是一个目的地,是你的真如本性栖息的港湾。它把你的意识与你内心深处的安宁紧密相连,这对你尤为重要。深度无言的状态几乎能驱逐所有的恐惧、愤怒以及一直困扰着大多数人的遗憾。这就是为什么几乎所有文化里——除了我们的——都传承着这个睿智的传统的原因。我们所讲的可能与你毕生之所学相悖。不过没关系,这一章会帮你重新拾回无言的世界。

有声世界

早在探索时代,来自欧洲不同国家的探险家们就开始环游世界,遍地插下自己国家的旗帜,沿途还常常用强大的武器痛打当地居民,镇压他们的反抗。这种科学的环球之旅,不仅推动了武器的发展,还赋予了使用者智力上的优越感。欧洲的探险家们长久以来都称土著人愚笨、不思进取、思想落后。就在学者们还在"挖掘"着那些早在史前就被土著居民发现的万千事物之时,这种偏见仍会得到附和。如今学者们正在逐渐承认土著居民本土文化的博大精深和借鉴意义。但是有一种观念始终在我们的文化中根深蒂固:"真正的"学习要基于说、读、写之上,真正的文化要由文字汇聚而成。

亲爱的读者,我敢打赌,在你们上学的时候,一定都少不了坐在不透风的教室里,听老师讲课,诵读课本,记录充满了各种文字问题和数字问题的课堂笔记,挠头冥想着那些既定的准确答案。如果你做不到这些,就会遭到嘲笑或惩罚，也许还会被人家认为患有学习障碍。治愈这种学习障碍的方法只有一个，那就是全身心地投入文字和数字中去。相反，如果你做得很好，就自然会得到表扬或奖励。但是只要你花太多的时间在外面玩耍，就会受到责备，紧接着你学业上的失败就会被人归根于玩物丧志。我们要做的是，把你所学过的文字从你的整个生活中剔除，这样你才能创造一份美好生活，并在这个世界上寻找到自己的路。

再来对比一下在野外成长起来的理查德。在非洲的丛林——人类的进化之地，文化精髓的发源地——中，在这里，任何一个只懂得学习布满了密密麻麻文字的课本的孩子，大约不消15分钟就会成为野兽口中的磨牙小菜。理查德学习追踪的方式与所有孩子成长过程中学习其他事物的方式一样：一边细心观察部落中大人们的举动，一边不断地在大自然中穿梭，调动五种感官一同感受整个贯通的生态系统。

实际上，理查德拥有惊人的智慧。外界的每个细节所透露出来的信息对他来说都意义重大。他能够通过地上的爪痕、鬣狗的咕噜声准确地判断出附近正在捕食的狮子的具体位置。他能单凭一只小鸟的飞行方式判断出800米外的水牛的位置，因为他知道这种特殊的小鸟喜欢吃水牛这种大型食草动物身上的虱子。当理查德听到低灌木丛中传来一只珍珠鸟的预警"危险"时，他就能知道这只鸟应该是遇到了一条将要攻击鸟群的蛇，因为警报是从低灌木丛中发出来的。这时候，理查德的脑海里就能同时显现出鸟与蛇的画面，并准确地想象出它们现在的每个举动。

换言之，当理查德坐在路虎的驾驶座上奔驰在广袤的陆地上时，就像是波利尼西亚人航行在无边的大海上一样：他在用他的整个大脑——每秒钟处理大约1100万比特信息的非言语区——思考着，这并非我们常人每秒钟处理40比特信息的言语区能比的。尽管能说一口流利的英语，但他也不像其他乘客一样喋喋不休，因为他的职责是在荒野指路，如果他的大脑受困于言语的话，就无法专心地指路。从理查德身上可以看出，要想在所有复杂的世界里都能找到自己的路，我们就要具备超出言语的感知能力，这样才能保证自己一直保持着真正的寻路状态。而且，我们这样做并非只是为了使自己突破外界环境，更是为了给我们内心深处的灵魂指路。

寻找心的方向

心理学家兼伟大的心灵寻路人卡尔·荣格，曾在他的自传中叙述了他与一位叫做山地湖的印第安人首领的对话，他把这位首领当做志趣相投的知己。"尽管我很难跟欧洲人进行对话，但是我却能够跟山地湖交流。"荣格回忆道。也许是因为他们都很尊重彼此，所以山地湖非常坦诚地告诉荣格关于他的子民们对欧洲人的看法，这些看法与欧洲白种人对土著人"愚笨、不思进取"的看法截然不同。

"他们有着深沉的眼睛，"这位首领说道，"他们总是在寻找着什么。也不知道他们在找什么，而且这些白种人总是想得到些什么。他们总是心神不定、焦躁不安。我们不知道他们在追求什么。因为我们实在不能理解他们。不瞒你说，在我们眼里，他们都疯了。"于是，荣格进一步请求山地湖详细地解释一下：究竟为什么在印第安人眼里，这些白种人如此歇斯底里？

"因为他们说他们用大脑思考。"山地湖回答道。

"有什么问题吗？他们当然用大脑思考了。"荣格问道，"你们用什么思考？"

"我们用这里思考。"山地湖回答道，只见他用手指了指自己的心脏。

没错，这就是通往无声世界的要领，来自不同时空的寻路人已经向我们证实了这一点——而且这并非一个简单的比喻。要想在野生世界中航行，必须要挣脱长久以来大脑中基本的感知能力和分析能力的束缚，然后充分调动整个内心世界来为自己引路。这就是为什么要想找到一条真正属于你的路，就要穿越巨大的损失，穿越成功的事业，穿越复杂的人际关系，穿越破碎的心灵，就像波利尼西亚人穿越大海和理查德穿越非洲丛林一样的原因。但是大多数人似乎并没有意识到这一点，比如坐在路虎中的游客，他们就没意识到，所以他们因为滔滔不绝的谈话而错失了车窗外那么多细微的风景。我们也跟这些游客一样，常常不经意地因为言语思维的运转，忽略了身体和情感的经验为我们指引的方向。

各个时期、各个地域的修缮者们的说法都一样，只有停止用大脑思考，听从身体和情感的经验，才能根治万物。这是唯一能帮助我们找到真正的自我，帮助我们从细微的发现中找到生命之路的方法。每个人都必须听听内心的声音，先把深处的心灵治愈，之后才能去治愈其他东西。然而我们大多数人的思考方式却仍然更像欧洲的理性主义者一样，没有几个人能学会像山地湖首领和追踪者理查德那样用心去思索。

告诉我：现在，此刻，你的感觉如何？你的身体感觉如何？你的精神感觉如何？现在思考一下你对余下来的今天或者明天的打算。这些感觉在你的身体中是如何变化的？在你的情感中又是怎样变化的？接下来，再来想象一下你生命中突然多了一个人。这个人的出现会如何影响你的内心情绪呢？有了这个人的陪伴，你会有什么不一样的感觉呢？当我问起我的客户这些问题时，大多数客户都说不出答案。因为他们对环境的变化、对与他人相处时内心的变化一无所知。所以在我问他们时，他们都是哑口无言。

"你跟你的奶奶在一起的时候，是什么感觉？"

"我觉得奶奶的一生过得不容易，我应该好好对她。"

"你觉得你的工作怎么样？"

"为了能付得起房租，我不得不工作。"

"你的儿子离开你，去远方上大学了，你心里什么感觉？"

"他在铸就坚实的未来。"

其实，这些回答与感受毫不相关，全都是利用言语思维来回答的。这样的言语跟随社会主流，被大众所认可，可以保我们安稳度世，没有跌宕起伏。但是一旦你真正地说出了你的感受，天知道会发生什么。比如，其实你在奶奶身边会感到紧张和烦躁，你一走进办公室就痛不欲生，你看着自己的儿子离开时，马上就陷入了空巢的痛苦之中。虽然这些感觉可能会把你带出平稳的、既定的规范行为的道路，但它们才能真正地为你的人生指路，告诉你灵魂该栖息在何处。

无言的伤痛

有时候，要发生一件大事，才能唤醒你内心的声音，只有内心才能永远告诉你该如何抉择，该珍惜什么，该放弃什么，该如何在内在与外界的双重环境下驾驭自如。这个道理在哈佛医学院的神经解剖学家吉尔·博尔特·泰勒的身上得到了充分的验证。在37岁那年，泰勒患上了严重的中风，中风摧毁了她左脑的语言中枢。作为一位神经学专家，她能够精确地察觉到自己病情的严重程度，但她仍然不放弃，终于，经过长达8年的艰辛努力，她重新恢复了言语功能，还能亲自向我们口述发生在她身上的这次经历。要知道当年中风后，她连自己的妈妈都不认得，也不知道"妈妈"一词指的是什么。

如果不是因为这件事具有如此深刻的启发性，这在我们眼里本该是一个悲剧。你看到了，正是因为泰勒失去了言语能力，她才收获了一段不受言语支配的心智经历，并以此证明了，这样的交换是值得的。

"我感到盛大与宽广，"在一次TED演说中，泰勒叙述道（我想你应该看看这次演讲，谷歌搜索"Jill Bolte Taylor TED talk"），"我的灵魂在高飞，就像鲸鱼游于大海，充满了无声的欢喜。"在泰勒中风之前，她一直把自己"理解"为"一个坚实的个体，隔离于身边的能量流，也隔离于外界"。可当她的左脑停止运作后，她发现自己才渐渐明白，并且坚信自己生活在人人相关的世界里，在这个国度里，"我们是完美的，我们是美丽的，我们皆为同体"。

　　正如文化修缮者们所言：无言使我们看到了自己的真如本性，使我们从劳作的思想体系中解脱出来，使我们不再分离，不再泯灭对自己、对他人的怜悯之心。美国国内医学界人士称无言为"最伟大的沉默"。它在佛教术语中常被译作"空"，即禅宗所言之"璞玉"。中世纪时期的基督教神秘主义者们把这种不经言语就能完全体味的境界称为"不识之云"。犹太教、基督教、伊斯兰教的经文中称其为"纯粹的存在"，即伟大的"本我"。他们都认为那是一段令人神往的极乐之旅，在那里没有纷扰，万物皆有爱。

通过忘却变得聪颖

　　要想遁入无言的世界，治愈真正的自我，成为一位寻路人，你就必须忘却曾在课堂上学到的"智慧"这个词的含义。因为你学会这个词的含义，其实是有限又狭隘的，而且会令人倍感压力——如此局限的视角，只有在"争斗与追逐"中的动物才会使用。无言使大脑进入"休息和放松"阶段。它会作用于整个身体，释放大量的荷尔蒙来修复和治愈机体，舒展你的肌肉，进而使你表情茫然，眼神柔和，进入深度静止之中。进入无言"阶段"后，可能由于你太专注于非言语感知层面，会导致你无法用言语对外界的评论或质疑作出回应。

　　在我们的文化中，如果驻足远望，不言不语，只对真正的社交活动、生理感觉和情感作出反应的话，就会被看做是懒惰与愚笨。这就是为什么我们被禁锢在忧愁和疾病之中的原因。但当你试着融入无言的世界之中时，也许就会发现放弃文字的世界其实是微妙又复杂的，你要先掌握好必备的高难度技巧。而且，这种高难度技巧，如果不经过大量的练习，就无法驾驭得娴熟。当然，我指的不是单纯的重复训练，而是心理学上的"深入实践"。

深入练习无言

最近，科学家们发现当我们学习新的技巧时，会在生理上对大脑进行重组，特别是当我们练习一种被称之为"深入实践"的学习技巧时。深入实践指的不仅仅是单纯地重复某件事，而是要在实践的过程中，获得精确的经验。开始的"成功"只不过是灵光一现，而我们要做的是不断努力，循序渐进，直到能够真正掌握这项技巧为止。虽然文化背景不同，但是无论何时，只要寻路人需要自我指引，需要决定接下来该怎么做，接下来该朝哪个方向前进，就可以随时利用深入实践来带领自己于无形之中进入无言的世界。

在这一章里你会发现许多进入无言的世界的方法。记住，如果单凭阅读，你是无法学会这些方法的。因为如果想单靠阅读，来试着领悟无言的世界，就如同撑着降落伞感受飞行一样，感受的只是表皮的东西而已。所以请一定要试一试这个练习，一定要深度练习一下。当你开始感受到祥和、平静、安稳的那一刻，你就会发现这些练习确实在起作用。你会更加注意一些细节透露出来的信息，这些细节包括你所处的环境、他人的感受与意图等。你会根据自己的看法进行选择，从而不再受别人的种种言语的干扰。你不必马上就表现出不同的行为——不需要一下子就这样，但是你将会慢慢发现自己多么希望能够按自己的想法办事。试着坚持一段时间，然后你就能够把每个清晰无比的瞬间延长至数分钟，乃至数小时。如果你想成为一位真正的寻路人，那么当你发现自己已经能保证大部分时间都处于无言的世界中时，就意味着你成功了。

遁入无言的世界的技巧——寂静的道路

让我们先从最著名的遁入无言的世界的技巧说起，我常称之为寂静的道路。这些技巧包括——这里我们还是严谨一点——静坐。静坐沉思，我犹记得在我的童年时期，大多数人都认为这是一种怪异的举动，而现如今，大多数人却把静坐沉思看成理所当然，就像看待平日里应该少吃糖，购物后应该整理好收据一样。如果你喜欢沉思，那真是太好了！坚持住！但是如果沉思对你的吸引力就跟化学中的水溶性医学纤维一样无趣，那么试一试下面的技巧。其实这些技巧都非常简单，但是千万不要把简单与毫不费力这两个概念相混淆。坚持深入练习这些技巧，直到你心中荡起柔和、宽广与安宁的涟漪。然后继续深入练习，努力把这些平和的感觉延长，再延长。

寂静的道路：感觉双手的力量

心灵导师埃克哈特·托利——《当下的力量》一书的作者——在他的一位听众请他帮忙提供一套能在当下实现完整自我的实用技巧时，推荐了下面这一技巧。其实这个技巧与许多传统寻路人所用的技巧大同小异，但可能要靠左右两个大脑共同运转才能完成。

1.闭上你的眼睛，举起一只手，保证你的手只能与虚无的空气接触。

2.问一问思考着的大脑："在不睁开眼睛的情况下，怎样才能知道我的手还在不在？"

3.把大脑的注意力转移到身体中去，回答上述问题，试着活动大脑的非言语区。

4.现在举起你的双手（记得闭上眼睛），同时在心里感受言语区与无言区。你的感受将悄悄地从左脑半球的言语区溜入大脑左右半球的无言区。你得等它结束了才能清晰地把它表达出来，就是这样。关键就是去感受。

寂静的道路：把感觉放入"扩大焦距"之中

这个技巧是由普林斯顿大学的研究人员莱斯·费米对大脑研究使用新的观测技术时发明的（详情可见他的书《The Open Focus Brain》，或者访问他的网站）。这个技巧与许多不同时期、不同文化中的传统寻路人的技巧交相呼应。但是因为费米使用的是现代科学术语，所以我的许多客户认为这比传统寻路人留下的年代久远却又源远流长的技巧要可信得多。

1.坐下，站着，要么静静地躺着，把眼神集中于眼前的某个物体上。

2.保持眼睛不动,拓宽你的注意力,直到一切都在你的视野之内,也包括你在1中注意的对象。

3.现在,仍然保持眼睛一动不动,使眼前的物体成为你关注的前景,其他的一切成为背景。

4.下一步,换眼前的物体为背景,其他的一切为前景。

5.同时集中注意视野中的一切,这时重复瑜伽口号:"地板到天花板,墙到墙,万物皆平等。"

6.如果你想更上一层楼,那么重复这个问题:"我能把这段距离之内的整个空间都想象成就在我的两眼之间吗?"费米发现这个问题能直接把大脑带进"同步阿尔法"曲线模式,带进一种极度放松的无言状态之中。

寂静的道路:顺生而行

这个方法是我的一位老师从小汤姆·布朗那儿学到的,据推测应该是阿帕切族人练习使大脑进入神圣的无言状态的技巧。这也是我个人最喜欢的进入无言的世界的方法。

1.深呼吸几次。

2.深吸一口气,然后屏住呼吸。

3.在你需要再次吸气之前的这一段时间,把注意力集中到心脏上,一直到你可以感觉到心跳的声音。因为这么做也许可以帮你多屏气一分钟。

4.再呼吸一次,然后吸气。伴随着心跳,感受在你的手、脚、头皮以及整个身体中跳动的脉搏。

5.继续把感觉集中在身体整个的循环系统上,好好感受它是怎样把你的血液运送到头部和四肢的。同时看看你是否能够感受到它在你的各个器官中流淌。

6.一边执行一些简单的任务——散步、洗碗、铺床,一边继续感受你的心跳和整个脉搏。你会发现这么做会令你感到莫名的欢喜。

在运动中沉寂

"如果你在走动的时候能感受到血液的流淌,那你就达到了无言的另一层级。"这一说法引发了许多沉思者的争议,因为在沉思者眼里,只有在他们最爱的瑜伽室里,安静地坐在坐垫上,才能达到这种深度的意识状态。如果你想完全找回真如本性,那就得无论外界发生什么,你都能在各种环境中保持内心的无言状态。这意味着你要改变一贯思考问题的方式,用最真实的感受去感觉当下的每一个瞬间。因为大多数人最常处于的状态莫过于思考,所以如果让大家放弃思考,转而用心去感受我们真实的感觉和情绪可能会让人觉得有些恐慌,甚至痛苦。但实际上,这种感受却远不如人们最习以为常的思考令人痛苦,因为我们常常在思考中迷失,以至于与真实渐行渐远。

寻路人普遍认为我们痛苦的根源多在于对事物的思考,而非事物本身。如果能从言语思考中解脱出来,就几乎能消除心理上的全部痛苦。随着无言状态的增加,那些对未来的恐慌、对过去的遗憾与愤恨就会不知不觉地消逝,于是过去也好,未来也罢,在我们的脑海中回放的不过是一串串平淡无奇的故事,除此之外,再无他物。据精神神经免疫学家罗伯特·萨波尔斯基说,这就是为什么动物不会因为劳累导致生病的原因。只有在环境需要的情况下,动物才会根据情况站立或飞行,但过后,它们很快就能恢复到放松的常规状态。

直到有一天,我在通往无言这条路上挖掘了一套自己的方法,才终于了解到萨波尔斯基这种说法的与众不同。那是在伦多洛里的一天,我跟博伊德和克勒正在灌木丛中散步,我们无意中注意到有三只长颈鹿正在紧紧地盯着什么东西,可惜我们看不见是什么。它们的身体僵直,表情惊恐万分,一双双大眼睛瞪得特别大。直到我们走近它们后,才明白了它们惊恐的原因。只见,河边有一头狮子正在慢慢地撕咬一只小长颈鹿。这只庞大的猫科动物就像一个狂热的搏击手,它全身肌肉紧绷,而且还打着颤,它那血盆大口正紧紧地咬着还做着困兽之斗的小长颈鹿的气管,等待它断气。

这真是一场漫长的等待。

我的心一阵抽搐,接着又变得完全麻木。博伊德,他可能注意到我的脸都变绿了,于是低声对我说:"无需痛苦,与你无关。"但他发现这样说并不起作用,他又劝我,"狮子也有几个幼崽要喂养呢。幼崽们必须得吃东西啊。"博伊德想用仁慈的一面("这就是生命的循环")来打断我痛苦的思绪("这太恐怖了!"),但这依然不起作用。

在余下来的一天里,我都觉得莫名的心烦意乱。那些我常在大自然中感受到的欢乐与迷恋都消失不见了,事实上,所有的感觉都不见了。直到我拖着沉重的步伐迈进伦敦希思罗机场,准备回家的时候,我还迷失在内心的雾堤之上。我曾在伦多洛里给我的儿子买了一顶探险帽,为了防止把帽子压扁,在旅行的过程中我就一直把帽子戴在脑袋上。当我终于通过了除了结肠镜检查(一定是那天检查结肠镜的机器坏了)之外各种形式检查的安检时,那顶探险帽突然掉到了我脑后,可不巧的是连着帽子的绳子还系在我的脖子上呢,就这样绳子轻易地就勒住了我的喉咙。

绳子轻微的拉力就像是一个触发按钮。一瞬间我觉得自己变成了那只小长颈鹿,我的脖子被狮子的血盆大口紧紧地咬住,我惊慌失措,我拳打脚踢,我奋力搏斗,我奄奄一息。我内心的冲动终于爆发了,于是,在接下来的20分钟里,伦敦的游客们就看到了这样的场景:一位穿着牛仔靴、戴着非洲探险帽的疯狂女人,哭泣着在希思罗机场奔跑。我怀疑有人误以为我是英国人了。绕着机场跑了几圈后,我想跑的欲望突然消失了。于是我找到了登机口,坐在一个安静的角落里,气喘吁吁。

接着,更糟糕的事情发生了。

这一次我不再感觉自己是小长颈鹿了,而是小长颈鹿的妈妈,我正在同其他家长一同看着自己的孩子死去。我终于相对安静了下来,这时候差不多二三十个人都在给我找精神病区的服务员，但是恐惧和悲伤席卷了我，仿佛眼前这些人正在剥开我的心。

然后，一切都结束了。

我的意思是，结束了。

我慢慢地站起来，环视机场一周，感觉自己好像刚出生的婴儿。不管是我自己，还是我周围的一切，在我眼里似乎都变得温柔又新奇，闪耀着美丽的光芒。我在非洲的所见、所听、所闻（但是还是无法埋在心底）最终令我非常感激。我完全地归于了纯粹的平寂。

直到现在，我才明白，原来长颈鹿也是如此。

对它们来说，也结束了。

言语的诅咒

在这些日子里，每当泰勒对周围的事物稍有不满时，她说她都只是盯着手表，默数90秒钟。这90秒钟就是她的身体——也是你们的身体——用来消除因恐惧、愤怒和悲伤而引发的荷尔蒙反应所需的时间。如果你顺利地度过了这个阶段，那么这种情绪就会消失，尽管它们可能还会回来，也只不过就持续90秒钟罢了。这还是泰勒在她无法进行言语思考的那段时间里积累出来的经验呢。她没有选择去逃避，也没有在脑海中把这些消极的情绪一遍又一遍地重复，相反，她只是勇敢地去感受所有的消极情绪，于是，当这种情绪消失后，她得到的是一片欢喜。

如果长颈鹿有我们人类的言语能力，那么这三只看着小长颈鹿死去的成年长颈鹿也许就会同我一样：被可怕的鲜红色尖牙与利爪吓得不知所措，在事发之时头脑里一片空白，虽然已经不能思考，但却又矛盾地集中所有的感官为之屏息凝神。有了言语，它们就会自己折磨自己，会一直担忧这次可怕的遭遇会给自己，给其他长颈鹿，给每个被捕食者的命运带来什么影响。这可能会是它们的9·11。

"我们处于危险之中！"有言语能力的长颈鹿可能会通知其他长颈鹿，"听着，从现在开始，我们要轮流睡觉。在你们清醒的时候，尽管可以吃草，但是看在上帝的份儿上，不要只顾着吃——要保持警觉！另外，对于小狮子，只要有机会，就要争取见一个杀一个。博比特！别再吃了，听着，该死的！你忘了里尔·杰斯珀是怎么惨死的了吗？

如果长颈鹿有我们人类的言语能力，那么里尔·杰斯珀的妈妈弗洛琳可能就会伤心欲绝，然后，它会来到儿子死去的河边，主动让鳄鱼帮自己了结生命。弟弟的死和母亲的自杀会彻底击垮里尔·杰斯珀的哥哥姐姐们，于是它们自暴自弃，可能一辈子都将以发酵成酒的马鲁拉水果虚度时光，而且还会虐待自己的配偶。然后，沿着这样的轨迹，经过了一代又一代，直到有一天，长颈鹿中终于出现了一位人生导师，开始帮助它们清除大脑中由言语而起的伤痛。

但是实际上，长颈鹿并不是按照上述这种方式来生活的。它们从来不用言语思维进行思考，它们只会感觉，感觉每个当下。长颈鹿之所以不得胃溃疡（译者注：美国焦虑研究专家罗伯特·萨波斯有一本书叫做《斑马为什么不得胃溃疡》，这里应该是被作者作了引申）是因为生活中出现什么，它们就去体验什么：狮子、恐惧、痛苦、死亡、悲伤、放松、美丽、安宁、安宁、安宁、安宁、安宁。人类呢，相反，往往安稳地度过了几十年后，突然有一天遇到了巨大的压力，于是压力一下子勾起了痛苦的回忆和对不可预知的未来的恐惧：狮子、恐惧、痛苦、死亡；对未来灾难的恐惧、痛苦、死亡；明知于事无补却还是控制不住对死亡的愤怒；麻木地防护；发自内心的绝望、绝望、绝望、绝望、绝望。

与数百名已经学会了把自己从消极的经历中解脱出来的客户沟通后，我观察到，艰难的环境往往能使人进入更深层的无言状态之中，在这种状态下，我们的内心会得到更多的安宁和力量。这就是为什么有这么多电影都是讲述一个人必须先经历艰难险阻，跋山涉水，浴血奋战，或者必须先忍受由血泪和汗水筑成的高强度体能训练后才能成为英雄的原因。这就是为什么在很多文化中，都要通过一些精心安排的体能训练来培训疗愈者和有远见的思想者的原因。

遁入无言的世界——穿越痛苦之路

要想从痛苦的磨难中开辟出通往无言的世界的道路，关键在于你是否能坦然地面对那些你抗拒不了的生理折磨。也就是说，你要集中精力来感受自己生理和思想上的痛苦，别再试图逃避，别总是想着事情会有所转机。痛苦很快就会在你坦然的直面之中过去的，甚至再次降临的痛苦也会随着言语的消失而有所减少。我不是建议你刻意地去寻找痛苦，而是要顺其自然，也许你很快就会在未来的几天或几周里遇到一些令你痛苦的事情，如果你把这种疼痛铺成通往无言的世界的道路，那么可以说，疼痛于你而言，已经变成了天赐的礼物。

痛苦之路：疲惫

如果我没有说错的话，几乎每天你都会感到疲惫。事实上，真的是每天都如此。与其与疲惫作战，不如学会善于利用它。因为，体力的劳动、睡眠的不足、长久的厌倦，这些其实反而会帮助你走向无言的世界。疲惫虽然会消磨你坚定的意志，使你的情绪跌宕起伏，然后，最终——这才是关键——会使你劳累得不能思考。下一次再疲惫不堪的时候，请别再告诉你自己要振作了。听从身体和大脑的声音：向疲惫屈服。试着在你的呼吸中感受它。估计这样做之后，最可能出现的情形就是，你开始全身心地放松，放松到安静地睡去——像与世无争的动物，像无忧无虑的婴儿。去感受无言的疲惫吧，让自己在任何时候都更能够做到真真正正的放松，让自己的身体更加舒适，思绪更加平静。

痛苦之路：饥饿

我从那些非正常体重的客户身上发现了一个问题，那就是导致他们嗜食的原因其实在于心理，而非生理。这是由内心过度焦虑引起的。如果有一天，你偶然间进入了一种新的生活环境，在这种环境中，你只有在饥饿的情况下才能吃到食物，别说这种环境在你的生活里不会出现：这时候，请跟着你的感觉走。像一位火星人一样多花心思观察你的低能量、你的胃痉挛以及你对煎饼的幻想。然后，你就会发现你对食物的欲望不再那么疯狂，也不再像以前一样非吃不可了。

痛苦之路：暴露

我亲爱的朋友马克斯，在他15岁那年，独自一人在荒野里待了4天4夜，没有挡风遮雨的地方，没有工具，也没有食物，只守在直径为3.5米的圆圈里。在这段时间里，他的头脑变得更加清晰，他的注意力更加集中。当然，这些天也一直都有一位荒野生存法则的资深培训专家在密切关注着他（在没有专家帮助的情况下千万不要单独做这项实验）。但是如果你意外地滞留在了像机场、抛锚的汽车、拥挤的候车室这样没有物质享受的环境中时，那就放弃脑海中的抵抗，随遇而安，即使我知道你的抵抗是为了改善身处的环境。当你漂泊进了荒野、大都市、陌生的国度时，或是在高速公路绕行时，有两种方法：要么慌张地抵抗，要么接受现实。引领你进入无言的世界的道路会帮助你保持冷静，帮助你独立地对所处环境作出更加机智的回应。

痛苦之路：疾病

虽然我希望你远离疾病，但是我们大多数人都无法避免生病。修缮者们的神经器官往往都非常敏感，他们常常会焦虑不安，同情心泛滥，失眠。也许正因为如此，才导致了人类学家口中的"萨满病"，这种与压力息息相关的慢性病通常令人痛苦不安。如果你生来就是一位寻路人，那么你有可能患上任何病，不管是偏头疼，还是肠道易激综合征，或者是红斑狼疮。做一些让你能觉得好受一点的事情，比如随便做些练习，或者吃点医生给你开的药，只要能让你好受一些，做什么都好。但其实你也许也会发现，自己在治疗疾病的过程中，居然达到了一种深层次的无言状态，在这种状态下，虽然你的精神疼痛与情感疼痛共存，但此刻的你就像飘浮于天际的云，不再挣扎于"痛苦之中"，反而开启了神圣的静默。所以，停止与病痛的抗争吧，试一试我上文提到的技巧：试着去感受你的手、你的呼吸、你的整个循环系统。抛开言语的思维来感受疼痛的细微变化，看一看疼痛到底是如何减轻的。

遁入无言的世界——穿越欢喜的道路

哇！终于结束了，我太高兴了！如果运用得当的话，任何痛苦的经历都能成为开启无言的世界的大门，但是相比之下，我还是更喜欢用快乐的经历开启无言的世界的大门。我称快乐的经历为欢喜的道路。与无法逃避的痛苦经历相反，快乐的经历往往并不是谁都能遇到的。当幸福来敲门时，人们往往有一种奇怪的倾向，死守在自己的精神世界中，把幸福拒之门外。平日里，我们疯狂地找寻快乐，因为我们的心路历程告诉我们幸福取决于快乐，但是我们又因为这些特定的心路历程和言语思维习惯把真正到来的快乐拒之门外。正如霍华德·奈莫洛夫所言："我们以为我们对性痴迷，但是在做爱的过程中，我们却神游四方。"

要想沿着快乐的经历一路到达无言的世界，就得把全部的注意力放到当下的身体感觉上。再说一遍，这种把感受放在身体内部，把眼神集中在"软焦点"的简单技巧，会使你的阅历更加丰富多彩。等到你头脑里的故事增加了，你就要学会通过言语思维多回忆回忆那些令人欢喜的经历，然后跟着生理和心理上的感觉一同默念："温柔"、"甜蜜"、"舒适"、"兴奋"、"喜爱"，"感激"，等等。这样你的脑海里就只剩下这些美好的字眼，然后不自觉地将注意力从故事本身转移，大脑也随之得到了解脱。

这里有一些欢喜的道路，带着你通往无言，你现在就可以尝试。我建议你每天都多练习几次。

欢喜之路：路拾芬芳

平日里，大多数人都过于焦躁不安，很少能保持舒适和安静。在大多数"常规"情况下，选择哪种状态倒是都可行。现在，还是要把你的注意力放在令你心生欢喜的经历上面——用你的感官去感受，我说的不包括盲目的乐观，这样平常的一天也会变得美好起来。这种方法借用了"扩大焦距"的大脑研究方式，扩大了非言语区的范围，使你能从更多方面享受到欢喜。

1.现在，在你当前的环境中找一件外表美丽的东西。把你全部的注意力集中在这件东西上面。

2.保持眼睛不动，听你周围的声音，再更仔细地听你周围的声音：听，声音正在沉寂中响起。

3.找到你觉得身体最舒服的地方，哪怕只是一个脚趾。然后继续一边看着眼前的美物，一边在沉寂中聆听，全身心地去享受脚趾的舒适。

4.慢慢呼吸，感受空气从吸进肺部到滋润血液的整个过程。如果你还能闻到芳香或者香味，那就仔细闻。

5.练习把你的注意力一次性集中到所有令你感觉到欢喜的事物之上，从而在这个抛开了言语的练习过程中，感受这份平静。

欢喜之路：感官渗透

当人们明明可以在一个比较舒适的地方清闲几分钟时，他们却往往用这来之不易的时间去担忧，而不是在记忆中充分贮存这个美好的风景，帮助自己通向无言的世界。感官渗透与先前的几个练习一样，但这个练习却可以在任何情况下让你同时享受到更多的影像。

6.想象一下你最喜欢的食物或饮料的味道：美酒、鱼子酱、巧克力外皮夹心圆蛋糕（Ding-Dongs）（译者注：Ding-Dongs是一种西方流行的饼干牌子，是有着光滑巧克力外皮夹心的圆蛋糕），等等。

7.再想象一种你记忆中最喜欢的气味，但不能与上述食物的味道相关：如薄荷的清爽、香水的芳香、海洋的气味、宝宝的发香。

8.继续感受来自味觉与嗅觉中的记忆，这时候，我们再加入一种美妙的触觉，比如抚摸一只小狗、偎依在法兰绒床单里、拥抱你的爱人。

9.一边感受味觉、嗅觉、触觉，一边想象你喜爱的声音：开怀大笑的笑声、最喜欢的音乐声、哗哗的海浪声、松树林中的风声、鸟鸣声。

10.充分想象一下记忆中的某个特殊的场景：一道美丽的风景、一条彩虹、一幅最喜爱的画卷、一张爱人的脸庞。

11.在你体味着所有这些记忆中的感觉时，你的大脑会高速运转，继续进行言语思考。这时，再试着真正地把这些感官之感同时感受一次。你会发现，要想一同感受这些感觉，必须停止用言语思维去理解这一过程。实际上，也就是你必须要停止思考。其次，这是一件好事。

欢喜之路：分享欢喜

当沉醉于盛大的欢喜之中时，你可以通过与人分享来收获更多的欢喜。当你看到其他人享受着你分享的欢喜经历时，你会发现，没有什么是比这更幸福的事情了。所以一旦你找到了欢喜之路，请记得邀请你爱的人一起分享。不要只是待在自己的感官世界之中，要学会多享受慷慨和给予带给你的欢喜。请全身心地用你所有的感官一同观察，观察你的儿子第一次看到大海、你最好的朋友品尝到你新发现的甜点，或者你的另一半舒服地躺在你刚购置的新床垫上的种种瞬间。

欢喜之路：融入自然

大自然处于连绵的无声状态之中。高山、大海、森林用它们的辽阔无边把我们带入广袤的天地万物之中，生活在无言意识状态中的动物也邀请我们来加入。尽管只要身处大自然，你经历的一切就都有助于你遁入无言的世界，但假如能遇到一只野生动物的话，就是锦上添花了。正如博物学家克雷格·蔡尔兹描述的那样："你现在想问一个问题……但是不可以。你千万不要说一句话。你只需要用眼睛紧紧地注视，能注视多久就注视多久，因为这种状态转瞬即逝，用不了多久你就又得重新回到现实的生活中去，冠上现实中的名字继续生活……（稍后）这些经历被编织成了文字，就像是在用树枝搭建蓝天。"

要抓住一切能与自然相连通的机会。不同文化背景下的寻路人，不管是从深入野外40天的基督教的信徒们，还是离开宫殿、遁入森林的佛教徒们，都把自然世界当成了通向无言王国的基石。也许，在沙滩上漫步一会儿，或者凝视自己后院的鸟儿一小时，一时间并不能帮你找到心中那些绵绵不断的问题的答案，但是等到你深深地进入了无言的世界后，你就会像许多寻路人和教徒们一样，进入一种精神状态，帮你找到寻觅已久的答案和目标。更重要的是，这种特殊的无言状态一下子使你达到了最终的目的：心神安宁，感恩当下，对生活充满欢喜。

故事结束后，我们听到了什么

我建议你在本章里选一种技巧，进行深入练习，坚持每天至少练习两次，每次至少五分钟。练习的过程中也许你就已经开始尽情地感受安宁了。然后，你可以延长练习期，直到你能够静静地沉思一个小时，或者每次遇到红灯，都能在等待的时候深入地研究一下无言的意义。如果你这样做了，无言就会开始循序渐进地改变你的内心世界，然后通过改变你的内心世界，来改变你的生活。对我而言，我教给客户的越多，其实说的就越少。我知道我的客户之所以想不出问题的答案，就是因为他们一直在思考。如果你让他们练习进入无言的世界的技巧，哪怕就练习几分钟，他们的焦虑就会大大地减少，创造力大大地增加，接着即使处在最不易的生活环境里，他们也能成为大自然中的寻路人。

在伦多洛里一个寻常的早晨,时钟正指向5点整,一组游客爬进了路虎中。但是与大多数旅行者不同,他们每个人都来自一个强大的团队,现在他们却随着我——幸运,幸运的我——来到这里学习寻路人寻路的方式。他们在前进的过程中保持着沉默,每时每刻都把注意力集中在生理与情感的感知上。路上,我让他们在脑海中思考一个问题:是什么在一直阻碍着他们前进?我要求他们必须在这次非洲丛林之旅的课堂上解决这个问题。

从一开始,这场自驾探险游就不寻常。尚加纳族的追踪者和路虎上的每个旅行者看起来都很轻松,大家目光柔和,表情平静,呼吸沉稳。偶尔,他们会用手指指被大多数旅行者都忽视了的景物:阳光下的露珠、金色的蜘蛛网、云彩。也许正是因为他们如此关注自然,所以大自然似乎也心有灵犀地积极配合他们的节拍。平日里,害羞的动物——矮獴、豺、黑斑羚——通常会躲着人们,当路虎车在咫尺之内经过它们的时候,它们却依然安静地站在那里,没有跑开。鸟儿和猴子们也望着我们,它们没有像往常一样发出呼叫。

在寂静的旅途中,我们看到了多得出奇的动物幼崽。一头母象小心翼翼地看护着一头小象,这个小幼崽年龄不大,现在依然能在母象的身体下面跑来跑去。一只看起来没有其他大斑马目标明显的小斑马,追着我们的路虎一直跑了好几米远。等我们行驶到鬣狗的巢穴时,一些非常小的幼崽已经知道了我们的到来,它们用鼻子对着车子嗅来嗅去,它们圆圆的大眼睛、黑黑的鼻子、大大的圆耳朵组合在一起后,像极了我们的儿童玩具。

经过与大自然四个小时的无声交流,我们回到了营地。现在是时候给大家做一些生活指导了,该死的,是时候来解决我留给旅行者们一路思考的问题了。但事实证明,没有人再继续紧紧抓住问题不放了,我就知道会是这样。在轻轻地把他们推进无言的世界的过程中,我着实省去了不少不必要的话语。尽管他们不再费力去思考困扰他们许久的问题了,但是这些队员们都发现自己解决问题的能力反而增强了。一些人非常惊讶地发现，他们找到了解决问题的方法，但是他们并没有思考过呀，比如，罗伯特知道了自己该怎样在工作中分配项目；康妮决定把孩子们从令人痛苦不堪的私立学校里接出来；至于苏珊，她意识到，与其重新装修已经吱吱作响的老房子，还不如把它卖掉。

但是比起更深层次的解决方案——召回每个人当下那平静又睿智的真如本性，以上这些解决方案只是随带的副产品而已。正如诗人戴维·怀特所写的："你能为你的生活计划的东西实在太少。等你全心全意地去生活后，自然就有了足够的计划。"稍后我们再来在书中更详细地谈谈怎样计划你的未来。现在，我们应该明白，其实进入无言的世界就像进入纯智力的互联网一样。要知道无论世界有多宽广，内心有多深邃，只要有人类存在，修缮者们就总能在复杂的环境中找到自己的路，这是为什么？因为他们身上有一种能量，要拥有这种能量，你只需要记住两点就够了，等你也拥有了这种能量，那么你自己的真如本性和大自然就会共同帮助你平静下来。正如13世纪的寻路人、诗人鲁米记述的那样，你将"关闭言语之门，打开友爱之窗"。从这里，你就可以看出你对待事物的方式。

亲眼见到它们，它们也比想象中的高大。马莎·贝克/摄

第二章 微小关系和神圣的玩耍之路

从伦多洛里小屋去往中央营区的路上，我看到有一些长尾黑颚猴聚集在一片草丛里。等我走近一些，才发现这些猴子正围着一只雌性林羚，这只林羚看起来非常温和可爱，就像一只长着条纹的小鹿。这些猴子都还没成年呢——从像小猫一般大小的幼崽，到比小猫更大一点的"青少年"猴子。

当我蹑手蹑脚地靠近长尾黑颚猴时，我能看到它们正在玩一场几乎是有组织的游戏，我们就暂且称之为"伙计，我摸到大动物了"吧。它们玩的这场游戏，其实就像是我们人类平时玩的那种跑过去，摸大象一下的游戏一样。有一些胆小的猴子只是观望，但是胆大一些的猴子就会试探着往前去，走两步后突然惊慌地退回来，过一会儿又鼓起勇气从头再来，直到最后终于战战兢兢地伸出手，以迅雷不及掩耳之势摸一把林羚的腿，然后迅速撤退。于是，这时候，你看吧，摸到羚羊的猴子会上蹿下跳几分钟，兴奋得不得了，得意洋洋地享受着同伴们钦佩和羡慕的目光。你再看这只林羚，它依然继续吃着落叶，时不时地发出一声叹息。

一听到草丛中响起了沙沙声，我就马上环顾四周，映入眼帘的是一张既喜悦又紧张的猴子的脸。我经常看到可爱的鸟儿、松鼠、花栗鼠，但是（没有冒犯之意）却实在没怎么见过猴子这样智力超群的动物。相比其他动物而言，你一看到猴子，就能马上知道它在思考。你几乎能够透过它那张酷似人脸的小脸，看到它跳跃着的思维。因为猴子与我们非常相似，有

93%的基因与我们相同，所以，当我看着它们玩"伙计，我摸到大动物了"的游戏之时，我觉得自己也好像不知不觉地就融入了它们的小人国。

我缓缓地向前移动，想看得更仔细一点。为了不惊动它们，我还得时不时地停下来一会儿，但谁知这些小猴子最终还是注意到了我。那只最勇敢的、身材最高大的"青少年"盯着我看了一会儿。然后它转头看了一眼林羚，又回头看看我。

我突然意识到，这场"伙计，我摸到大动物了"的游戏要更上一层了。

果然，这群小猴子的首领不再围着林羚转了，开始向我靠拢。几秒内，其他小家伙——我是说长尾黑颚猴——也意识到发生了什么。它们都不再围着林羚了，就像一个五岁的小孩被电视屏幕上突然出现的视频游戏牢牢地吸引住了一样，它们突然开始把目光全部聚在我的身上。有四五只胆大一些的猴子开始向我靠近，虽然它们看起来胆怯，却很坚定。

开始的一两分钟内，我觉得非常高兴。这些野生动物正面向我走来的感觉就像是迈入了迪士尼卡通乐园——而且，就像我的犀牛一样，它们是真实的！但是当猴子离我不到一米远时，我又开始觉得这过于真实了。当然，它们只是来到我膝下而已。但是它们跳得可真高啊，都高过我了。然而，这近乎人类世界的氛围开始慢慢令人有些恐慌。因为我突然想起了关于一位老妇人被她自己养的十条迷你贵宾犬袭击并吞食的故事。我又想起达斯汀·霍夫曼（译者注：美国著名男演员，因为主演《克莱默夫妇》和《雨人》，曾两度获奥斯卡金像奖最佳男主角奖）主演过的一部电影，影片讲述的是一只带有病毒的猴子的故事，这只可怕的猴子咬到谁，谁就会被感染致死，这场病毒传染威胁到整个人类的存亡（译者注：电影见《恐怖地带》）。"哇！"我感叹道，并在空气中摆出几个爵士手势。

"哈哈！"我笑道，试着让自己变得自信和轻松一些。这些猴子开始越来越肆无忌惮。它们看我的眼神让我想起了每周六在沃尔玛超市门口等待超级折扣的疯狂女人们。它们向前移动着，缓慢而平稳。"啊！"我脱口而出，声音却不大。这次我做出了更大幅度的爵士手势。

它们跳了回去，但是只退后了0.3米左右。几乎在瞬间之内，它们又重新向我靠过来。我都听见自己的心跳加速了。"哈！"我大声喊道，在空气中高高地挥舞着爵士手势。这一次，这些小猴子们不再后退了，但是它们也不再向前攻击了。出乎意料的是，就像是事先安排好了一样，它们反而一同站了起来，举起双臂，在头顶上挥舞着双手。

它们竟然在挥舞着迷你版的爵士手势！

我放声大笑，顿时，我紧张的情绪消失得无影无踪，取而代之的是惊喜。对猴子们来讲，有些事情已经改变。它们终于了解到这个事实了，不能把我当成像林羚那样的大动物来挑战。我强烈地感觉到它们跟人类相差无几，与我一样，它们也似乎感觉到了我与它们近乎同类。在这场游戏中，我俨然已经从被攻击者发展成了一个绝对的参与者。

在接下来的十分钟左右，我模仿猴子们的动作，它们也在模仿我的动作，直到最后，我们谁都分辨不清到底是谁在领导谁了。"人类喜欢跟其他动物玩，"黛安娜·阿克曼（译者注：美国作家与探险家）曾在她伟大的作品《心灵深戏》中写道，"而且有时候，跟动物玩还可以给双方带来近乎零距离的沟通。"我没有太多的请求，只希望跟长尾黑颚猴玩耍的时候，我带给它们的欢喜能像它们带给我的欢喜一样多。我们越玩越开心，到了最后，我们都鼓起勇气，我让它们过来触摸我的裤脚，它们也凑上来一个一个地摸，这真是太令人兴奋了，我想我们都兴奋得甚至有点失禁了。

对于那些必须维护伦多洛里优雅氛围和一流美食的人们来说，猴子们着实令人讨厌——它们看你一眼的工夫就能偷走你的酒杯，而且到处都是它们臭乎乎的粪便。但我却一直都很喜欢这些长尾黑颚猴：喜欢幼崽们稚嫩的小脸，喜欢成熟雄性赫然鲜明的蓝绿色睾丸（没错，通俗来说就是蓝色的蛋蛋）。与小猴子们的玩耍使我又一次深深地进入了无言的世界，猴子们的头脑就像人类儿时的头脑一样，只是独独少了单音节的语言。直到传来年长的长尾黑颚猴尖声的警报声，小猴子们才迅速地爬上树，这时的我几乎已经忘却一直以来紧张的思考方式。

玩耍中练就无言行为

作为一个孩子，你的大脑是无言和开阔的，不仅能认识数学中的各种圆柱体，还能学会任何技巧。通过第一章的练习回到无言的世界后，你开始找回你散落的真如本性，找回你作为一个活生生的人所需要的标准设备。现在你还得继续找回最初的本质，想象自己正在操控的是一副婴儿时期的身体，然后让自己去做婴儿时期该做的事：玩。

我一开始教我的客户们不要思考，要去玩的时候，一些人感到很沮丧。"我们在做什么？"有时候他们会这么问，"还要等到什么时候才能开始解决我的问题？"如果这就是你现在所想的话，请放心，要想找到通往无言的世界之路，就得先让你的整个意识像自动寻路人一样，这样才能根据你的实际生活策划你的课程，绝非单纯地确定大量的目标和做大量的计划就能够达到的。

还记得《功夫梦》里宫城先生坚持教他的门生们如何给汽车和地板打蜡的场景吗？尽管表面上看来，这与学习功夫简直是风马牛不相及，然而实际上，学生们却以此掌握了学习武术必备的动作和力量。这里，跟我一起坚持。打蜡，脱蜡。你待在无言的世界里时间长短的能力，只能通过玩耍来提高，其实并不需要你执行什么复杂的任务。要想完全学会寻路人的整套技能，要想在任何环境下都能够迅速地适应和学习新的东西，除了玩耍，别无他法。要想在我们神奇的新世界中茁壮成长，我还是极力建议你，去尽情地玩吧，玩到不能思考。

幼态持续的重要性

几乎对于所有哺乳动物和鸟类来说，玩就是它们学习在世界上找寻自己的路的方式（这里不包括杀人恶魔，至于杀人恶魔，不管每个杀手有多少不同之处，他们都有一个共同特点：他们从来不玩，甚至在孩童时代都不玩）。等到它们长大后，大多数动物学会了足够的基本生存技巧，但是却都比年幼时玩得少了。对于人来说更是如此。有一次我看到一只母豹被它的两只小幼崽扑来扑去，作为一位母亲，我当时完全能够察觉到它已经被孩子们折腾得疲惫不堪了，最后它终于按倒了其中的一个小家伙。被按倒的小家伙只有尾巴露在外面，小尾巴在妈妈的屁股下面摇来摇去，看上去就像是它的妈妈又长了一条尾巴似的。

小动物们的俏皮行为是由基因决定的特征而带来的，我们管这个特征叫做"幼态持续（neoteny）"，这个词是由希腊语neo和tenein结合得来的，neo的意思是"新"，tenein的意思是"扩展"。幼态持续就是让年轻的生物扩展自己现有的能力，比如像上文提到的去触摸一只林羚，甚至去触摸一个人，其实都只是为了看看它们敢不敢而已。所有游戏隐含着的真正目的，都是要让练习者们学会扩展，从而提高能力，增加自信。正如奇普·希思和丹·希思在他们的《瞬变：如何让你的世界变好一些》一书中提到的："玩并没有固定的模式，所以它能够带动你做更多想做的事。我们会越来越愿意四处走动，探索，创办新活动……积累资源，提高技巧。"小动物们的幼态持续不仅仅让它们表现得天真可爱，还使它们的大脑在学习东西的时候活动的速度惊人。

但是如今，我们人类碰上了千载难逢的好事情：我们人类的幼态持续特性并不随着年龄的增长而改变。不管我们活多久，我们却始终保持着猿猴们只有在幼儿时代才能拥有的特征：相对平坦的面庞、小巧的鼻子、玲珑的牙齿。人类学家李·伯杰曾在科学史上发现了最珍贵的遗产——"人猿和人类之间的过渡动物"的骨骼,他告诉我,要判断一种类似人类的动物的等级情况,只要看它牙齿的大小就可以了。狒狒拥有残酷的等级制度,所以它们拥有巨大的犬齿,而我们人类的犬齿却还没有臼齿大。不同于其他猿猴,与人类一样牙齿玲珑、热爱和平的倭黑猩猩,它们露出来的牙齿显示的是友谊,你看不到一丝侵略。它们张开嘴时,露出的是明媚的笑容,好像在说:"看!我还长着乳牙!即使我想用我的牙撕裂你们喉咙的话,我也做不到!更何况这种想法我甚至连想都没想过!哈哈!"

在苏族(印第安人的一个族)有一个古老的传说,相传造物主赋予了每种生物足够的生存天赋,独独没给人。因此我们拥有的只有一样:学习的能力。科学地讲,正是我们人类这种异常又持久的幼态持续特征,赋予了大脑不断接收信息、产生新思路的能力,而且不论活多久,这种能力都不会消失。然而,我的长尾黑颚猴朋友会随着年龄的增长而失去这个特征。而且,随着幼态持续特征和它带来的欢乐一同慢慢消失,这些猴子们的反应就不再那么迅速。所以,劳逸结合的快速学习就像是馅饼和冰激凌结合,搭配完美。

尽管我们只有小得可怜的婴儿般的牙齿、手脚、骨骼、肌肉,但是我们却能够像主宰着虎克船长的彼得·潘一样,主宰着其他物种,凭什么?没错,就凭我们拒绝长大。我们能够不断增殖和繁衍,是因为我们从来没停止过玩耍,所以对应越来越复杂的神奇新世界的方法就是多玩。但是,大多数成年人会说,玩耍只是"业余时间"的活动而已,不能跟"生产性工作"相混淆,也不宜玩得过多。当我们接受了一种治愈全球的新意识后,这些人的想法和做法就会改变。实际上,我认为如果我们除了玩,几乎什么都不干的话,我们会比现在好很多。我平时给教练们上课的时候,就经常建议他们把"工作"一词从词汇表里剔除,用"玩耍"替换。我现在做的就是文字游戏。我在努力玩,而且有时候我玩的时间也很长。有些人就会说我玩得太多了,但是我可以告诉他们——玩对我有帮助。

不仅仅是因为比起工作、工作，不停地工作，玩着来生活要着实有趣得多，玩可以唤醒大脑右半球，带我们进入无言的世界。所以，不论我们创造了什么，商业会议也好，蓝图也好，甚至花生酱三明治也罢，哪一种创造都充满了神奇的色彩。

深入玩耍，深入实践

我们已经讨论过了深入实践现象，也讨论过了要想掌握自我突破的技巧，需要付出哪些不断精进的努力。这里我们要讨论的是，有些类型的玩耍其实就是一场单纯又简单的娱乐游戏而已，比如在雪地中滚雪球，或在床上蹦来蹦去。但是如果你仔细回忆一下那些能真正称得上精彩的游戏，你就会发现其实这样精彩的"深入玩耍"是需要掌握一些高难度技巧的。

我有两个小儿子，一个三岁，一个五岁，他们常常玩的游戏是在离沙发两步远的地方放个小板凳，然后爬到短粗的小板凳上边，往沙发垫上跳。接着，没经过任何大人的提示，他们就开始把小板凳往后移，每次移动八九厘米的距离，离沙发越来越远，再这样跳，这可就需要越来越高的跳跃能力了。其实，这跟我的猴子朋友们从开始触摸林羚，到后来触摸人类的道理是一样的：挑战！

对比之下，有一次我让大人们从杂志的任意一页里挑一张在他们眼中属于玩耍或放松的图片，他们通常——我的意思是95%的情况下——自动略过了一个人慵懒地躺在沙滩矮椅上的图片，反而把目光都集中在了玛格丽塔鸡尾酒身上。值得一提的是：这类图片根本不属于玩耍。这种结果正反映了现代生活的两个悲哀之处：一、我们大多数人极度缺乏睡眠；二、我们基本上已经放弃了趣味横生、奇思妙想的真如本性，沉溺在了媒体的陈词滥调之中。

真正的玩耍其实是属于对深入练习的更广泛应用。要求你选择一项不易完成的任务，把这项任务完成到你以前想都不敢想的水平。我花了很长时间，把我的客户（包括我自己）往这一境界靠拢。首先，深入玩耍是有趣的——但是记住，有时候即使人们已经意识到自己进入了深入练习的状态，但在他们能够掌握某些东西之前，是不会承认自己享受到了乐趣的。这就是为什么尽管我们拥有幼态延续特征，但是大多数人一达到23岁的年龄，基本上就开始抵制学习任何东西的原因。因为这个时候，他们大抵也可以跟这个世界交涉自如了，所以还有什么必要继续学习呢？

如果你在接触新游戏的时候，不停地玩，不停地玩，玩到最后你的大脑都能自己给游戏布局了，那这时候这个游戏对你来说，也就自然不在话下了。当你突然对某种新的语言脱口而出，突然对某种计算机新技术开窍，突然爬上了你曾经认为高不可攀的壁岩之时，那一刻喷涌而出的欢喜是无可替代的。"伙计！"你心里想，"我触摸到大目标了！"所以，只要你肯让自己迈得足够远，你就会感觉到自己似乎在触摸上帝的脸。

神经学家发现，这个"不可能的边缘"正是大脑中释放像多巴胺这样自我感觉良好的荷尔蒙剂量最大的部位。在这个部位，我们发现了米哈伊·奇克森特米哈伊（译者注：心理学教授）的著名标记"流"，在这个地方，埃伦·兰格（译者注：哈佛大学的心理学家）发现了一种叫做"专注力"的特征，该特征表现为具有强大的修复功能，可逆转年龄。它使我们把注意力高度集中在当下，使我们放下思绪，进入无言的世界——哪怕我们仅仅是在讲述一个故事。因为玩耍一词已经深深地融入了故事的欢快节拍里，融入了每种传统文化中流传着的伟大治愈系故事的欢快节拍里。这些故事生动又迷人，就像一场精彩的游戏。正如黛安娜·阿克曼所记载，这也是为什么每种文化中的寻路人都"认为要带着近乎狂热的情感来深度戏玩"的原因。所以，要想在一生中做最好的自己，要想实现为世界服务的心愿，所有小组的成员就必须都像我们一直强调的那样，学着去玩。

神秘运动法

在传统的社会里,如果一位部落成员去找医生看病,医生绝对不会一张嘴就问病人这类问题:"你的脾脏不舒服多久了?""你的免税金额具体是多少?"相反,他或她会问病人是从什么时候开始不再感到由衷地欢喜,不再唱歌,不再做梦的。换言之,这些寻路人需要知道这些垂头丧气、滞步不前的病人是从什么时候开始不再玩耍的。如果能拥有现代医药,任何信心十足的传统治疗师都会很乐意给断腿或感染的病人推荐夹板或抗生素,但是抛开这些身体上的疾病,对于困扰大多数人的心理疾病和由压力所致的疾病而言,寻路人们清楚,其实最有效的药方莫过于疯狂地玩耍。

在许多文化里,还有另一个共同特征,就是用我称之为"四个D"的方法帮助每个人找到自己内在的神奇智慧。这四个D分别是击鼓、跳舞、喝酒(沉醉)、做梦。每当一个传统部落举行神圣的仪式时,该部落里的神秘主义者就会穿上正式的服装,然后一直唱歌,吟诵,讲故事,表演传统舞蹈,使用精神化合物,分享彼此脑海中出现的幻觉,不管是清醒时候的幻觉还是睡梦中的幻觉。

然而,在现代文化中,人们却常常聚在漆黑的俱乐部里买醉,要么就是随着震耳欲聋的音乐疯狂地旋转。就好像我们也要靠四个D的方法拼命地寻找我们的真如本性一样。其实,在没有资深寻路人的帮助和指导的情况下,用这种方法来取代正常的玩耍往往是有害于健康的,甚至会造成毁灭性的伤害。但是如果听从真如本性的指引来使用此方法,玩耍就能以一种近乎神奇的方式治愈我们的身体和心灵。

无言的节奏

我曾身患慢性疾病,被病痛折磨了将近12年之久,在这12年里,我重新了解到了玩耍的力量。我曾被确诊患有几种自身免疫性疾病，却没有一种病因能够用现代医学解释清楚。医生告诉我，这些疾病会愈来愈严重，而且无法治愈。但我却没发现任何病症，除了那次，我忘了去追寻我生命中真正的目标，我才发现自己的病有了轻微的恶化。通过大量的实验，我明白了一件事，从痛苦的疾病中解脱，恢复健康的方法有两种：深度休息和深入玩耍。如果我需要休息了，我就一定会听从我的身体，好好玩一场来保持我的身体健康。我最终被确诊为患上了一种令人痛苦的疾病，叫做间质性膀胱炎，确诊不久后的一天，一位护士告诉我："你应该避免压力，但是要记住：当你想跳舞的时候，躺着就是积蓄压力，跳舞才是释放压力。"

所以，我采取了多种方式来释放压力，比如，唱歌、跳舞、做梦、讲故事。但是对我来说，这可并不包括在俱乐部里跳舞，因为我讨厌密集的人群、震耳欲聋的现场乐队，还有那轻易就使我进入睡眠的酒精。我有我自己喜欢的方式来收获各种各样的乐趣，当然，你们也有你们的方式。为了完成你的团队使命，你必须确定你自己的"玩耍领域"，然后就尽情地去玩得吧。尽情地玩。

头脑玩耍，无言，神圣

任何需要下大力气来学习的不寻常行为（该行为涵盖了各种各样的深入玩耍），都能调动我们的大脑进入全身心投入的状态，使我们忘记言语，转而步入更睿智的非言语状态。在第一批进行神经病学神秘之旅的科学家之中，神经学家安德鲁·纽伯格和尤金·达奎利发现，原来欣喜若狂和灵感迸发的瞬间其实是与大脑中某个区域的活动息息相关的，这一区域也同时控制着我们整个身体的感觉，使我们能够区分"自我"和"他人"。与大脑的这一区域恰好相连的那部分，指引着我们与另一个人在情感上和生理上共同结合，这段过程也就是我们常说的"坠入爱河"。这两位神经学家推测，这一神秘的时刻是由仪式化的、韵律化的、不寻常的三种循序渐进的行为共同促成的。

我们完全可以从玩耍着的小幼崽们身上和寻找伴侣的成年动物身上看到这一点。比如，当鹳和极乐鸟找到另一半的时候，它们会为另一半跳舞。当狼、鲸以及老鼠（是的，包括老鼠！）坠入爱河的时候，它们会彼此对唱。当然，坠入爱河的恋人们就像孩子一样，称彼此为"宝贝"，还要对唱情歌，分享彼此的过去，畅谈两人的未来。所以，不论多大的年龄，玩耍都能帮其"关闭言语之门，开启爱情之窗"。

遁入无言世界之技巧——神圣的玩耍之路

无论你深入地投入哪一种游戏之中，包括下文要讲的练习，你都会进入无言的世界，你的脑海和身体也会随之发生许多变化。比如，你的感觉和直觉会变得更加敏捷，任何事情在你眼里都显得生动而充满活力。随着焦虑而来的"战斗，战斗，或凝固"的压迫感，以及血液里流淌着的压力荷尔蒙都会随之减少。你的副交感"休息和放松"的神经系统会取而代之，释放出新的荷尔蒙，为你治愈，帮你恢复精力。

神圣的歌唱之路

几乎任何一种创作音乐的方式都能带着我们进入无言的世界——包括与无言相悖的、由文字构成的歌曲，只要我们在创作音乐的过程中，将注意力完全放在声音和感觉上，远离言语思维。唱歌，或是诵经，无论是唵（译者注：根据《吠陀经》的传统，"唵"这个音节在印度教里非常神圣，它认为"唵"是宇宙中所出现的第一个音，也是婴儿出生后所发出的第一个音），还是祈祷，或者是由教皇的僧侣编制的旋律，还有滚石乐队的歌曲《（我得不到）满足》，哪一种都是遁入无言的世界最可靠的道路。每种文化背景下的寻路人都在用自己的方式，为自己的真如本性歌唱。更有甚者还会演奏乐器，这样再好不过了，因为演奏乐器得需要精力高度集中，这样言语自然就消失了。如今，当你一个人待在车里或者厨房里的时候，唱一首你最喜爱的歌曲。如果可以的话，放一张唱片或者打开收音机，跟着一起唱。不用非得要求自己唱得有多好，别再扭扭捏捏，踌躇不前。唱歌吧，就像没有人能听到你的声音一样。

神圣的舞蹈之路

我曾经有一个客户是一名职业运动员，他是一位活力四射、情绪敏感、善于言辞的人。他用来减压的方法是独自一人去俱乐部，跳上六七个小时的舞。所以，让这个伙计去静坐敛心简直就是在违抗大自然，他是通过全身心地运动来进入无言的世界的。如果你喜欢跳舞，你也应该像他一样。选一首节奏感十足的音乐来伴奏，然后跳一段你学过的舞蹈，或者直接随意跟着节奏跳就好。

我不会跳舞，所以当知道任何你喜爱的运动其实都是"自己的舞蹈"的时候，我感到非常高兴。看来，我曾经跟我的长尾黑颚猴朋友们玩的"伙计，我摸到大动物了"的游戏当然也算是舞蹈喽。滑雪是我第二喜爱的舞蹈游戏。跑步的感觉也不错。所以骑自行车、划船、滑冰、驾驶，甚至在健身房锻炼，也都非常不错。另外，我们可不能忘记瑜伽，瑜伽可是一条最古老的，也最强大的通往无言的世界的道路。任何能够把言语注意力转移到纯粹运动上的玩耍都可称得上是神圣的舞蹈。所以今天，请至少花五分钟或十分钟的时间，随便选一种节奏，动起来，用自己喜欢的方式多重复几遍。你可以播放一张感恩而死乐队的唱片，假装自己在打着鼓，或者在弹着空气吉他。你也可以出去散散步，要么慢跑，总之给自己找到一种轻松的节奏。你还可以跳一跳爵士健美操。如果运动的时候，你意识到自己已经有片刻或者几分钟都没有进行言语思考了，那么没错，你正在跳着的就是神圣的舞蹈。

画你所见

贝蒂·爱德华兹（译者注：加利福尼亚州立大学美术讲师，首创了右脑绘画方法）出版过一本好书《用右脑绘画》，这本书出版那年，我上了大学里的第一堂美术课。后来，我成了这门课的讲师，帮助学生进入无言的世界，从而创作引人注目的画卷。在那段时间里，我却颠倒了这门课程常规的学习方式，我是先帮助人们画画，从而进入无言的世界。当我们创造视觉图像时，大脑右半球会产生强大的动力，恰恰是这种动力帮助了西藏僧侣和纳瓦霍（译者注：美国最大的印第安人部落）巫医绘出了沙画（译者注：北美印第安人有"洒沙画符"治病法），也敦促了中世纪教士花费大量的时间创造豪华的手工绘本。其中，最重要之处并不是在这个有形的产品之上，而是在于你坚持创造这个产品时大脑必须达到的那种状态。

如果你喜欢画画，那么准备一些颜料、一些蜡笔、一些彩砂，或者任何能够愉悦你双眼和双手的东西。尽你所能，用这些东西来表达你眼中的美和你想要表达的意义。如果你喜欢计算机，你也可以使用图形软件包。与我们的传统文化不同的是，如果你非常努力地去达到你想要的效果，你就会真正地进入更深层次的无言状态。对于真正的画画而言，面临的挑战是"更深层"的练习，而不是简单的涂鸦，而且与此同时，它能够带着绘画者更迅速地进入无言的世界，这才是练习的重点。当你真正去创造一个视觉效果时，或者眯着眼评估你的作品时，你的大脑就会悄悄地脱离言语模式，变得更加机智。

讲述神奇的故事

正确的言语可以带你走进无言的世界，前提是它们能够得到正确的使用，就像艺术或音乐一样，表达出来的不仅仅是信息，还有生理和情感上的感觉。就比如诗歌、文学，还有我们亲身经历过的正面故事，其实也能像舞蹈一样富有节奏，像歌曲一样旋律动人，像绘画一样发出视觉召唤。刘易斯·梅尔-马德罗纳是一位毕业于斯坦福大学的医师，也是彻罗基族（译者注：北美印第安人的一个族）的巫医，他在他的《郊狼巫医》一书中既介绍了什么是巫医,又讲述了关于他祖先们的古老的治愈故事。这两种形式的散文却有着截然不同的效果,关于巫医的说明部分有趣又翔实,但是故事的叙述部分却是安详的,轻快又迷人。其实,归根结底,我们能够讲述出那些我们永远爱听的动人心弦的真实故事,能够拥有讲述故事的言语能力,还全依仗了无言的世界,是无言的世界给我们提供了基点,这多么具有讽刺意义啊!

我建议你,在今天就找个时间,给你所爱之人讲个故事。讲述一次你在马路上的冒险经历,或者你在网站上读到的笑话。这样做不仅仅是为了沟通,也是为了娱乐,为了集中注意力。讲故事的时候,你微妙的非言语思维会不知不觉地跟着听者走,开始关注感官上的一举一动。所以,即使此刻你正在使用言语,你也会找到通往无言的世界的道路。

神圣玩耍中的沉默

所有神圣的玩耍都能唤醒大脑的右半球。我观察过很多很多的客户,随着他们进入无言的世界的次数越来越频繁(例如,每天采用第一章提到的练习法练习一到两次),他们的生命就开始发生改变,起初只是微妙的变化,但随后就会有显著的变化。他们选择的活动和他们的一言一行,都给他们的工作和人际关系带来了积极正面的能量。以至于到最后,无论他们做什么,都觉得自己像是在玩耍一样,其乐无穷。

我为你规划的最终目标是,无论你是休息,还是玩耍,都能够与你的真如本性紧密相连。但是虽然这起步容易,做下去却很难。你可以从本章里选择一个或者多个你最喜欢的练习,只要你感觉无聊、疲倦,或者不想工作的时候,就做一做这样的练习。一旦你感觉到了这些负面情绪,就马上停止工作,开始练习。你可以在接下来空暇的时候——也许只是五分钟的上厕所时间,也许是一整周的时间——根据情况做你最喜欢做的游戏。你还可以叫上你最好的朋友,到外面去运动运动。让自己尽情歌唱,尽情大笑，回归真如本性。

你越是这样做，就越能掌握好所有神圣的寻路任务中所需要的非言语智慧。如果你感到沮丧，与其希望我来到你身边指导你怎样重建事业，怎样让付出的爱得到回应，还不如自己学会进入无言的状态来得快，因为你要记住，只要你学会了进入无言的状态，其实这些期望和愿望真的很快就可以实现。正如托马斯·斯特恩斯·艾略特（译者注：美国/英国诗人、评论家、剧作家，其作品对20世纪乃至今日的文学都有着极为深远的影响）所言，无言的状态就是让自己"静止并运动着"，如果我们能够达到这一境界，哪怕不知道自己在做什么，也能够找得到我们正确的人生之路。在跟最小的猴子"亲戚们"在草丛舞蹈之时，我又重新体会到了这种境界。与这些猴子兄弟相比，我们是多么幸运，我们可以持续"幼态"，无论长到多少岁，都能一直在无言状态下的神圣玩耍中怡然自得。

它们很可爱，但是毫无疑问：它们想要你的面包。凯利·艾德/摄

第三章　无时无刻的信息（似是而非之路）

"知者不言，言者不知。"所以读到我最喜爱的书《道德经》第五十六章的时候，我更加觉得虽然我对中文天资愚笨，但是花费漫长而痛苦的上千个小时来学习中文的选择，的确是正确的。上文这句话也可以被翻译成"知道的人不说话，说话的人不知道"（译者注：此处作者理解有误，"知"通"智"，这句话的意思是"明智的人不随便说话，随便说话的人没有真知灼见"），但其实这句中文原话才更加玄妙。它的玄妙之处不仅在于人可能被分成两种——知之者和不知者，还在于每个人的身上，都有一种愚蠢因子言而不知，也同时潜藏着一种真如本性知而不言。此外，它还暗示了广泛使用言语的人类知道的东西，也许还没有万物多，比如动物、植物、岩石、河流，这些不会言语的存在体。

道德经的作者老子（Lao Tzu），这位古老的寻路人把以上所有道理乃至更多的道理浓缩成了八个字，没有冗长的话语，字字珠玑。例如，他的名字，可以被翻译成"老小孩"（Old Child）。我常常怀疑，我这么崇敬老子的原因是因为我的家里就有一个老小孩。作家安妮·拉莫特曾经写道，她怀疑患有唐氏综合征的人是上帝派来的间谍，但是我与患有此病的儿子亚当在一起的日子里，却一直没有领悟到这句话的含义。我的儿子亚当到了二十多岁的时候，还比许多学龄前儿童说的话少，但是从他刚出生的时候，似乎就已经知道那些只有寻路人才知道的事情。在我顿悟之前，还是亚当在犀牛日那天曾试图告诉我，有一天，我会去非洲，还会爱上帮助修缮者们拯救世界的工作。

当然，亚当没跟我透漏太多的信息。事实上，自亚当帮助我找寻通往神奇新世界之路时起，他就什么都没对我说过，连"妈妈"或者"爸爸"这样简单的称呼都没提到过。亚当的唐氏综合征在他出生前3个月就被确诊了，我当时绝望极了，但是由于怀孕太久，所以不能堕胎。我只能试着让自己阅读一些材料，好为孩子以后的状况做好准备，这些材料都可以使埃德加·爱伦·坡看起来像一位单口相声演员了：材料上面可怕的数据连着可怕的数据，都是关于可能会影响到我那未出生的孩子的状况的相关信息。我为每种今后可能出现的症状都忧虑不堪，但是在我的内心深处，我知道亚当会很好，甚至会强于正常人。一直在我心头萦绕着的不好的预感就是，他永远都不会真正地讲话。

亚当是在他出生后6个小时开始进行言语治疗的。每天，我都因知道这种情况但还是生下他而感到无比内疚，我把不同味道和口感的东西放进他的小嘴里，使他通过噘嘴（当他仰着头接一滴柠檬汁的时候）、皱起小鼻子（咸菜）、大力咀嚼（冰棍），或者吐出舌头（棉签）来锻炼言语肌肉。

不久我们又开始练习言语表达，这本该是一个小时接着一个小时的模仿，实际上却成了我一个人无休止的独白：我一个人在滔滔不绝，亚当却像茫然的僧侣一样注视着我。15个月过去了，他姐姐在他这么大的时候都可以自己来学着阅读了，可是亚当呢，我曾经辛辛苦苦帮他灌输进大脑里那么多言语，他却连试着模仿一下都不肯。一天，又一回合徒劳的言语治疗之后，他躺在我的床上睡着了，然后我躺在了他的身边。

"如果你不会说话的话，你又能在这个世界上做什么呢？"我问他。这是一个反问（修辞成了我的强项，这还全依仗了他）。"

然后我很快就深深地睡着了，这有些莫名其妙，因为我很少打盹。当我开始做梦时，事情就变得更奇怪了。在梦中，我梦到自己醒来了，梦见我仍然躺在自己的床上，亚当也还在我的身边，一切看起来都很正常，一点也不像是在做梦。这时候，亚当睁开了双眼，他看着我的眼睛，一瞬间，我被信息洪流淹没，就好像汹涌的风暴冲垮了我大脑中所有的堤坝。

我梦见的大部分的景象都令人困惑，几乎所有景象都涉及野生动物，每一种野生动物又都形态各异，但是这些形态各异的动物却又同时出现在一起。就好像整个巨大的星球在跟我说话，通过梦里的景象来跟我说话，然而这些景象的范围太广，我的言语思维根本没办法跟上。

当我最终醒来的时候，我惊讶地发现亚当还在我旁边香香地睡着，一种奇异的能量酥麻了我的全身。这种感觉和梦中的景象，过了好几个星期后才变淡。我吐露给了一位朋友，告诉她："虽然听起来你会觉得非常怪异，但是这就像，就好像亚当是为了，为了这个星球才降临这里的。这有点像永远不会结束的世界地球日庆典。"我的朋友看着我，她的眼神就好像是在考虑要不要用点镇静剂帮我治一治。过了一会儿，她温柔地建议我自己留着这些想法就好。我确实也这样做了。但是每隔几个月，我就会再做一个被我称之为"亚当在非洲"的梦。为了摆脱这些梦带来的嗡嗡嗡的酥麻感，我把这些梦境记了下来，有时候还会把我在梦里见到的景象画下来。

随着亚当的长大，这些梦境慢慢地减少了。许多年后，亚当都13岁了，我也差不多都把这些梦境给忘了，这一年，我的一本关于亚当的书在南非成了畅销书。于是，在去南非的巡回售书之旅中，我们抽出了一些时间，第一次来到了伦多洛里。在我们第一次穿越非洲丛林的路上，我无意中的转头之际看到了一头公象从黄杨树林中露出来，身体正好与落日重合了。在亚当童年时，我在做过第一个令我情绪激动的梦后，画下来的正是这个场景。

从那时起，我就开始以真实生活的眼光来看待"亚当在非洲"的梦境，但是亚当就是不告诉我那到底是怎么回事。我问过他很多次，他总是对我笑笑而已。他看上去就像一个还不能很好地用言语思考问题的老小孩，但他却又似乎知晓我几乎无法想象的事情。

进入无言的世界

我在前文已经用了两章来告诉过你为了你的健康和幸福，该如何进入无言的世界，该如何来练习基本的寻路技巧。现在假设你至少已经练习过一些技巧，到达过无言的大脑状态了，那么我再来告诉你我为何如此注重小组成员的无言状态：我认为（而且许多许多的传统文化也认为）接通非语言思维智慧其实多少有点像接通能源互联网一样，这种接通不仅能帮你获得全部智慧，还能帮你连接到更多的东西。

荣格称这种无言的网络为"集体无意识"，它"包含预先存在的形式，也就是原型"。对于弗洛伊德而言，这种无言的网络是"原始遗存"，是思考者脱离自己真实生活构建的精神意象，而且"似乎这种原始的无言网络是人们心灵原型的写照，是与生俱来的"。每个人所处的文化中都有这样一个关于意识广泛连通的概念。大多数概念最终都被翻译成了英文中的"精神"，但是我最喜欢澳洲土著人的说法"无时无刻"。

人类寻路人可以无时无刻自由行走在任何时空，在各个时空收集信息，与遥远的人类和其他生物沟通，预见未来，为开启生命之旅做好准备。在这个形而上学的世界中，也许这种普遍的信仰可能真的说明一些事物是真实存在的，但也可能只能说明人类的大脑具有巨大的潜力。因为毕竟按照神经学家的说法，人类的大脑里潜在的相连神经元要比宇宙中的原子还多。不管这种普遍的信仰到底是什么，无时无刻总是值得等待的。

到目前为止，如果你真的时常按照我说的方法练习进入无言的世界，也许你就已经有过这些体验了：你会发现自己时刻保持高度集中的注意力；脑子里会时常闪过非语言的洞察力；遇到问题时，知道自己该怎么做，却完全不知道自己是怎么知道的，不知道这种神奇的灵感是从哪里冒出来的；你开始做起了奇怪却有特殊意义的梦。上百位实践过进入无言的世界的客户告诉过我，每当他们需要帮助，需要信息，甚至需要实在的物体帮助自己一把的时候，他们都能心想事成，这听上去的确很出乎意料。但是，我要大声说的是，如果你提高了进入无言的世界的能力，神奇的事情就真的会接踵而至，刚开始只是一些小奇迹，接着，大奇迹随之而至。最后，现在你眼中的奇迹到那时对你来说也就算不得什么了,因为你已经有一部分永远地生活在了无言的世界里,对于那一部分来说,奇迹看来也不过是寻常的事。

矛盾的无言和有声

无论是古老的预言家还是现在的科学理论者,所有寻路人的任务都是超越当前人类所感知的范围,到达人类难以想象的领域,并带回真实有力的证据。这对于修缮者、先贤、萨满、巫医、艺术家以及所有文化中的圣人来说,无异于用言语来表达那些只能在无言的世界里感受到的东西。很明显,这是一项矛盾的任务。这也是为什么老子的《道德经》中提到"道可道,非常道",却不得不用整本书来为大家讲述道的含义的原因。为了阐明道的含义,老子把自己置于矛盾之中。矛盾就是自己来反驳自己的观点,例如:"这种说法是骗人的。"如果这种说法是真的,那这句话就是假的,但是如果这句话是假的,那么这种说法就是真的。思考悖论是一种使大脑迷惑、混乱至最终完全放弃言语的方法,因为言语正是无法解决的冲突之源。

观察一下大多数智者,你就会发现他们的演讲其实充满了悖论。科学家也一样,因为尽管是科学家,但他们也同时是神秘主义者。例如,美国心理学家亚伯拉罕·马斯洛(因论层次而闻名)坚持批判"反理性主义、反经验主义、反科学主义",但是与此同时,他又写道,"四处寻找奇迹的我是多么无知,因为世间万物都是奇迹"。

你可以发现这一悖论——对奇迹的理性信仰——在我们文化中的大多数寻路人身上都看得到。其实,就连你、你的个人思想,特别是你亲身经历过的令你记忆犹新的大部分经历,可能都充满了这样的矛盾。你可能相信这个宇宙是未知的,充满了不确定性,但却又觉得冥冥之中自有力量在指引着你。你可能是一位狂热的宗教主义者,但是却又矛盾地对任何未经过实践证明的东西惴惴不安。悖论一直困扰着那些天生的寻路人,鞭策他们去寻找生命中明显矛盾的解决方法,召唤他们走进超越言语的世界,进而容纳没有冲突的悖论。每当你在脑海中遇到了一个悖论，你就找到了一扇体验无言的世界的大门，在那里，奇迹也能成真。

这一章并不是要教你什么"绝对的真理"（如一些宗教中实实在在存在的教条版本），从而帮你把思想从悖论中释放出来，而是要把你对绝对真理的一贯信念颠倒过来。当我们明白了曾经深信不疑的事物也许也是假的以后，我们就会强迫言语大脑放弃它曾经执着过的信念，放弃一直沉迷其中的"正确方式"和"预期的事物发展方向"这类观念。这样我们就走出了自己的先入之见，开始了纯粹的感知和观察，进入了"思想开放"的状态。但是这也是最难、最有力的方式，能帮助一个滔滔不绝的组员进入之前提到的无时无刻之中，同时还能帮你提供所有需要的信息，帮你重新召回你的真如本性。

有声至无言

数学中，把自相矛盾的难题称为"怪圈"。它使思想从两个不相容的状态之间乒乒乓乓地弹来弹去，无所适从。有时候，给自己寻找一份安宁，陷入怪圈的思想就自然会从产生矛盾——就比如我们举的矛盾的言语的例子——的精神系统中解脱出来，自发地找到一个新鲜而开放的栖息之处。正如苏菲派的神秘主义诗人鲁米所言："超脱是非的思想束缚，另有一番天地。我们在那里相会。"

在人类所有的传统智慧中，流传着一句亘古不变的箴言："真理使人自由。"但是西方人往往认为真理是一种精神或口头故事，是由语言陈列出来的一系列事实。相反，东方的寻路人和许多东方土著文化群落，都苦口婆心地提醒学生"手指着的月亮并不是月亮"，这句话一直鞭策着我们追求实践才能出真知。言语本身不是真理，它们只是二元思维定式的产物，只是因为这些思维需要用言语来表达而已，但是这些言语对于非二元论者们来说却毫无意义。其实，真理遍布你的生活，你却从没有思考过它。比如，即使你没体会过甜蜜，你却可以以甜蜜为命题写一篇博士论文。但是正如埃克哈特·托利所言，你不知道甜蜜的滋味如何，这也就是为什么你希望生活中拥有甜蜜的主要原因。你不会知道它的本质。

　　同理，对于我们称之为"幸福"、"启迪"、"知识"、"善良"、"爱"，以及一切值得花时间去追求的状态也一样。空口而谈并不能帮我们去感受这种状态，实际上，它反而常常误导我们，我们只是道听途说，然后还对此深信不疑，所以这往往成为我们亲身躬行的障碍。为了避免这个精神陷阱，我们需要培养鉴别的能力，甚至是创造的能力，我们可以每天自己为自己创造一些悖论来思考。换言之，每当你发现自己越来越相信某种观点是正确的，就想办法找到一种方法来证明这种观点的对立面也是正确的。

　　对于言语思考者而言，不停地思考两种相互排斥的"真理"，与深入练习的形式一样，都会使大脑积聚气泡。言语思维认为如果一件事是真的，那它的对立面就不可能也是真的。但是在无言的世界里却没有正反对错之分，所以在无言的世界里要体验的经历就无穷多。当大脑脱离了言语后，一种观点或者该观点的对立面都不能成为"真理"，因为这两者都是真的，这时大脑必须脱离二元思维和言语思维，进入一种思想无法容纳真理的存在状态。然后，意识开始膨胀，终于从言语能力中挣脱出来，就像氢气从爆破的气球中释放出来一样。玛格丽特·波蕾特在14世纪早期的作品中写道：

　　　　爱是如此吸引我……
　　　　我再别无所求，
　　　　思想对我不足为谈。
　　　　工作，说话，亦然。

　　在我们这个时代，悖论大师拜伦·凯蒂不由自主地就能从言语中超脱出来，她是精于悖论的高手，她的方法也深得我心，我每天都会用上一用。说起来，凯蒂还是在内心煎熬了一辈子后，终于在一个早晨醒来时，完全领悟到了不建立在言语上的思考就是真理。打那时起，她觉得身心欢喜，与万物融通，这正像泰勒在言语大脑变成"离线"状态时经历的一样，只不过是凯蒂仍然可以说话。像僧人一样，她找到了被称为"心印"的一种矛盾字谜的答案，她为自己曾经相信一切皆能成真的奇怪想法而感到好笑。当天早晨，她遇到的第一件事是一只蟑螂在她的脚上爬。但是，她一点都没觉得这是一件坏事，她反而觉得格外高兴："把整体分开，像一位局外人一样从事物（自己）之外来看待事物是不对的。因为脚就在那里，它并不是一个独立的个体，称它为一只脚或者其他任何名字，都让人觉得荒谬。想到这儿我忍不住笑起来。蟑螂和脚在我眼里都化名成了欢喜，我眼中的万物也都化名成了欢喜，但我眼中却无一物能化名成真实。"

很少有人能取得这么大的突破，彻底地把感觉和思想分开来。但是任何即将成为寻路人的人都可以学会一种思考方式，那就是开始的时候思路如泉涌，最终归为平寂，走向了无言的世界，走向了超越思想的欢喜和智慧的国度。下面是开启你的心灵、通往无言的世界的几个技巧，用语言来做一下。

悖论之路：找到一种方法去相信你所相信的一切反之亦然

现在，写下在你脑海里困扰你许久的五个思绪。如果这些思绪给你带来巨大的烦恼、愤怒或悲伤的话，效果最佳。

表1　五种萦绕我心多时的苦闷思绪

1._____
2._____
3._____
4._____
5._____

现在进入最难的阶段：找到一种方法来证明你所认为的一切反之亦然。你的言语思维会拒绝承认这种事情的可能性。作为一位寻路人，你要做的是把这种言语撕碎，然后一直寻找证明方法，直到你找到为止。

例如，我的一位客户埃里克常常担忧"我越来越老"，这在我们大多数人听来确实没错。但是相反的想法"我越来越年轻"也可以是正确的吗？经过考虑，埃里克承认随着岁月的流逝，他感觉到自己越来越年轻了，因为他正在以一种在孩童时代没有过的方式拥抱着欢喜，享受着玩耍。也许埃里克出生的时候"灵魂苍老"，然后随着年龄的增长，灵魂却越来越年轻。

我的另一位客户贝丝一直都被"我很胖"的想法折磨着。相反的想法"我不胖"在她看来遥不可及。但终究，什么是贝丝？贝丝不仅仅是她的躯体，因为身体中的原子每七年就会被完全替换一次，但是她的意识一直都停留在自己又重了七斤的观念上。贝丝胖吗？不。她不仅仅是物质形态，她还是本质性的存在。

如果你像大多数人一样，那么你现在可能已经做好要打我脸的准备了。埃里克和贝丝都是对的，你可能正在想——还是实证是对的，你浪费再多的口舌也没有用。这种说法简直就是废话！这正是我要说的。

在遇到言语悖论的时候，最终我们会发现所有坚持言语就是真理的话都属于"纯粹的废话"。练习的目的不是为了改变你的信仰，让你相信它的对立面，而是让你知道言语只是一种随时可以替换的声音系统，不是真理。真理从来不能用言语来表达。这是一种经历，只有完全进入变幻无穷的无言的世界才能体会到这一点。

表2 五种苦闷思绪的对立统一面

1.＿＿＿＿＿＿＿＿＿＿＿＿＿＿＿＿＿＿＿＿＿＿＿＿＿＿＿＿＿＿＿＿＿＿＿
2.＿＿＿＿＿＿＿＿＿＿＿＿＿＿＿＿＿＿＿＿＿＿＿＿＿＿＿＿＿＿＿＿＿＿＿
3.＿＿＿＿＿＿＿＿＿＿＿＿＿＿＿＿＿＿＿＿＿＿＿＿＿＿＿＿＿＿＿＿＿＿＿
4.＿＿＿＿＿＿＿＿＿＿＿＿＿＿＿＿＿＿＿＿＿＿＿＿＿＿＿＿＿＿＿＿＿＿＿
5.＿＿＿＿＿＿＿＿＿＿＿＿＿＿＿＿＿＿＿＿＿＿＿＿＿＿＿＿＿＿＿＿＿＿＿

在表2中，写下能直接反驳表1中困扰你思绪的观点。这么做也许会使你的大脑一片空白或使你觉得头要爆炸了。其实这是你创造新的神经轨迹的好兆头，可以帮你建立二元模式的思考方式，摆脱从社会培训中学到的言语即真理的思维定式。

悖论之径——不断地默念

接受和托付疗法是一种高效的新兴临床心理学疗法，它的基本思想是几乎所有的心理痛苦都并非源于经历，而是源于我们脑海中用来形容这些经历的言语。为了让患者进入无言的世界，接受和托付疗法的创始人史蒂文·海耶斯建议他们在脑海中不断地重复默念"牛奶"这类词语，念上49秒钟。这样，患者就不再把脑海中默念的词语"牛奶"与一种有营养的液体联系在一起，并且认为这是一种无声的噪音而已。言语与现实的脱离使患者终于放开了他们念念不忘的苦痛折磨。

如果你觉得这个方法不错的话，自己也试一试：在脑海中重复默念"牛奶"一词，直到它对你没有任何意义，然后再继续默念平日总是困扰你的那些包含感情的词语，比如"失败"、"破产"、"冻疮"。这么做是为了抚平这些词语带给你的伤害，使你能够更加冷静地处理生活中的现实问题，使你从自己内心的喧哗中解脱出来。

悖论之径——以心传心

禅师把称为"心经"的悖论灌输进了弟子们的脑海里，然后让他们用自己的方式去寻找答案。下面就是禅宗的经典，我们称之为"无门之门"。如果你愿意尝试这个方法，那么每当你被工作折磨，每当你担心自己有一天会成为无家可归的老妇，每当你担心你那一无是处的姐夫或妹夫来你家里当寄生虫等令你苦恼的琐事的时候，就让自己在脑海里不断地念一条心经。

- 一只狗有灵魂吗？在你回答有或者没有的时候，你就失去了你的灵魂。
- 有一个在悬崖边的男人，他只能用牙齿死死地咬住一棵树的树枝以留有一线生机，如果这时有人问他一个问题，他回答还是不回答？如果他不回答，他就会跌落和死去。如果他回答，他也会跌落和死去。他该如何选择?
- 当你觉得不好之时,当你又觉得并非不好之时,哪一个是真正的你?
- 不一定非要用舌头讲话。
- 南森看到东方的僧人和西方的僧人在为一只猫而争吵。于是他把猫抓住,对僧人们说:"如果你们当中谁能说一句好话,谁就能救猫一命。"

没有人回答,于是南森大胆地把猫切成了两半。

当天晚上,约书亚回来了,南森把这件事告诉了他。约书亚脱下鞋,把鞋放在了头顶上,走了出去。

南森说:"如果当时你在,你可以救下这只猫。"

对于这些谜语来说,没有"正确"的答案——或者我是肯定没听说过。你得去禅师那里看看你的答案是否切中某个公案。如果你领悟对了,禅师可能会用木板敲你一下,或者把卷心菜什么的放进你的耳朵里。禅宗上开启学徒意念的方法,与许多文化中的"骗子"教学一样。在非洲民间的风俗里,兔子(比如说美国的兔子兄弟)总是最终陷入进退两难的境地。在美国本土的医学智慧中,郊狼总是攻击自己的尾巴。各地的寻路人都会使学徒们陷入进退两难的境地中,这样他们最后就陷入自我折磨的悖论中,真正与言语隔绝开来。

在这种传统文化中的学徒们常常感觉自己像是丢失了思想——因为,他们确实如此。在对经文苦思冥想的过程中,也许是一个平常的问题,也许是你的生活中看似无法解决的难题,当它们令你极度沮丧时,把这看成一个好兆头。耐心些,做其他的无言训练,然后这短暂的歇斯底里就会突然让你变得更胜从前的理智。这种感觉无以言表,你只能去好好享受。700年前的鲁米把这种山重水复疑无路和柳暗花明又一村的过程形容成:"彷徨无助,目瞪口呆。"他写道,"分不清对与错。然后一架担架从天而降,将我们抬起。"

悖论之径——神秘寻路人之语

说到鲁米，我想我大概明白了修缮小组想要拯救世界的原因了，因为鲁米那古老的波斯言论在当今西方的读者中广为流传。在找到通往无言的世界的道路之前，你也许会发现自己不由自主地被前辈们的言语所吸引。一旦你开始真正地亲身体会无言的境界时，你会觉得这些前辈好似你最好的朋友。正如波斯诗人哈菲兹写的："即使远隔千年，我也能借着心中的灯火，迈进你的生活。"伟大的寻路人会像语言一样，带着你走入神秘。多花些时间，为明显对立的矛盾找到一个和谐相容的因子。

例如，我的好朋友老子一口气指出了一串矛盾的观点："明道若昧，进道若退，夷道若纇……大爱无言（译者注：《老子》中没有"大爱无言"，这里可能是作者理解错了），大智若愚。"《圣经》中也都是类似的经文，比如《旧约》中上帝"轻轻的声音"，以及圣保罗的自我描述："我什么时候软弱，什么时候就刚强了。"基督教神秘主义者自始至终都痴迷于把悖论渗入心灵。20世纪的僧人托马斯·默顿写道："我是虚无的，我的一切都属于你。"当然，这些说法没有一种是一眼就能参透的，但是这些矛盾的观点却意义深远。它们把我们从真理的边缘召回，又让我们远离虚假与执念。然后，奇迹降临。

从无时无刻中一念之转

在伦多洛里的一个下午，我在巨大的树屋的阳台上给我的客户们上课。我的朋友长尾黑颚猴在树冠下鬼鬼祟祟地偷窃我们的饼干和水果，这让我想起了我们内心深处潜在的焦虑不安且诡计多端的灵长类动物因子，也就是禅师常说的"心猿"。

我的一位客户，一位叫萨尔的美丽南非女人，称她"困住"了，因为尽管她的一生充满了爱与成就，但是她的儿子罗恩在很小的时候就溺水身亡了，她至今都没有从孩子夭折的阴影中走出来。在优雅与沉稳之下，却掩藏着一颗破碎的心灵。她为此厌恶自己（南非人气馁的标志是"软弱"，比如必须用厨房餐具把子弹从腹部取出来时候的退缩）。倾诉完了之后，她告诉小组成员："我必须忘记这个从来不曾真实存在的小男孩。"

很明显，萨尔脑海中的这段故事对她意义重大，并拖累着她，使她无法感受快乐和光明。我觉得如果她能放松紧紧咬着的上嘴唇，把悲伤遗忘的话，她会受益无穷，所以我决定通过一些练习，比如当她讲述各种令她痛苦不堪的回忆时轻轻地按着她的手，试着帮助她更多地接受自己。

当我走过去触碰萨尔的手时，我为她痛苦的念想"我必须忘记这个从来不曾真实存在的小男孩"萌生了另一种想法，也许这就是拜伦·凯蒂所说的"一念之转"。我脑海中的一念之转非常简单："我必须记住这个从来不曾真实存在的小男孩。"这就是我为帮助她制定的计划，但是我并没有说出来。实际上，我觉得我什么都没说。

当我触碰到萨尔之时，我说了一句完全意想不到的话。我听见了自己的声音，仿佛从远处传来："试着这样说，萨尔：未曾真正死去的小男孩一定不会放过我。"

突然，我双腿发软，于是我坐在了她旁边的沙发上，用双臂圈住了她——只可惜，这不是我的双臂，是罗恩的。在我还没来得及说话之前，我内心无言的世界里就开始了一场交易：罗恩问我是否愿意把躯体借给他用一会儿，我非常欢喜地答应了。于是真正的我就闪到了一边，把躯体交给罗恩来掌控。

要知道，这种事情从来没发生在我身上过。我没有，也从来没打算过成为某种人生辅导的媒介（现在有一个非常短暂的真人秀即将上演）。但是此时，我站在无言之中，眼睛溢满了泪水，我已经完全接受了罗恩的到来。我再也不担心在场的客户会认为我的行为怪异或者过激。我们都沉浸在一片美丽之中，所以我们沉思，我们通过神圣的玩耍来改变，我们已经深深地投入无言的世界许久。在这种状态下，我们都能清楚地感受到罗恩，就像我们能够轻易地感受到大自然中的风一样。罗恩是一股强大又细腻的爱的力量，令人惊叹。我想，所有的客户都能感受得到罗恩才是他妈妈的精神支柱，而不是我。果然，当我们后来讨论这件事的时候，他们说他们当时跟我体会的是一样的。

天赐的悖论

进入无言的世界会给人带来绝对的安全和平静，会给予一位寻路人最需要的法宝，帮助他在这个纷繁的世界中前行。萨尔与罗恩的那次经历使我想起了我最喜欢的对二元性与现实的评论。"生命的反面不是死亡，"埃克哈特·托利说，"死亡的反面是诞生。生命没有反面。"

不久后，还是在同一天晚上，我们小组在丛林中碰见了一只刚刚抓住了黑斑羚的美洲豹。当我看到这只羚羊拼命地踢腿挣扎时，我对自己说："噢，上帝，又来了，又是一只小长颈鹿。我又得需要几个星期才能从这种阴影中走出来。"但是有萨尔陪在我身边，我决定勇敢一点，不让自己受到死亡这一无法逃避的事实的影响，就像我从杰斯珀悲惨的死亡中走出来一样（见第一章）。我没有再被吓到，反而开始进行深呼吸练习，清除大脑中的各种印象，与无声的世界连接。这是克勒教我的怎样使一只受到惊吓的马冷静下来的方法。面对黑斑羚的处境，我做了最大的努力，通过互联网寻求平静。

出乎我意料的是，我感到自己与这只羚羊紧密相连，就像与志同道合、相谈甚欢的好友之间连接到一起的方式一样。科学家们如今发现我们的大脑中有一种"镜像神经元"，当我们发现其他人正在经历着我们所经历过的事情时，这种神经元就会启动。也许我正在想象，也许我的镜像神经元正在告诉我真相。不管怎样，这种感觉清晰明了：总是处于无言状态的黑斑羚此时充满了震惊和困惑，但是绝对没有思想上的恐惧，绝对不会像我一样为自己的死亡如此惊恐。我为它完全没有抵抗的想法感到震惊，就比如："这不应该发生！""我已经做好了死的准备！""我爱的人会为我的死而绝望！"它完全没有这样的想法，它只会对环境感到陌生，只会意识到自己迷失了方向。

然后这只黑斑羚感受着整个世界,就好像它感觉到了我在同情它一样。它看起来非常欣慰,因为它发现有人正在关心它,有人正在与它感同身受。我做了最大的努力,表现出平静与安宁。然后,我听到"嗖"的一声,奇异又美妙的感觉在心底自由地释放了。

一瞬间,我和萨尔异口同声地说道:"它死了。"萨尔此刻正在经历的与我从前经历过的一样,我们同时感受到了同样的感觉。黑羚羊的身体缓缓地坠落,这只美洲豹却像出膛的炮弹一样飞驰而去,在它跳进树林时,一只野狼疾驰而来,打算偷走这只死去的猎物。整个场景无疑就是这个最原始、最残酷的大自然,但是从无言的世界的角度来看,它既不邪恶,也没有错。因为它一点都不含有人类狩猎时的那种丑陋的邪恶。这只是舞蹈的一种方式,生命从一个由分子构成的物理结构传递至另一个,就像海浪在大海中交换能量。

让我们再回归到语言上,我能清楚地看到美洲豹杀死了黑斑羚。然后,我马上就能发现这句话的反面也是对的:我可以只是简单地说这只美洲豹"度"了这只黑斑羚,它把黑斑羚身体储藏的物理能量转移到了自己的身体里。心存这些对立的观点,我发现语言使我陷入了怪圈,把我推出了矛盾的信念架构,使我不偏不倚地落入无言的世界之中。

用悖论化解举步维艰

当我得知我的朋友杰恩被确诊是癌症晚期的时候,是这些经历教会我坚强从容地面对。我坐在杰恩的床边,萦绕在我脑海中的都是像本·奥克里这类修缮者教诲我的话语:"不要害怕,因为死亡其实并不可怕。活着,才是最残酷的存在。"我想起了我的那些神奇的亲身体验,死亡确实并不是绝对的,它只是个谜,生命是没有反面的。每当把自己从忧思中解脱出来,不再为朋友的疾病和死亡感到悲伤时,我就发现自己沉浸在一片无言的祥和之中,杰恩说这时候的我虽然只是静静地坐在那儿,但却使她觉得异常安宁。其实，在生命中最真实的瞬间，我们仅仅去寻找一片安宁的净土就好，然后，就像哈菲兹说的，我们可以告诉其他人："烦恼吗？那就来找我吧，因为我不受烦恼的干扰。"

我和杰恩交谈的时候，她喜欢听我给她讲矛盾的寻路人们的言论，尽管她完全不懂其中的逻辑。杰恩终于悄悄地离开了人世，我坐在她的旁边，脑海中思绪万千。我想默默地用埃克哈特·托利的一句话表达："死亡带走了所有本不属于你的一切。生命的秘密在于'在死亡之前死去'——然后参悟死亡本身就是一场虚空。"尽管我甚至都没有大声给杰恩讲过什么，她还是轻声说："噢，这种感觉真好。"当我们倾听身体最本质的特征——出生、疾病、死亡——的时候，我们听到了矛盾的言语与无声的世界发出的共鸣，听起来舒适又安宁。

摆脱"二元思维"的纠缠

当你的生活举步维艰时，让自己思考一下悖论，你会发现要想在大千世界中找到自己的路途，首先就需要知晓其实真正的存在与真实并没有反面。久居于言语的世界中，习惯了绝对的二元性，我们的脑海中总是容易受到痛苦、悲伤、愤怒和恐慌这类情绪的困扰。暗无天日时，我们咒骂命运；春风得意时，我们害怕失去。比如，当婴儿出生时，我们欣喜又不安，每时每刻都要检查一下，看看他或她是否还在呼吸，害怕他或她像罗恩一样被上帝召回。当一只黑斑羚死了，我们为之痛苦不堪，因为仿佛感受得到同样的命运在等着我们。

这就是佛教所说的轮回，痛苦的车轮。从痛苦中解脱的方法，是揭开二象性的面纱，接纳与你脑海中存在的对立的观念。如果你能真正地去吸收悖论，直到你可以在无言的世界中待上数小时，甚至数天，那么你就会在某一天突然发现自己已经站到了一个很高的平台上，用异常清晰的眼光审视着这个世界，这就是苏族口中的"鹰眼"。

同时在两个世界中寻路

在亚当13岁的时候,我带着他一起去过伦多洛里一次。他23岁的时候,我们又去了一次。他似乎非常喜欢这里,但是他不怎么用语言表达。在我们开车驶往灌木林的路上,我发现我的儿子一直都在紧紧地注视着各种蛛丝马迹。在我的脑海中,那些曾经做过的关于"亚当在非洲"的梦境与眼前真实的景象相重叠,我分不清哪个世界是真的——更确切地说,我觉得这两个世界都是真的,又都不是真的,它们成了把我推进无言的世界的矛盾综合体。

突然,我脑中迸发了一个念头:在亚当出生的23年之前,我梦见过这群斑马吗?亚当就是把这些梦境带给我的人吗?如果是的话,他现在并没有表现出来,他只是静静地坐在那儿,带着他那一贯平静无言的表情。

因为在伦多洛里这片土地上,已经几十年没有过猎杀了,所以这里的动物通常对路虎里面的游客们视而不见,就像它们看到的只是岩石和树桩一样。但是,它们却似乎对亚当有着非同寻常的兴趣。一头小狮子朝我们停着的路虎走来,在离我们一米多的距离处直直地盯着我儿子的脸——在我看来这有点近,但是,很明显,亚当并不这么认为。过了一会儿,一头野象走近了,它伸出象鼻,闻着亚当身上的气味,闻了好一会儿。也许是亚当身上特殊的染色体导致他的气味和长相对野外生物格外具有吸引力,或者它们透过无时无刻认出了他。

与这些庞然大物的亲密接触并没有引发亚当一点的声响。唯一让他感到惊奇并张嘴说话的是一种在这里很常见的动物,但是在美国却很难见到。绕过一处灌木,我们又看到了一群珍珠鸡,这些大鸟们长着棕色白点的羽毛,头顶部无毛,呈湛蓝色。

"嗨!"亚当用粗哑浑浊的声音问候道,"我在我的梦里见到过它们!"

"真的吗?"我说。亚当没再接着说下去。

"这太不可思议了,"亚当高兴地喃喃自语,"居然真的看到了我梦里的东西。"

"噢,你这么认为吗?"我回应道,希望我的儿子能够从我的音调里听出我的讽刺之意,"不是你小时候总把我带进各种各样稀奇古怪的身处非洲的梦里吗?"

亚当张开嘴,欲言又止。然后不管我怎么戳他,怎么挠他痒,怎么盘问他,他一整天都没再开一次口,只是投以我最神秘莫测的微笑,似佛,又似蒙娜丽莎。这个少年老成的孩子双眼熠熠发光,仿佛在说:"我是上帝派来的间谍,我可以告诉你到底发生了什么,但那样你就必须得死。"和大家想的一样,亚当还是什么都没说。

我做过的一个关于"亚当在非洲"的梦(在亚当1岁的时候,我简单画了草图,亚当20岁的时候,我给这幅画上了色)。马莎·贝克/绘

第二部分　第二种神奇之术：融通

第四章 嬉戏与技术交融

　　如果我愿意的话，我用余光就能捕捉到我肩膀旁边的帕洛米诺马（译者注：马的一种，产于美国西南部，毛淡黄或奶油色，腿细长）。但我却陶醉于整个风景之中：连绵起伏的加州山脉、穿过云层的斑驳阳光、停靠在附近的卡车。这一切，包括这辆卡车，看起来都一样美丽，一样生机勃勃。在这一刻，不管是帕洛米诺马，还是天空，对我来说同样重要。

　　要说我这一下午没处在宁静的状态之中，就像是在说三个臭皮匠抵不上一个诸葛亮一样离谱。整个下午，我都在追随一群两岁大的小马驹，我的行动异常缓慢，把分钟都拉成了小时。我缓缓地绕路向它们靠近，直到我走近了，它们才有所察觉，然后马上惊慌地逃到了草地的另一端。于是，我又继续朝着它们的方向缓缓地绕过去。我的导师告诉过我如果沿直线靠近它们，会把它们一下子全部吓跑。所以我的方案是迂回的、平稳的，走持久路线。

　　缓行，绕行。绕行，缓行。

　　我脑袋里一直想着一个笑话：有一只乌龟被两只蜗牛抢劫了，事后乌龟告诉警察："对不起，我记不太清了。事情发生得太快了！"也许这在别人看来是愚蠢的，我放着整个下午不去享受，却来向著名的马语者蒙蒂·罗伯茨和他的得意门生克勒·辛普森学习驯马。我刚刚见过他们两个（别怀疑，我一会儿确实要用我生命里最美好的日子欣赏克勒现场对斑马和大象"耳语"）。当我提到我在某本杂志上的一篇文章里看到过蒙蒂的驯马方法后，蒙蒂非常友好地邀请我去他的牧场。他和克勒带我去了草木丛生的牧场，此刻他们正站在篱笆旁边，大声地给我指示和鼓励。

"继续绕行！"他们说，"再快一点——不，不用那么快！当心——好，不错。要注意，粪便非常滑。别担心，它们还没走远呢。站起来，继续开始。"

哎呀，它们又走了。

我的耳根火辣辣地烧着。理论上来讲，我正在学着让自己变得强大一些，坚定一些，成为这些马的领导者，我模仿着专业的手势来定位，效仿着"母马族长"（马是由经验丰富的母马领导的，而公马则会在后面断后，抵御外来侵略者，还要争相与母马交配）的精神。蒙蒂让我把注意力集中在一匹小帕洛米诺马身上。如果我用正确的方法和友善的态度接近它，它就会心甘情愿地跟随我。我确实见过蒙蒂和克勒这样做过，所以我相信这一招是有效的。但是对于我来说，学习跟马沟通，简直就像在做牙科手术时，还要试着用拉脱维亚语唱约德尔歌（译者注：流行于瑞士和奥地利山民之间的用真假声急变互换的一种无词歌唱法），所以简直是不可能的事。

"别担心！"就在这一群马再一次脱缰的时候，克勒冲我大声喊，"你做得一直都很棒！"

缓行，缓行，绕行，绕行，缓行缓行，绕行，绕行。再见。

该死的，到底为什么是帕洛米诺马呢？它可是马群里最胆小、最平易近人的了。尽管它们都是本地出生的，只不过没加以训练而已，但在我眼里它们更像是野生的。在看到我不断地重复单调无味的"缓行，缓行，缓行"后，其他的一些小马驹简直都厌烦了，以至于我现在都可以在它们之间直接穿梭了，还可以轻轻地用手把它们推到一边去。但正当我离这匹帕洛米诺马只有一手臂远时……

"没关系！"就在这匹小母马抬起头，跑开了的时候，蒙蒂安慰我。随着小母马的离去，整个马群都跟着走了。"继续努力！你差一点就成功了！"是啊，我倒希望。

但随后，大约15分钟之后，的的确确，我成功了。

也许是因为我太累了，我进入了无言的世界，尽管在这之前，我就学会了珍惜这种状态。也许人类的DNA里有某种因子，可以在紧急情况下接通与马的沟通线路（"一匹马！一匹马！我的王位换一匹马！"）。

我只知道，上一秒钟，马群的行动看起来还混乱无序呢，下一秒钟，你就会发现这一切都是有意义的。现在，已经不需要蒙蒂和克勒告诉我为什么要绕道慢行了，我能感觉得到，比起径直地接近它们，马群更喜欢我慢慢地去靠近它们。

一种微妙却又异常清晰的感觉漫过我的内心，像染料一样在水中扩散开来。它充盈了我的身体，溢出，流向了这匹帕洛米诺马。在它流淌到帕洛米诺马身上的那一刻，我知道这匹帕洛米诺马也会接受我的触碰。于是，我绕到它面前，伸出一只手，我看到它的皮肤微微战栗，它轻轻地移开了，再次向前移动。我们都深吸一口气，然后不约而同地呼气。我用手抚摸它的脖子，帮它拂去脖子上的灰尘和干草，捋顺它的鬃毛。然后我缓缓地离开了，走了几米远后，停了下来。

多思无益。

加州山、云朵、阳光、卡车，万物美好，众生平等。

我没有朝后看，因为我已经不需要了，这匹帕洛米诺马已经告诉我，它来了。我们之间连通的电流对我来说如此真实，就好像一份签好的合同一样。所以我以为我能听见它靠近的脚步声。但是，令人不解的是，这时我的耳边却传来了奇怪的沙沙声，像树林中的杨木在风中沙沙作响，又像是一场教堂集会转移到了一个安静的小教堂。

在我的右肩膀处，我感受到一股温暖又潮湿的气流，紧接着，我感受到了帕洛米诺马那天鹅绒般的鼻子。在它的心里，我俨然成了它的领导。我的眼里充满了泪水。尽管我以前感受过这种"连通"，但是这一秒钟对我来说还是一个奇迹。我从没有想过会再一次感受到这样神圣的平静。

我一直沉浸在这种感觉里,直到我感觉到又多了一个鼻子、一股暖流,不过这一次是在我的后背中央。然后又来了一个,在我的左臂上方。

带着疑惑,我用余光往左肩膀上瞥了一眼,看看到底发生了什么情况(转身直视的话会把它们吓跑)。一时间,我身体里涌起一股暖流,头发刺痛了我的手臂,我终于知道了这沙沙声是什么:跟随我的不只是4匹马,而是64匹。这匹帕洛米诺马原来是这群母马的族长。所以它接受了我,其他的马就一起跟着接受了。

我向前走去,一整群马都自愿地跟着我走。我向左转,它们就左转;我向右转,它们就向右转;我停下来,它们就跟着停下来。我的身体完全接收到了马的能量,仿佛能看穿它们温柔的大眼睛,还能跟它们毛茸茸的耳朵一起聆听同样的声音。在这甜美的一天里,我真的完全听到了马的意念。这片牧场上,真是充满了无限的奇迹:马群,马语者,卡车,草丛中的每只老鼠、每只蚊子,还有我自己。

现在这些都已融为同体。

寻找同一

这些都是很久以前的事情了,那时候我还没开始给我的团队授课,我还没读过太多神圣的榜样事迹,我也还没相信"神圣的技术"。在蒙蒂第一次给我和我的孩子们展示这种融通的状态时,我只是大致瞟了一眼我那十几岁的女儿凯蒂——对不起,亲爱的,我是说小凯特——第一时间注意到的东西。当蒙蒂继续温柔地指引他的马转圈,并且在东南西北四个方向各停一下的时候,凯特小声跟我说:"妈妈!他在呼叫四面八方。"

"呼叫四面八方"是曾经的凯尔特德鲁伊特人和欧洲寻路人开启神圣或奇幻的行动之前要做的事,其中就包括与动物融通。现在我把这种行为当做一种仪式,这种仪式能帮助修缮者放下人类的语言,与无言之网连通，还能与遥远的万物接通。在许多美国的本土部落里，也有一种几乎完全相同的仪式叫做"祈求四方神灵"。蒙蒂自发地采用了相同的模式（为什么他不是让马只走一圈呢，为什么他不是让马向三个、五个或八个方向转呢？为什么大家认为四是神圣的数字呢？）。但是那时候我对女儿的发现并没想太多，我只是怀着一颗敬畏的心观看蒙蒂的示范，因为我当时以为他只是在用行为生物学向我们解释而已。

在牧场上练习融通的艰难过程中，我一直都在思考与斟酌，我告诉自己这么做是对的。但是我没想到，自己居然在乏味单调的重复训练中，无意间进入了无言的世界。所以当马群终于接受我时，我还完全没有做好充足的心理准备，也不清楚自己心里到底是什么感觉。是什么迸发了不可思议的温柔？是什么令我泫然欲泣？为什么我看到了不一样的世界？为什么我觉得身边的万物已经融为了同体？

答案就是一边在与动物的互动中进入同体状态，一边进入无言的世界，在主观意识里领悟到，自己与宇宙中的万物不是分离的。在所有的文化传统中，第一种神奇的技术都是进入神圣的无言的世界之中。但这只是个开始，当无言帮你接通全球的网络后，融通就会引导你有意识地在网络中航行——象征性地收发邮件，搜索有趣的信息，与他人沟通。无言是这片神奇领域的实在主体，融通帮你在这里连通与交流。

与人类历史上大部分文化不同，唯物主义文化告诉我们，在既不进行密切的身体接触，又不使用文字或电话这样的物质工具的情况下，是无法进行沟通的。大多数人看到的世界仍然是牛顿所描述的那样：一大堆的不确定性，不相关的粒子互相碰撞。具有讽刺意味的是，近乎长达一个世纪之久，物理学家们都称在没有真正地观察、感受到之前，固体颗粒都仅仅是一种能量模式，并且这种比虚构小说还离奇的能量一直都在按照爱因斯坦所蔑视的"鬼魅般的超距作用"进行沟通。爱因斯坦深受量子力学的折磨，直到他将死之际，才停止对量子力学的反对，并且承认这是他作为科学家在生涯中犯下的最大错误。

要知道，在爱因斯坦的生平中，他极少更改自己的观点。诺贝尔奖获得者马克斯·普朗克是一位创造量子力学的天才，他曾经评论道："通常情况下，新的科学真理能够被人们接受，并不是因为对手的服气，而是因为对手的死亡，是因为新一代人对新真理更加熟悉了。"新的真理都能把牛顿气得在坟墓里打转儿，直到有一股大小相等、方向相反的力量作用，才能使他停下来，但是没办法，这一代的小组成员已经熟悉了新的真理。下面是科学新闻工作者林内·麦克塔格特（译者注：《念力的秘密》的作者）对20世纪的科学的一些总结："人类和所有生物在同一领域内汇合成同一股力量，共同与世界上的其他事物相连……我们的身体与整个宇宙相连，没有'我'和'非我'的两重性之说，在潜在的能源领域内都同为一体……事物一旦相连，就会在所有地点、所有时间都一直相连下去。"

寻找新兴科学的同一性

你可能注意到了，在科学上抛弃二元性思维，其实与我们在言语上抛弃二元性一样，都使我们的观念发生了内在的变化。无言和融通都属于戏剧性的现象，但是我一直都把它们称为内在事件。我觉得它们的作用主要还是发挥在寻找狂野新世界的路途之中，因为无论是处于无言状态，还是处于融通状态，我们的力量都会变得出奇强大。无论相隔多远，两个物体之间也都存在着联系，由于科学家们对此的认识越来越深，所以让我给你举一个他们正在进行的实验的例子吧。

在美国杜克大学的实验室里，有一只叫奥罗拉的母猴子，它通过坐在实验室里玩视频游戏来给自己赚取美味的果汁。只要一得分，一台机器就会自动把果汁喷进它的嘴里。但是奥罗拉却一动都没动，事实上，它手里居然连玩视频游戏的遥控器都没有。原来，遥控器是由一个像人一样大小的机器人操纵的，机器人是通过与奥罗拉脑袋相连的电线接收它大脑的脉冲，从而控制整个游戏界面的。奥罗拉只需要想象自己在玩游戏就够了，然后机器人准确无误地按照它的想象进行操作，就好像机器人就是它的身体一样——但是要比它真正听从大脑支配的身体动作更迅速。实际上，奥罗拉的大脑里已经形成了一个特殊的区域，完全用来操控机器人，就好像机器人就是它多出来的一部分身体。噢，还有一件事：科学家们又把奥罗拉放在了北卡罗来纳州，让它做同样的事情。对应的机器人被放在了日本，机器人还是能够通过远在北卡罗来纳州的奥罗拉的控制操控游戏。

这不是科幻小说，也不是对神秘未来的构想，这正是确确实实发生的事。这就是为什么我一直用"神奇的新世界"来形容当前和未来人类的生活状态的原因。就在科学家们越过了物理世界中的分离设想，承认了万物同体的真理之后，关于我们能做什么、我们该怎么做的选择也开始迅速增多。

大多数小组成员对类似的发现和实验都非常感兴趣，不是因为这样的发现和实验满足了他们的幻想，而是因为他们也经历过类似的情形。物理学家们说这是"量子纠缠"，天生的寻路人们说我们对于远方的事物和彼此之间的感觉是怪异的连通。实验表明，物体受到能量"场"的作用，也就是我们半开玩笑时所讨论的电影创作——"原力"。海森堡（译者注：德国物理学家）表示，粒子随着潜在的电波变得越来越稳固，这种电波只能用意识来察觉，我们一直怀疑我们可能是万物共同创造的实体。

明确警告

现在，我必须提醒你，我认为大多数关于量子力学的讨论和我们是万物共同创造的实体的说法，其实都是言过其实的，没有任何科学依据。因为，物理学家们才刚刚开始探索量子现象，而且他们对微粒的研究仍然太少，对原子的研究却很多。新时代的专家和电影漫不经心地讨论"量子力学"，然后极力支持科学家们已经"证实"的声明，我们所有人都能够一边坐在舒服的"乐至"按摩坐骑上吃着成罐的花生酱，一边开着崭新的法拉利。如果真能这样，那我就成了哈莉·贝瑞（译者注：美国黑白混血女演员，第74届奥斯卡最佳女主角奖得主），你就住在了海边的托斯卡纳别墅，再也没有人死于癌症。

这么说，我必须承认有些事情确实在发生着。实验室里的猴子不是唯一被无线网络设备操控的生物。我们的大脑和身体与周围的一切都在相互作用着，如果我们知道如何运用融通之理，我们就能更准确地感觉到应该做些什么，应该怎样对现实世界作出有力的回应。经过了数不清的经历，比如在书中和现实生活中与寻路人的相遇，比如亲自感受"马语"，这些都让我深深地相信了融通之理。

我和乔正在一边共进晚餐，一边展开讨论。乔已年过八旬，她是一位迷人的人类学家，她将自己的一生都献给了传统文化的研究。虽然我们刚认识不过几分钟，但是在乔给我讲述遥远的西伯利亚研究生和她对于这个错综复杂的社会里的寻路人的研究时，我完全被深深地吸引了。我多想把她大脑里学习神奇技术的技巧全都据为己有啊。当我问她，她是否学过把传统的魔法运用到物质世界中时，其实我是希望能够深入地了解苔藓的医药用途和放牧驯鹿时的技巧。但是乔是一位训练有素的野地研究者，正因为如此，她非常务实。

与万物的融通

这一章的这一节将教你怎样感受融通，再怎样加以运用，然后该怎样通过融通跟你周围的一切沟通和协作，就好像它们是你身体的一部分，因为确实也是这样。我们先从一些简单的东西开始练习，然后再转向更复杂的物体和情景。每一小节都会给你提供一些练习，帮你通过融通的方法治愈真如本性，从而体验到与周围万物沟通的美妙感觉。一会儿你就会看到，不论是在心理上，还是在逻辑思维能力上，这些练习都是能帮助你在神奇的新世界里茁壮成长的最实用、最有效的方法。

所有传统的寻路人都认为要想达到融通，就要进行广泛的训练。一位在深山老林部落里训练过的南美洲僧人告诉我，为了能理解第一世界（译者注：第一世界是指发达国家或富裕的工业化国家，我国把原来两个超级大国美苏称为第一世界）里病人的恐惧和紧张，他不得不走出融通的世界。训练多了，你就会发现本节的方式与以往不同，它是一点一点地不断推动着你迈进大自然中真正的融通状态。你可以在悲伤或孤独的时候，选择一种最喜欢的方式练习一下，就比如，在你永远地失去了最爱之人的时候。每当你感到恐惧的时候，每当你需要唤醒身体里不可思议的强大力量来安慰你的时候，练习一下。

奥吉布瓦（译者注：印第安人的一个族）流行着一个传说，这个传说提醒着我："尽管有时候我会自我垂怜，但我却始终乘着狂风，翱翔于天际。"这一节和接下来的几小节提到的所有关于融通的练习，都将带着你感受你是多么安全，是如何被万物托起的。我没有给你制定特定的方案来学习这些方法（你可以每天，或者每个月练习几分钟），因为我知道，只有灵魂深处的寂寞带来的痛苦才能真正鞭策你去练习融通，一直练到你不再孤独，永远不再孤独。

通往融通的世界的简单途径：大脑与金属的精神契合

当我坐在这里，敲着手中的无线键盘，通过无线网络收发邮件的时候，很明显，这台电子机器在不通过任何有形的物质连接的情况下，就能与其他人进行沟通。我们都知道，我们的神经系统，引用神经学家兼作家杰弗里·施瓦茨的一句话，就是"肉做的电路"。我们的无线设备和我们的大脑都通过给受体分子发送微弱的电脉冲来进行运作。我怀疑这就是许多小组成员都与金属物质，特别是与电子设备，有着耐人寻味的关系的原因所在。

例如，我的朋友珍妮不能戴手表，她一把手表戴在手腕上，手表就会停。我的朋友艾伦，他在拥抱爱人之前需要摸一下金属，这样才能把身体里的电荷释放出去，减少自己的拥抱带给爱人的强大冲击力。我的客户马德琳，每当她情绪激动的时候，也不知道为什么就会像电视机或灯泡那样时不时地自己接通，断开，断开，接通。此外，还有许多小组成员，包括计算机科学家，都反映每当他们情绪不好，或者精神不佳的时候，计算机就会出现问题。我想，如果瓦尔特·惠特曼（译者注：1819~1892，美国诗人，著有《草叶集》）在电脑前伏案创作的时候，电脑却时不时崩溃，让人抓狂，估计他就不会再去写什么"歌颂带电的人体"的诗歌了。

与机器心灵相通

毫无疑问，我们的电子设备如今越来越灵敏了，甚至已经到了能接收使用者本身产生的电流的水平。但是也有强有力的实验证明，当屏蔽了电磁作用后，机器还是会对人类的注意力产生反应。随机数发生器是一种利用放射性衰变报时的机器，比如一串1和一串0，它绝对的随机性几乎接近工程师的水平。这台机器的运作模式跟平时我们随机地抛硬币相似，数百万次的"抛掷"之后才能近乎完美，达到一半一半的随机比例。这是通常情况，如果碰到有大事件要降临到人类的身上，随机数发生器的随机性就会莫名地下降。

例如，2001年9月11日，在第一架恐怖主义飞机袭击世贸中心之前两个小时，世界各地的随机数发生器都开始出现非随机性的数字，这些数字明显具有统计性。在这生命攸关的一整天里，非随机性越来越明显，统计性也越来越显著，而且这种现象一直持续到9月13日。统计这些数字结果的普林斯顿大学的科学家们记载道："经过测量，我们不得不面对这种可能性，这些统计的数据可能与对全球事件的感知正相关。"这可能也解释了为什么我第一次在牧场上练习融通的那天，最后感受到了与美丽的小母马的心意相通，也同样感受到了与高山、大树，甚至破旧卡车的密切相连。而且，尽管卡车一动不动，它也如同马那样"融入"了我的意念之中。

几个星期后，我回了家。有一天，我开着车在菲尼克斯转悠的时候，我突然之间恍然大悟。我的车上有一台全球定位系统设备，只要把它打开，调好程序，它就能用温柔的英国口音直接为我指路，这样我就能在小镇里随意穿梭。我的孩子给它那温柔的声音起了个名字，叫做"夏枯草属"。有一天，我在红灯前停下等绿灯的时候，我又重新回味起曾经跟马融通在一起的感觉。我沉浸在回忆之中，深深地陷入了无言之中，那种感觉甜甜的，在我心头闪闪发光。这时候，一个清晰而响亮的声音从车子里响起："你已经抵达目的地。"

声音刚落，我就像一只发疯的猫头鹰一样疯狂地转头寻找声音的来源，大约找了三秒钟后，我才反应过来原来这是"夏枯草属"那口标准的牛津音，意识到这一点后，我的心脏又开始怦怦地跳起来。我静静地紧紧盯着全球定位系统设备，仿佛它是一件恐怖之物。因为机器是关着的，屏幕也是黑着的，而且在"夏枯草属"说话的前后我都没有打开过它，更别说给它调程序了。我不知道是哪一个火花引发了它张嘴说话，或者说，难道这台机器只是单纯地想用自己的语言跟我说一句"你好"？就像马用它们特有的语言欢迎我一样。

在我看来，融通与量子纠缠有着不可分割的联系，尽管我曾经说过，在宏观上我们对量子纠缠现象了解得太少。但是数千年来，所有神秘的传统文化中的寻路人在经过仔细观察后，对融通进行了复杂的描述。这些传统的寻路人前辈坚持认为其实我们一直都在与万物进行着沟通，同时万物也一直与我们紧密相连着。

在手写的《拿戈玛第经集》里，记载着多马福音经文，耶稣在经文中说:"我是穿越万物之光……劈开一根木头,你会发现我在木头里。抬起岩石,你会发现我在岩石之中。"融入万物,穿越万物,环绕万物:如果万物都能以这种方式连通,那么很明显,万物也都是他物。对于练习过进入神圣世界的人来说,这,就是不言而喻的宇宙;这,就是整个小组学习与之连通、沟通和协同的世界;这,就是当你不知不觉地在融通中贯穿时,称之为家的世界。

掌握融通:买一个脑控玩具用

我有一个很酷的小"玩具",叫做脑控玩具,你从网上就可以买到(我的是我小组里的朋友索尼娅·艾拉送的,非常感谢她。如果你谷歌"Martha Beck Mindflex"的话,你就可以在网上看到我用它做的演示)。脑控玩具是用一条头带把一个小金属传感器固定在你的左前额,同时把一个非常复古的耳环通过你的耳垂与传感器相连通。把一台小电风扇放在一个独立的小机房里。该电风扇是由你大脑传递出的电能控制的。

要玩这个游戏,你得先把一个小泡沫球放在风扇顶上,然后通过激活你大脑的左半球(用户手册上建议用心算的方法)加速风扇发动机的转动,形成一股空气柱,带动小球上升。再通过降低你左脑半球的脑电活力,使风扇的发动机停下来,让球落下去(建议眼睛不要紧盯着一处不动,不要总想着睡觉。这两种游戏都可以使你进入无言的世界。这并不是巧合)。我相信,这个小玩具是以后许多类似机器的先驱,总有一天,我们可以通过控制大脑各个区域的电力输出来操控这样的机器。

掌握融通:买一个电磁波设备用

这个设备是一个扑克牌大小的金属盒子,你可以在网上以200美元的价格买到。该设备通过一根线连接一个耳环。名字"emWave"代表"电磁波",因为这台机器能同时测量由你的大脑和心脏发出的电磁波。当你处于典型的劳碌状态,大脑使用过度的时候,盒子里就会亮起红灯。等到你劳作的大脑稍微平静下来一些的时候,红灯就会变成蓝灯,另外这时候你还会听到柔和的"砰"的一声。直到你真真正正平静下来时,你的大脑进入了"同步阿尔法"的状态,这时候,你体内所有的电磁波都会同时发出一种温柔且强大的频率。这时候,电磁波设备里的灯就会变绿,然后你再听,"砰"变成了更为柔和的"噔"(我说的不是物体,是声音)。

在电磁波设备的使用过程中,你不仅仅能看到你的神经系统是如何影响周围物体的,还能得到有助于你进入无言的世界的训练。正因为这样,所以如果你想练习第一种和第二种神奇之术的话,它会是非常好的选择。

通过使用上述的静物,你会开始感受到进入无言的世界的过程中大脑内情感的变化。待你的感觉更加灵敏、瞳孔更加柔和、视野更加广阔之时,你会发现这种情感就会逐渐在你的整个身体里蔓延。你会通过实验证实,大脑在无言的世界中的时间越长,你所获得的力量就越多,身体与所处环境之间的互动也就越多。

在通往融通状态的道路上,虽然任何形式的深入练习都能给人带来兴趣,但也令人觉得异常疲惫,除非你的大脑最终熟能生巧。这期间,你会发现自己在不断练习的过程中慢慢地进步,其实这个时候,估计你也该补一补睡眠了。

研究技术发展的科学家们已经发现,深入研究音乐的学生往往能够把融通之术掌握得更好,但是在他们的大脑持续变换着来调节他们与乐器之间的高度融通时,他们也需要更多的睡眠,当然我说的不包括那种只知道重复练习的学生。泰勒在中风之后写道,当她的大脑对正常的神经通路进行调整的时候,她就像婴儿一样,需要更多时间的睡眠。

我不想过分地形容一个人要想达到融通的状态,得需要多大强度的练习,需要怎样不懈的努力,也不想夸张地告诉你融通的世界有多么多么美好。其实,更应该说它是一个坚定的抱负。然而,不要用你的整个人生去做一位修缮者,也不要花一辈子的时间来治愈自己、治愈他人,甚至治愈整个复杂的系统。别指望能在一个飞速发展、日新月异的世界里茁壮成长,也别志愿拯救这个世界,因为任务太艰巨,而收获却甚微。

如果你坚持"深入练习"这一章提到的技巧,那么一定会有一个时刻,紧接着还会有更多的时刻,你终将真正投入融通的怀抱。届时,你将慢慢把自己的真如本性与万物的真如本性相连。每当你达到意识的融通时,其实也都潜藏着一个不声不响的信息,那就是,我们人类和我们的世界都远比我们想象中的神奇得多。你会发现在你自己的世界里,你自己的地点和时间里,这个世界是与你"相连"的。你正是以你自己的方式感受到了帕洛米诺马靠近的脚步声,感受到了它的灵魂与你的灵魂的碰触,还感受到了顶在你后背的天鹅绒般柔软的小鼻子。

融通的岩石。克勒·辛普森/摄

第五章 我的阿姨，树木（绿色王国的融通）

我们是由两种物质组成的：宇宙和阳光。这话乍一听让人难以接受，但这确实是事实。大质量恒星爆炸后将人类所熟悉的所有元素抛向太空，而组成我们身体的分子就是在此时诞生于恒星的腹中。我们在走路、思考和呼吸时接收的每一束火花的能量，其实都是我们热爱的星星和太阳对地球发出辐射热能时产生的。但是如果想把太阳光转化成运动的星尘的话——换句话说，就是把物质和能量转化成有生命的生物——却是一项目前还没有人能够做到的神奇的技术。因此，我们开始依靠另一个生物王国，美洲印第安人的传统称之为"绿色王国"：植物。整个历史上各个国家的寻路人们都与植物培养了一种特别的爱的关系，一种融通的模式，这对治愈自己乃至治愈万物来说都至关重要。

在生命的宏图大志中，植物的力量比我们大多了，它们对我们力的作用也比我们对它们力的作用大多了。因为如果人类都消失了，植物将会茁壮成长；可如果植物都消失了，我们也会跟着迅速灭亡。我们吃的每口东西，跟我们吸入的氧气一样，都来自于植物，不管是经过直接食用的还是间接食用的，因为即使我们吃的是肉，动物吃植物的时候，也已经从植物身上吸收了卡路里。所以，最终你的细胞由大米、苜蓿（特别是如果你是美国人的话）和玉米构成的。因为我们吃什么，我们就是什么，所以我们也不可能跟植物王国分家。唯一可能的就是，我们自己忘了人与植物本是同体。这一章就打算提醒你，跟绿色王国的练习的目的是治愈自己、治愈他人、治愈人们赖以生存的世界。充分感受与植物的融通也会帮我们更加轻巧灵活地接通整个世界。而且有时候，对于修缮者们来说，这是一种强大的魔力。

这一章会涉及两种形式的融通：一是你与由植物制成的食品或药物的物理连接，二是你与被我们的文化忽略了的（尽管这是许多传统文化中智慧的核心）绿色王国的精神连接。

植物通过自己就可以生存得很好，根本不用人类展开什么绿色革命，而我们人类才是依靠它们生存的生物。但是当你用心来感受与植物的融通时，这些伟大的生物也会关心起你来。

生命的缔造者

2010年，当我穿过卢旺达山地丛林的时候，我就特别想知道植物王国到底有多么广阔、多么让人惊愕。于是，我就和朋友跟着导游，一路披荆斩棘，在陡峭的荨麻山地森林里匍匐前行。我们的航行就好像在绿色的大海里畅游一样。不过，这可是一片令人痛苦的大海。"这些植物咬人，"登山之前，导游告诉我们，"如果你被咬了，就默默地忍受吧。"我们确实也按照他说的做了。我的脚已经好几个小时没接触到土壤了，因为我的每一步都踏在了带刺的植物上，每一下也都扶在了带刺的植物上，所以我的皮肤像抹了毒药一样疼。因为我们带着厚厚的手套，所以我们的手没有受伤，但是偶尔荨麻穿透衣服碰到我们的手腕、肩膀和膝盖，都使我们感到火辣辣的疼。

大约正午的时候，我们停下来在一棵千年老树下休息。这棵树大得惊人，仿佛一座巨大的阿凡达城市，成千上万的植物——凤梨、苔藓、葡萄藤、兰花——都匍匐其下，这些植物供养着数千只昆虫、数百只鸟儿以及数十只哺乳动物。也许是因为少许的高原反应，也许是大荨麻毒素的副作用，我感到有些难受，但我突然觉得这棵树感受到了我的感觉。就好像我眼前遇到的是耶稣,我不可抑制地想要跪下来祈祷。但是我的膝盖火烧火燎地疼,所以我只能恭恭敬敬地站直,祈求它原谅我的失礼,但我觉得树似乎能够感觉到我每一次呼吸中的虔诚祈祷。它大度地在每一次呼吸中都回给我满满的新鲜氧气。

我们继续攀爬,登得越来越高,我们的导游用大弯刀在绿色的荨麻海中砍出了一条路,虽然我们必须得这么做,但是我还是不可抑制地想起了压抑人心的卢旺达大屠杀(译者注:发生在位于中非的卢旺达,从1994年4月6日开始至6月中旬结束,胡图族的政府军与图西族的卢旺达爱国阵线之间所发生的武装冲突,是一场有组织的大屠杀,也叫做卢旺达内战)。植物被砍断了还能继续无声无息地长出来,但是人被砍断了就再也无法复活了。那么我们还要继续自欺欺人地认为我们才是无坚不摧的生物吗?

山腰实在太陡峭了,以至于尽管我只落后导游几步,我向前平视的话却只能看到他的膝盖后侧。我的脚踩在被砍断的荨麻上,滑溜溜的。我现在只能小心翼翼地走,千万不能让自己滑下去,砸到我后面的朋友。我专注于脚下的每一步,皮肤被荨麻刺得很疼,所以此刻的脚下舞蹈和疼痛的折磨让我彻底忘了身处何处,我深深地进入了无言的世界之中。这时候,导游突然停了下来,我顺着他的目光抬眼望去。只见在那一片绿色的海洋之中,横着一只巨大的手臂,它稠密的黑色绒毛大衣使它看起来更加庞大了。我几乎都可以触碰到面前这只懒洋洋摊开的长满茧子的大手。

这只500多斤重的野生大猩猩平时都是在哪儿睡觉的?它在哪儿都特别高兴。

我后退了一步,围在我们的导游身边,这才看到了大猩猩的全貌,原来是一只银背雄猩猩。它正躺在自己为自己做的荨麻靠垫上休憩。它露在空气中的脚趾头舒服地动了动,睡眼迷离,一副慵懒的样子。就在我的朋友爬上来跟我们一起看它的时候,这只银背雄猩猩心满意足地哼了一声，然后把整个身子都蜷了起来，留下它那巨大的臀部正对着我们。

在这片荨麻前方一米远的地方，有许多双明亮的棕色眼睛正在凝视着我们。两只成年雌猩猩和几只未成年的小猩猩正注视着我们。这时候，一位卢旺达看守员用胸腔发出一阵隆隆声，于是这两只雌猩猩放松了下来，继续回去吃食，但是这几只小猩猩却仍然充满好奇地望着我们。其中还有一只小猩猩一边捶打着它的小胸膛一边向我走来，走到离我几步之远的地方，它的眼睛望向我的眼睛。我退后几步——因为有规则规定人类要与猩猩保持距离，但是我非常喜欢它。很少有人能够不带一丝防备或者完全忘我地去凝视其他人的眼睛，一句话也不说。然而，这只小猩猩好像集人类大脑里的智慧于一身，两眼熠熠发光，透着智慧的光芒，在它的眼睛里，你看不到一丝阴谋诡计，所以我们可以尽情地凝视彼此，不带一点战战兢兢和虚情假意。这种感觉比亲吻还要亲密。

这时，那只稍年轻一点的妈妈伸出一条长长的手臂，把小猩猩圈了回去，于是小猩猩乖乖地退回去，又开始大口地吃起荨麻来。"太神奇了！"我在心里想，"大猩猩是由荨麻做成的！"

似乎是为了证实我的观点，那只熟睡的银背雄猩猩转过身来，睁开了眼睛，抓起一把带刺的荨麻叶就塞进了嘴里。这个时候，我突然觉得无比羞愧，因为虽然我这些年一直都在听自然资源保护论者谈论"绿色"项目，却还在喝塑料瓶装的水，我为自己的行为感到可耻。但是此刻，我却被重新绿化地球的渴望淹没，我感受到的全部都是丛林，还有我肌肤火辣辣的疼痛（估计它得疼上好几天），我的意识里全都是巨大的树和庞大的猩猩。对于人类来说，什么事都比不上与植物王国的融通来得重要。所以对于所有文化中靠植物来实现神圣任务的寻路人来说，任务就加重了：一来要治愈自己，二来要治愈万物。

植物：与绿色王国的物质融通是怎样治愈我们的

从卢旺达回国后，我会见了一些"我的"伟大教练（他们都生来就是寻路人），我们在一起讨论有没有什么新的方法，能令我们真正活得快乐。讨论的时候，我不禁注意到，他们中一些人的面貌好得就像被图像处理软件处理过一样，看上去都容光焕发：他们的皮肤非常干净，眼睛光芒四射，整个人都透着孩子一样的源源不断的弹性能量。当他们愉悦地聊起返老还童的秘诀的时候，无外乎四个字：绿色沙冰。

"我听说在西海岸还是哪里来着，这是一个趋势。"苏珊说道。苏珊是一位杰出的教练，任谁也想不到她曾是一位体重严重超标、整日恹恹欲睡的女人。但如今，她不光不再精神不振，还能每周都能骑车载着她的丈夫行数百里，她的外貌也变得非常迷人，无论走到哪里，都会使男人们看得呆愣愣的，直流口水。"我不知道我是怎样做到的。有一天，我的强迫症又犯了，于是，我就用甘蓝和菠菜，还有一些别的绿色食物混在一起榨绿色沙冰，当我喝完第一杯的时候，我的整个身体就大声对我喊：'饱了！'"苏珊把她的秘诀分享给其他教练（出于工作性质，这些教练都要不断地交换秘诀）。于是整个小组就都开始讨论起沙冰，就好像他们靠它为生一样。

这些教练曾花了多年时间潜心练习神奇的技术，进入无言的世界，感受融通。他们都会一些马语。所以昨晚当我们喝完了一两杯酒后，大家开始逐渐承认他们平日里吃的植物其实一直在他们工作的时候无偿地帮助他们，我们谁也没觉得这有什么好奇怪的。

"它们，嗯，它们会唱一些歌给我听。"一位教练说道，"我的身体也会唱一些歌给它们听。它们团结在一起。"其实她并没有真的听到什么，她只是在试着描述一种无言的连通，告诉我们物与物的沟通其实依靠的并不是普通的感官，而是更深层次的东西，并不止她一个人有过这样的经历。最后，一些其他的小组成员都证实他们也确实能够"听到"身体与植物养分之间的二重唱。

这些伟大的教练并不知道，其实在许多传统文化里，人们早就认为植物的"歌唱"对医生和病人都特别有用了。在大多数"原始"文化中，修缮者不仅仅是所在部落里的说书者、动物的交流者、艺术家、神秘主义者，还是居民们的郎中。亚马孙河流域的萨满说，要说他们目前知道的八万种植物的一些医药用途和精神用途，还是植物自己告诉他们的呢。哈佛大学的人类学家韦德·戴维斯发明了"寻路人"一词，他发现某些萨满把科学家们眼中完全相同的植物分成了六种不同的类型。当戴维斯问他们为什么这么分的时候，他们回答："你还真是对植物一无所知，不是吗？"然后他们解释道，每到满月之时，这些植物就会歌唱，但是这种特殊植物的六个亚种的唱法却迥然不同。也许戴维斯先生不用多想就会把这些话自动归为迷信，除非这些萨满能用自己口中的六种不同类型混合而成的植物，制成有效的药用化合物。于是，这些萨满为了证明这一点，采用了某种高度复杂的信息，最后真的将这些植物合成了有效的药用化合物。

作为一位寻路人，当你开始关注原本的自己时，可能你就已经开始跟你用来筛选植物的大脑/身体的那部分连通了。抛开医药，要想保健和治愈，首先必须要补充良好的营养，而要想补充良好的营养首先就得摄取很多很多的植物。早在远古时期，我们的祖先就靠食用大量的绿色植物来补充能量，其实只要你看过与人类相近的大猩猩吃食的情形，就能知道我们祖先当时的生存状态。这就说明，如果我们吸收了各种各样的植物化学物质（phytochemicals）——绿色王国中形成的分子（phyto意为"植物"），就可以达到最健康的状态。如果我说吃蔬菜其实也是一门神奇的技术，你可能会觉得奇怪，但它确实是让生活布满星尘和阳光的最佳方法，我们每个寻路人都需要学会这种技术。

自从人类不再靠草木为生，开始农耕后，我们饮食中的植物种类就开始稳步下降。单一作物的出现（大概指的是只种植一种常用植物）引起了因缺少马铃薯导致的爱尔兰饥荒、因缺少大米类作物导致的亚洲饥荒，还有因玉米歉收导致的大部分非洲地区的饥荒。单一作物还特别容易导致慢性营养不良。不同植物都富含各种各样的化学物质，各种化学物质可以满足我们不同的生理机能需求。与植物融为同体，不仅能帮你摆脱"坏"食物，还能让你汲取许许多多你身体需要的好食物。

我是保健食品的强烈抗议者，我生命中的整整几十年里都主要靠奶球（译者注：毕崔斯公司的品牌，它是一种装在黄底棕字小盒中的糖果，有着青少年"电影糖果"的盛名）补充能量。但自从我看到猩猩一家和我的那些痴迷于沙冰的教练们都容光焕发时，我自己也变成了一位绿色沙冰的爱好者。很快我就注意到从最初能量的改变开始，我身体的一切都发生了改善，我的视力也变得了好起来。所以，我建议你试着从新鲜的绿色植物中汲取需要的阳光能量和星尘物质，我相信你会跟我一样有所改善。

如果你听不到你身体里的生产部门"唱歌"给你听，那么我教给你一个简单的神奇技术，帮你选择用什么样的植物来制作绿色沙冰。我还附上了一份沙冰食谱，但是其实最好的方法还是使你自己的身体和植物融通，这样才能帮你即兴创造出理想的沙冰组合。

掌握融通：让植物来告诉你你的身体需要什么

我认识的寻路人们管这项技术叫做"身体探测"。你可以用此法来观察身体与各种食物之间的沟通，特别是植物。我不知道这项技术为什么会有效，我也没发现任何能解释它的实验研究。关于这一点，没有人能够确切知道锂元素为什么能平息狂躁。有些东西对我们有益，尽管其中的原因一直不得而知，但是我们得承认它们确实起着作用。

1. 穿上平底鞋站立，双脚打开，与肩膀同宽。脑中不断重复"疼痛"一词。不要刻意移动身体，然后注意你的身体是否向前或向后倾。这种前倾或后倾的程度可能非常小，也可能非常明显。这种前倾或后倾可能是因为你的神经系统引起的，一遇到疼痛，哪怕只是你脑子里想到了"疼痛"这个词，神经系统都会悄悄地通知你的身体逃离。你的身体可能会后退，也可能会要向前跑。试一下，看看你的身体朝哪个方向移动。

2.把身体恢复到中间位置，这一次脑中换成"平静"一词，重复数次。再注意一下这个时候你的身体往哪个方向倾斜。我们又一次发现，大部分人都发觉自己在重复"疼痛"一词的时候，身体会略微后倾，而在重复"平静"的时候，身体会稍稍前倾，但是有些人却恰恰相反。

3.一旦你发现自己有了积极或者消极反应的时候，使身体垂直站立，然后拿起一种蔬菜或者水果，这时候再注意你的身体会往前还是往后倾斜。如果这个植物使你朝着"积极"的方向倾斜，买下来。

4.吃食物就要吃那种促进你身体朝积极方向倾斜的食物。我发现，即使不喜欢吃蔬菜的人，做这样实验的时候，也可能对不喜欢的蔬菜作出反应，产生神奇的倾斜效果。如果你也属于这种人，请记住，蔬菜的做法有好多好多种，不断地试一下不同的烹饪方法，总会找到自己喜欢的那种。如果你是在无言的状态下吃这些健康食物的，你会发现在吃的时候，你的身体会感到莫名的欢喜。正是这种欢喜反应促使我一直吃素，但是我喜欢把它们研成末来吃，大概就像雪葩那样。如果你决定继续保持吃沙冰的习惯，那么试着给每一种蔬菜原料都搭配一种水果（下文会有一个食谱供你参考），你会发现"蔬菜"的特色口味消失了，口中满满的都是水果的香甜。

掌握融通——绿色饕餮

猩猩沙冰

2杯果汁

1杯冰

1把新鲜的小菠菜叶子

1个橘子

1把田园杂菜

4个草莓

1把生菜

1/3个香蕉

1把麦草

半杯蓝莓

3个小胡萝卜

把这些材料都扔进一个搅拌器里,搅拌器会自动把它们搅成深颜色的可爱静物。然后,按下按钮,稍等一下,一直搅拌到这些东西看起来像是被你吃过又吐出来的模样(食用备注)。说实在的,它可能看上去不太好吃,但是你的身体会喜欢它的。我喜欢每天午餐的时候都喝上一大杯沙冰,而我认识的那些钟爱沙冰的人更喜欢在早餐和晚餐的时候尽享沙冰,或者把沙冰当做餐间小点。在绿色食物引领风尚的社会里,人们开始倾向于"吃草",往往一感到饥饿,就会大吃植物。这是一个非常健康的饮食方法,如果你喜欢的话,我建议你现在就可以开始"吃草"了。

营养之外

就在每个人还都需要通过摄入营养才能与植物融为同体的时候,这个小组里的许多成员已经可以在超越食物的绿色王国里与植物建立联系了。几乎所有传统修缮者都知道怎样通过某种植物化学物质来改变身体里的化学物质成分。不管他们做什么,医治头疼也好,找回光明也好,都能用得上植物。

来自不同文化背景下的寻路人们使用植物药品的方法都大同小异。中国古代医生们进行了几百年的实验,吃遍了所有能采集到的药草,记载了每一种植物吃过后的明显反应。欧洲的助产士们把药用植物知识相传了一代又一代（在欧洲的黑暗时代，许多女人仅仅因为是经验丰富的草药医生，就无辜地成了被攻击的目标，甚至还被认为使用巫术，最终被活活烧死）。北美的医生们把有效的中药叫做"医药包"。如今按药方开药是由南美洲的萨满发明的，可以说，他们是地球上最热爱植物的医生。热带雨林中的寻路人们对植物化学物质的掌控能力简直令人叹为观止——例如，他们准确无误地用植物搭配成了单胺氧化酶抑制剂，该抑制剂可用来治疗抑郁症。

虽然第一世界里的科学刚开始挖掘古代的智慧，但是至少我们现在知道了这确实是一门"大医学"。在整个人类植物学学界里，都要求科学家与本地部落沟通，医生要特别学习植物的医疗作用。最近，世界卫生组织开始提倡所有国家使用传统草药，这样做不仅能帮人们低成本地提高健康水平，还能使一些"新"药品（实际上应该说，是迄今还未被西方医学发现的）更容易被人类"发现"。

像大多数第一世里的成员一样，我第一次跟植物化学物质沟通的时候，从没想过能保持健康。我的旅行包里有一个"医药包"，里面的药多得都能比得上一家药房了：杀虫剂、晒后修复芦荟，治疗头疼、恶心、眩晕、真菌和病毒感染的药物。传统中医从田野和森林里采集草药，如今的我要在药房和保健中心买药。但是，这些用于治疗的药物几乎都来源于植物。我随身带着药是因为我可能患上了一种"巫医疾病"，就是上文提到的纤维肌痛以及它带来的一系列疾病。几十年来，由于病痛的折磨，我已经试了几十种处方药和非处方药了，从艾蒿茶到扑热息痛，都试遍了。因为可能你也像寻路人一样，深受慢性疾病的折磨，所以我想我们应该多讨论一下这方面的东西。

研究植物化学物质的目的："巫医疾病"幸运的诅咒

"我的两个堂兄都是巫医。"一天,一个叫特鲁的尚加纳族朋友告诉我,"我明天要回我们的部落参加我姐姐的入教仪式。"特鲁是我见过的最聪明的男人之一。像所有的追踪者一样,他是一位完美的科学家。他能流利地说五种语言,也是一位非常好学的人。

"小时候,我的两个堂兄都生了一场大病,"特鲁说道,"他们都筋疲力尽,卧床不起数月。我的家人试过了所有能知道的传统医药,但是一点作用都不起。所以我们带他们去了约翰内斯堡的医院,但还是没能治好。直到他们开始进行巫医培训之后,身体才慢慢好起来。"

特鲁的声音里带着遗憾。作为尚加纳族的一名巫医,他这一生过得并不容易。他这一生需要完成许多艰巨的任务,作出很大的牺牲,所以他非常希望他的堂兄们能够从巫医的团队里脱离出来。我也想表露出我的同情,但是我听得太入迷了,以至于我都感觉不到真正的悲伤。特鲁的堂兄们符合世界各地诊断病人的传统模式:一个看似正常的人患上了莫名其妙的慢性病,用尽了所有能用的方法,却始终无法治愈。这时候,部落就开始怀疑这是一种"巫医疾病"。于是,就开始培训病人,使他成为一位神秘主义者、艺术家和医治者。然后,病人的病症就开始减轻或者消失——但是病人只有在继续担任巫医一职的时候,才能感到好受一些。脱离了寻路人的身份就意味着要再次生病。

我上文中曾提到过,我认识的多数小组成员都是第一世界的知识分子,所以他们大多数人都从来没听说过"巫医疾病",但是他们却能像尚加纳族的朋友们一样完美地进入原型模式。萨拉是在30岁那年的一场车祸后患上慢性疲劳综合征的。患病后,她病情严重到没法再从事管理顾问的工作,所以她一年的时间里都笼罩在疲惫不堪、卧床不起的乌云中。突然有一天,她收到了一张按摩礼品券,这张礼品券却意外地改变了她的一生。

"治疗师刚一触碰到我的头，"萨拉接着说，"我就觉得有一股火焰穿过我的神经，一直烧到我的脚趾。"按摩后，她觉得自己在这几个小时里似乎一下子就苍老了。"第二周的时候我又去了，"她对我说，"然后也就是在这个时候我意识到自己得学会按摩师的所有按摩手法。"她开始参加日本医术——灵气（译者注：一种利用宇宙能量治病和养生的修炼方法）——的培训，并成了一位大师。她的病情开始好转，现在她又可以做全职工作了，继续做她的咨询业务，但是她说："如果我停止灵气疗法，我就还会生病。"

马克也有过类似的经历。"我在大学的时候是一名运动员，"我们是在一次纤维肌痛的会议上遇到的，他告诉我，"但是在26岁的时候，我得了严重的慢性疼痛。5年之后我才得到确诊。那时候，我发现冥想沉思和瑜伽能够帮我减缓病症。当我开始把瑜伽教学当成一种医术时，病情就开始迅速改善了。现在我又成了一名运动员，但是我的主要职业还是一名医治者。"

"我几乎被集束性头痛和疲劳彻底击垮。"朱莉说（她经营着一家狗狗保健与治疗中心），"刚开始在这儿的几年里确实很痛苦，但是我试着让自己过上'正常'的生活。然后，我意识到对我而言，'正常'就意味着几乎每时每刻都待在户外，跟许多动物在一起。当我开始用我的满腔热情帮助动物和其主人找到彼此的时候，我的病症就消失了。"

听过数百个类似的故事以后，我开始怀疑是否敏感的神经电路给寻路人传输了太灵敏的直觉，导致整个电路烧断、瘫痪，也就导致了慢性压力所致的疾病。如果你也属于体弱多病的一类人，如果你注意到当你离你的愿望越来越远的时候，疾病就会越来越严重，那么试试这个：有条件地接受小组成员的身份。努力通过实践召回你身为寻路人的真如本性，看看你的症状是否有所改善。

我不想给你虚假的希望——更不想用我的主观臆想去推测"巫医疾病"是一种真实存在的现象，因为并不是每种病都能完全治好，而且也还有很多寻路人并没有痊愈——但是正如我说过的,我自己的"不治之症"(纤维肌痛、间质性膀胱炎、环状肉芽肿)几乎完全消失了,尽管它们有时候还会再次复发,那也都是发生在我做了什么背离我的真如本性的事情的时候。这也算是一剂安慰剂,抚慰了我对存在的信仰和对团队本质的相信——尽管我在试着找出病症消失的原因时发现了"巫医疾病"这一说:我对该现象的了解是在被治愈之后,而不是之前。

然而,这种安慰剂作用(译者注:安慰剂作用是指无药效、仅产生心理治疗作用的制剂,对某些病人及其病痛所产生的有利作用)也许正解释了为什么我在治疗的过程中经历了一段震撼人心的体验——一场南美洲风格神圣的仪式。也就是说,是不是安慰剂作用——从病症中被治愈的人们是不是仅仅因为他们相信自己正在被治愈——本身就是一种神奇的技术?与绿色王国的融通是一段神奇的经历,而且让我们相信,修缮者的原型可能真的完全与古老的民族所相信的那样神奇。

雨林植物治愈大冒险

这一次冒险发生在一个至今都不知其名的城市里,因为在法律的角度上,我不知道这个地点是否属于这个国家。我应邀加入了一个小团队,团队里有些人是我的朋友,也有些人是陌生人,他们是南美洲巫医,主管这次"死藤水之旅"。死藤水是一种强大的迷幻剂,是由两种毫不相干的不起眼的雨林植物酿造而成的。尽管这两种植物单拿出来每一种都是无效的,但是它们经过化学组合后却能产生奇异的效果。一次,我在大学里看到过一部关于死藤水之旅的纪录片。在这部怀旧的老片里,有一群矮小的男人,他们的头发上都沾满了红泥。他们喝下了一种看起来非常恶心的液体,然后呕吐,然后在一个小屋旁边躺了很久。

我当时不能理解这个事情。我从来没有吃过娱乐性药物,因为过多的规定使这种药买起来很麻烦,而且我想象不出来这种药能让人高兴到什么程度，居然值得付出呕吐的代价。但是不管怎么样，从这些红泥头发的男人们身上可以看出，他们酿造娱乐性药物的特殊方法使他们学会了雨林植物的精神，学会了雨林植物教给他们的智慧与安宁。

患病几十年后，能被朋友邀请参加这样的仪式，我觉得很高兴。不仅是因为我最近正好对传统疗法产生了兴趣，还因为它引发了我身体的基本反应："噢，是的！"我的意思是我一想到要出席这场仪式，就会觉得身体像充了电一样——我了解这种感觉，而且我尊重我的感觉。对于一位寻路人来说，身体就是一种追踪设备，总是能帮助他找到自己的路。如果你一直做讨厌的工作，你就会得牛皮癣。如果你与你的家人歇斯底里地争吵，你就会失去家的支持。拒绝一份爱、一个梦想，盲目地拒绝心底的声音，你就会肠胃痉挛。我知道有时候我的身体对一些事情说不的时候，我却仍然在做；当我的身体说是的时候，我却不去做，于是，我就生病了。而且我已经厌倦了生病，所以我说，是，我要参加这场仪式。

在这场仪式的前几天，我在网上偶然发现了一张清单，上面列着一些药，无论什么情况下，只要服用这些药物，短时间内就绝对不能再服用死藤水。就在几天前，我还真吃过这其中的一种药——一种非常不起眼的化合物，医生很少开这种药给病人，尽管我的小猎犬在它最后的几年里一直都在吃这种药。如果我当时在短时间内就服用死藤水的话，估计我就得直接进医院了（这就是为什么我要建议你要想成为寻路人，就别喝任何比自来水烈性的饮品的原因。事实上，自来水非常粗糙。如果我是你的话，我会过滤一下）。

一想到我侥幸逃过一劫，我就感到浑身战栗，但是也有些灰心丧气。如果我真的能完全进入融通的状态，能跟绿色王国心有灵犀，我又怎么会一开始对仪式反应这么积极，后来却又发现——做什么都太晚了——我根本不应该加入这场"旅途"呢？不管怎么样，我还是决定去，只是去看看。等团队人员都聚在一起后，每个人都领到了一只供呕吐用的桶，我开始越来越庆幸自己不加入其中的决定。我把我的困境说给南美洲的一位巫医听，因为他浑身散发出的纯粹的安宁感让我觉得震惊。我还以为会有一些文化冲突——因为我从来没去过南美洲，但是这个头发灰白的（我没看到他头上有泥）温柔男人却令我觉得一切都无比舒心。

日落时，十几个"旅行者"围成了一个圈，坐在一起，这位巫医开始小心翼翼地给每个人都发一剂精心准备的液体。然后我们就都只是坐在那里。如果你想知道真相的话，我得说这确实有一点虎头蛇尾。这时候，巫医开始哼起歌来，我不知道他用的是什么语言，但是听起来似乎都是百万年前的语言了，我随着他的歌声进入了冥想之中。他的声音空灵而优美。奇怪的是，没过多久，我就觉得所有人都在跟着他一起唱起来，唱得非常和谐。我非常好奇我的朋友们是怎么学会唱这些奇怪的歌曲的。然后人们开始呕吐，于是我又开始越来越庆幸我没有跟他们一起喝这种植物提取液。

意外的阿姨

巫医开始绕着这一圈沉默的人走，每经过一个人他都会停下来在其耳边轻声问几个问题。现在天已经漆黑一片了，所以我看不到他在做什么，但是我能闻到一股特别香的烟雾，而且有的时候我还能听到巫医在撅起嘴，往外吹气。然后他走到我身边，也在我耳边轻声问了几个问题。我的身体或者我的人生里有什么需要医治的吗？有吗？他的话语非常非常温柔，声音里充满了爱，于是，我的眼里噙满了泪水。

"嗯，"我说，"我曾身患病痛很多年，有的时候，我非常害怕自己会再次发病。"

巫医点点头，开始用一种听起来奇怪又古老的语言喃喃自语，他开始在我身体周围的空气中移动他的手。他从烟斗里吸入一口烟，然后把它吹过我的头顶，吹下我的脊背，沿着我的胳膊和腿吹散开来。接下来，他把烟换成了一剂带着花香的水，用大致相同的方式做了一遍。只见他的口中含着带花香的液体，把香气吹遍了我的全身。我陶醉在整个过程中。整个过程完成后，巫医离开了，我又继续开始进行我的冥想。

我的右手抽搐。

哈，我想。

我的左手抽搐。

真有趣。

我的右手又开始抽搐——更严重的是，它开始颤动。我感到有点紧张，想让它停下来，但是管它呢，我想。现在天是黑的，根本没有人会注意到。如果别人都能当着大家的面呕吐，那我又为什么不可以颤动呢。

我一作出这个决定后，颤动就开始蔓延到了我的胳膊，然后带动了我的整个躯干，最后又到达大腿。我的肌肉从最小块的到最大块的，开始以一种我没办法刻意模仿的方式颤动起来。这时候，巫医唱歌的声音更大了，现在我敢肯定我确实听到其他人在跟他一起唱。然后，我突然意识到声音不可能是屋子里的人发出来的。一方面是因为唱歌的人在使用一种陌生的语言，另一方面是因为所有的声音都是女性的。突然，我听到这支女低音合唱团在异口同声地用英文跟我说话。

"你看到了？"她们说，"好吧，我们是为你而来的。"

记住，我们什么都没带。

"你的旅途中已经有太多伤痛了。"这些树唱道。

等等——我怎么知道她们是树？我从来不懂园艺，甚至连一盆盆栽植物都养不活。树？

"你不应该再感到恶心，"她们唱道，"我们只是希望这些经历能够帮你治愈伤痛。"

沿着我脊椎的每一块小肌肉都开始震颤，先是从我的脖颈处，然后往下，再往下，我开始抽泣起来，脑子里充满了怀疑和迷惑。我的一只脚开始跟着诵经声打着节拍，另一只脚却出乎意料地打起了复杂的切分音节拍。震颤还在继续，但是这四个多小时里我都没刻意动过一块肌肉。有时候我觉得自己像一个世界摔跤联盟的选手，被强大的对手从这边摔到另一边。过了一会儿，这种震颤开始越来越微妙，因为它主要集中在某一点上。然而，这种震颤在某个特定的时刻变得特别强烈，没错，这种感觉居然很美好。真是不可思议，我数年来的每一块肌肉有多疼痛，我现在就有多舒服。

我想，这肯定不是吐几口香烟就能做到的，要真是这样的话，那地球上的每个吸烟区肯定早就摩肩接踵了，就像《驱魔人》中的琳达·布莱尔一样。我越来越放松了，我惊叹在我没出一点力，甚至想都没想过的情况下，我的身体居然能够如此猛烈地震颤。我正在被宠爱，就像你轻轻地拍着婴儿让其平静下来一样。这些树神——我放弃抵抗这种离奇的感觉，很明显，她们是树神——看到我终于放松下来后，开始高兴地笑起来。"噢，你这只小猴子，"她们咕哝着，"你可真是可爱！"

宠爱，宠爱，宠爱。极乐，极乐，极乐。

大约三个小时左右，我心中升起一股担忧：我还有一个截稿日期呢。我开始担心过了今天这个奇异的晚上之后，我能不能交稿。正当我紧张的时候，耳边响起这些树清晰的声音："我们还没教会你吗？"然后她们就爆发出一阵响亮的笑声，抚摸我的脸颊，挠我的脚心。你可以把她们想象成最宠爱你的阿姨。我不得不说，我现在开始想知道如果真的喝下了药水，到底会发生什么。

奇异的植物学

这个经历使我彻底动摇了。一方面，我不得不重新思考南美洲巫医的信仰，也许他们所相信的人与植物能够完全同体的现象确实真的存在，而绝非单纯的封建迷信。我又想到了小时候读过的一本书《植物的秘密生活》，这本书是由彼得·汤普金斯和克里斯托弗·伯德共同编写的。这本书曾引起了相当大的轰动，有些读者强烈地谴责这两位作者，还有些人欣喜地推崇他们。由于这本书提出了很多想法，所以我建议你试一试书中的想法，看看这些想法是怎样跟你产生共鸣的。

汤普金斯和伯德声称，植物不仅仅是物体，还是生物。他们称，当植物与测谎仪相连的时候，给它们施以刺激，它们作出的反应跟有意识的生物是一样的。比如，读出器显示一些植物"看到"动物或其他植物受攻击后，导电性明显受到干扰。"克里安"照相术是一种把物体的电流输出转化为可视图像的工具。把一些树叶截成两段后用克里安照相术为其照相，形成的电压模式不仅显示出了这些树叶现存的一半，还显示出了被砍掉的一半，也就是说它们在克里安照片中呈现出的是完整的模样。此外，这两位作者还声称，他们发现善待植物的话，能够使植物更健康、更强大。

当读《植物的秘密生活》的时候，我才12岁，尽管那个时候年龄很小，但是我记得我当时还纳闷为什么这两位作者对植物这么痴迷，以至于他们宁愿冒着失去名誉的危险，发出关于"植物与人类之间的生理、情感和精神有联系"的大胆声明。现在回头想想，我猜仅仅是因为汤普金斯和伯德是团队的一员，这种团队里的每一个人都对植物王国有着特殊的热情，他们想告诉其他人与植物合为同体时那种刻骨铭心的感觉，就像我在卢旺达山地丛林遇见大猩猩时体验到的一样。

植物朋友

如果你是一位"植物朋友"，那这些对你来说就平淡无奇了。最近，我在哪儿都能碰到植物朋友，而且他们对植物的爱似乎越来越强烈。例如，我的朋友谢里对植物痴迷到了一定的程度，以至于在她手机里，灌木的照片是跟她孙子的照片放在一起的。当她给我看时，她用手轻轻地抚摸着手机屏幕，对着它窃窃私语，可是在我看来，这些也只不过是司空见惯的灌木而已。

每当玛丽跟我讨论园艺的时候,她就会激动地侃侃而谈。"我不知道为什么一谈到玫瑰花和菊花,就会令我如此激动。"她表示歉意,抹着激动的泪水,"我也不知道为什么。我只是,只是太爱它们了!"

另一位叫做汤姆的客户跟我说,他梦想中的完美家园是"拥有一个巨大的花园们"。一个花园们?他把花园加上了复数,这是典型的说漏了嘴,所以我告诉他要注意一下。汤姆在叙述的时候也在哭泣:"我看到花园遍布世界各地。"这时,他不说话了,因为再说下去他就得失声大哭了,这会折了他的男子气概。

我终于有机会见到著名的团队成员伊丽莎白·吉尔伯特——风靡一时的畅销书《一辈子做女孩》(译者注:英文原名为《Eat, Pray, Love》)的作者,只见她光芒四射,满面春风。她告诉我她爱好旅行,她也曾在这本书中充满激情地描述过,但是,至少现在,她对旅行的热情已经被对园艺的热爱所取代。

要想知道这些成员们对植物的热爱到底能到什么程度,让我们看一看东非和中非的第一个女博士——旺加里·马塔伊。1976年,当还在全国妇女委员会工作的时候,她提出了一个明智的主意,倡导非洲女性植树。最终,该活动被称为"绿带运动",在这次活动中,她帮忙种植了两千多万棵树(顺便说一下,这次活动也让她荣获了诺贝尔和平奖)。

美丽的希伯来经文《犹太法典》告诉我们:"每一根小草,都有它的天使俯下身来对它说'成长,成长'。"纵观历史,许多天生的寻路人似乎都已经感觉到了传说中的天使,而且也已经找到了属于自己的天使。如果你是一位植物朋友,你可能已经有了一套自己用来与植物王国进一步融通的方法。但是如果你还没有,你正好可以试一试下文所列的神奇技术。再说一遍,请一定要试一试这些活动,哪怕只选其中的几种也好——如果你只是阅读的话,你不会知道它们会给你带来什么。

植物警告

在当今社会,寻路人为了达到融通的状态,常用的方法是通过一些"神奇的"植物,从大麻到可卡因,来改变心情或意识。但通常,用这样的方法来重拾我们的祖先用心经营的植物魔法,其实是可悲的,也是危险的。在传统环境里,比如我参加的南美洲仪式,这些作用于精神的植物化学物质不应该为了贪图娱乐而狂饮,而是应该小心翼翼地、一丝不苟地来服用。随意地吞一大口裸盖菇(译者注:一种采自蘑菇的迷幻药)或佩奥特药丸(译者注:佩奥特掌是仙人掌的一种,可用该植物提取致幻剂),可能不光不会使使用者变得兴奋,反而会使他们更加恶心,甚至会吸食上瘾、发生过敏反应,乃至死亡。正如我的树神阿姨提醒我的,植物王国有着强大的力量来影响人类的身体和思想。所以要以尊敬的态度来靠近它。清楚了吗?很好。那么试试这些能让你和植物王国更加融通的技术吧。

掌握融通:看一看绿色植物

这项简单的练习,即使在我心情最坏的日子里,都能令我开心起来,所以它的作用要比大多数人想象中的更强大。1984年的时候,得克萨斯州农工大学在一项研究中发现,比起那些常常注视着窗外的青砖和水泥的术后病人来说,常看看窗外树木的病人需要的恢复疗程明显要短了很多。1999年瑞典的一项研究表明,通过一组对比,他们发现病房里挂着山水画的术后病人往往恢复得更快,病痛和焦虑也会相对减少(第三组病人的病房里挂着的是抽象画,结果他们在精神上和身体上都感觉更糟糕了,比其他两组都糟糕)。如果你没办法在你居住和工作的环境里养植物,那么就用图像代替吧:绘画、海报、电脑屏保都换上生机勃勃的绿色植物。只需要看一看画着青翠风景的明信片,就能帮你改善健康。

掌握融通：室内或室外的花园

据天生就热爱植物王国的人说，他们每次在花园中散步的时候，健康感和幸福感就会大大增加。医院和疗养院也称，如果允许病人种植植物，哪怕只是在小花盆里种一株花，都能有利于他们的健康。如果想从园艺中得到最大的利益，你可以种一些菜，或者在窗台上搭一个小植物园，然后你就可以吃自己种的植物了。

我从俄罗斯的寻路人那里听到了一个奇怪却有趣的说法：把种子放进嘴里用唾液浸泡过后，把它们种到土里，等它们熟了之后吃下去。这些寻路人认为这种方法使植物得到了园丁的DNA图谱，然后根据专门的图谱调整自己，以保证主人的健康。我的意思是，为什么不试试呢？

掌握融通：把树种在任何你能种的地方

无需多言。

许多大城市的居民现在都可以从当地的农场"预购"食品：据说是一年支付800美元后，就可以定期收到水果、蔬菜和其他食物（比如肉类和奶制品）等许多当地的新鲜食品。这不仅拉动了"绿色"农民和商人的经济，还确保了消费者能真正购买到未经过化学处理或冷冻的新鲜食物。

掌握融通：与树（和其他植物）对话

我喜欢带着这样的想法做实验，那就是植物对它们周围的事件、生物和能量都是敏感的。试着在一个相对稳定的环境里种一棵植物（比如恒光照明且恒温的室内），然后每隔一段时间就给它施以不同的刺激，观察它的生长速度是否会发生变化，或者它的长势是否有变化。例如，在一个月里，每天都给你的植物播放你最喜欢的音乐，看看在这段实验周期内它有没有什么变化。

掌握融通：有意识地吃药

在你每次吃药的时候，都要记得感谢一下这些植物，因为是它们合成了化学药物，帮你改善身体。如果你相信我南美洲朋友的话，请记住，你的感恩行为会使所有的植物都更愿意帮助你、治愈你。

走向绿色

来自不同时间、不同地点的寻路人都建议，当你练习这些方法或者任何其他的方法的时候，只要能帮你把注意力放在自己与绿色王国内在的统一上，就会使身体这台发动机在能量互联网中更灵敏、更坚固。进一步展开植物练习，只要你觉得自己更健康、更警觉了，直觉更准了就可以。也许你会发现自己主要靠绿色沙冰为生，开始种植树木了，或者莫名其妙地就知道了怎样搭配植物化学物质来医治朋友的病。你的星尘会越来越健康，你的阳光会越来越灿烂。然后在某个月圆之际的晚上，如果你站在热带雨林之中，也许你会听见在这片绿色王国里有越来越多的居民在对你默默歌唱，唤你回家。

绿色王国中的大猩猩。马莎·贝克/摄

第六章　与亲密的人更亲密（动物是通往融通的世界之门）

从美国到这里路途遥远，我都已经不知道今夕何夕了。我的手表显示大约是下午3点了，这个时候在伦多洛里都该喝下午茶了。明天，我、博伊德和他的妹妹布朗温·克勒，将要教我们的队员们进行一年一次的闭关隐居，现在我正在仔细研究我们的每一位客户，细心修订我们的时间表。当我听到这间瓦提小屋的门口响起了博伊德的脚步声时，我仍然继续把注意力集中在我电脑的工作上。

"嗨，博伊德，"我头也不抬地招呼着他，手仍然敲击着键盘，"我马上就做完了。"

博伊德什么也没说。我听见他站在电脑屏幕的另一边，来回颠换着左右脚，发出风吹灌木的沙沙声。他非常耐心，我都抬起头五分钟了，他还是一言不发——我突然看到了一双漆黑温柔的眼睛，原来是一只条纹羚。这只高高的条纹羚长着一对长长的羚羊角，盘旋着立在头顶上，它的脸上横着一条白色条纹，仿佛是粉刷篱笆的时候不小心弄上去的。

试想一下，在宁静的睡梦中突然被泼到脸上的凉水惊醒，现在颠倒过来，想象一下陷进了紧张忧愁的恍惚失神之中，然后突然撞上了一张平静的脸。这就是我现在的感受。我把我的笔记本放在一边，慢慢地移动身体，这样我就不会吓到条纹羚，而且我的倦意慢慢地消失了。正在吃草的条纹羚停了一会儿，然后朝着阻隔我们的门帘迈了一小步。也许它只离我五步之遥，它已经完全意识到了我的存在，于是它彻底平静了下来。它让我想起了玛丽·奥利弗（译者注：美国诗人，曾获得过美国国家图书奖和普利策奖）对鹿的描述——"软唇天使"。

在瓦提小屋的前院，离条纹羚几米之远处有两只小羚羊，它们可比条纹羚小多了，柔软的胁腹上长着白色的斑点，它们也正在啃着树叶。附近还有一群疣猪正在大口大口咀嚼着青草，它们跪在草丛中寻找着鲜嫩的新芽。花园外，尖锐的啪啪声提醒着我，大象就在这附近吃草。当我纵目远眺，寻找大象的踪影时，我看到有一只鬣狗正安静地躺在树下，那儿正是昨晚我到达时河马曾站立的位置。

当我看到这样的景象之后，来自"正常"生活的压力消失了，我的心里全都是动物无言的安宁。被监禁了27年，最后终于重获自由的纳尔逊·曼德拉就常常来这里，来伦多洛里修身养性。我知道为什么，因为据我所知，没有一个地方能比得上这座城市，它帮助人类治愈伤痛，帮助人类找回最自然、最真实的灵魂。所以对于曼德拉来说，再也没有比这里更好的地方了，它能帮他聚集强大的寻路人力量，治理地球上最残破不堪的国家。

就像我说过的，瓦提一家把"重建伊甸园"作为人生的使命。大多数由人类建造的地方，都失去了原有的那份纯真。然而在这里，所有失去的纯真都能被寻回——不仅仅是那些有能力、有远见、有条件修复整片荒野的人，而是每个人，每一个真心想要去修复的人。最有远见的使者无需多言就能讲述动物的故事，它们有软嘴唇、四条腿，以羽毛或鳍为衣。我一直觉得，自己是为了动物才来到伦多洛里帮助人类重拾真如本性。但每一次来到这里，看到数万只温柔的提醒者，我都觉得自己很卑微，因为我明白人类要想重拾真如本性，必须要靠动物的帮忙。

熟悉的面庞

"大部分人都忘记了怎么在整个生态系统中与众生共同生活。"最伟大的自然主义者和寻路人康拉德·劳伦兹（译者注：维也纳人，是动物行为学的开山祖师,研究领域为"动物心理学",是1973年诺贝尔生理医学奖得主)写道,"反过来,这也是为什么人类一进入自然,就对他们赖以生存的生态系统造成生命威胁的原因。"我们的自然已经慢慢接受了这一点,不管它是多么悲伤,也不得不接受。电视上的每一个野生动物节目、每一堂生物课、每一本生物书都提醒着我,在美国,大自然正在消逝,动物们正在消失。这些悲伤的故事都在告诉我们,如果有一天大自然真的消逝了,那它就真的一去不复返了。

但这不是必然。

在人类的历史上,修缮者、治愈者、寻路人终其一生都在重建伊甸园——在那里,每个人、每个野兽、每片土地、每汪大海,一切的一切都拥有最真实的本质,都还拥有一份纯净、一份健康、一份未被污染的纯真。如今,在消沉了半辈子之后,我相信我们也许真的可以完成这次伟大的复兴。但是在重建伊甸园之前,修缮者们要先拥有"熟悉",这个词指的是一种根植在动物心中的时时刻刻为人类服务、守护人类的精神。你的真如本性可能会需要你与动物展开深层次的沟通,这种程度要超出这个社会所鼓励的,甚至所允许的范围。

在欧洲中世纪的黑暗时代,因为宗教法庭审判官什么决定都会询问"耶稣会怎么做",所以就导致了那些原本就信仰古老的宗教的人开始固执地认为我们的动物朋友是被妖魔化的。村子里的医生养的猫和猫头鹰,曾经还被村民们奉为神圣的助手,现在又被重新认定为魔鬼的走狗,这是荒谬的。也只有人类——审判官就是一个很好的例子——每天早晨起来的目标就是让众生受苦。尽管动物们也许要通过斗争来争夺统治权,通过杀戮来夺取食物,但是我们人类呢,我们人类却面无愧色地居住在罪恶之城。

这就是说,我能理解为什么宗教极端主义者对修缮者与动物之间的关系感到恐惧。这种关系动摇了理想的教条主义者,因为它是一种确确实实存在的神奇现象,它威胁了我们对人类绝对统治地位的信仰,扰乱了人类的思考方式，让人们不禁怀疑这个世界上是否真的没有奇迹。久居无言的世界的动物也可以在融通的世界里来去自如，它们还会时常传送给我们早已被当今社会遗忘的安宁和治愈之法。

野兽的治疗之法

乔恩·卡茨在他的作品《狗的新工作》一书中提到"人类最好的朋友"如今是怎样帮助人们的。这些曾经帮助人们运输、狩猎、放牧等一切事务的朋友们，如今又是人类主要的情感慰藉，帮助人们对抗癌症，调整人们对社会的不适应状况，还能带着人们走出失败的婚姻，重建新的生活。如今，狗、猫、鸟会经常被带到人类曾经禁止它们出入的地方——医院、监狱、养老院，因为科学证实这些动物的出现会降低病人的高血压，还能催生修复性的荷尔蒙，帮助那些不敢再去爱的人重新放手去爱。

我的很多客户都掌控不好感情生活，他们只有跟动物待在一起的时候才能建立起一种友好平和的关系。这一点在我的队员身上得到了充分的验证，他们非常需要跟野兽沟通沟通，因为不管是身体上也好，心灵上也罢，他们常常被自己过度的敏感所累。我相信这种痛苦是通过无言的世界来传播的，而处于这个世界里的动物感知得到每种生物的痛苦都与融通相关，所以它们就自发地为万物抚平伤痛。给它们一个机会，你会发现它们是我们的救星。

这是发生在我的客户贾尼丝身上的真实经历，她是从伊拉克的战场上退伍的老兵，因为她的腿部被子弹击中，这给她的心灵带来了阴影。有一天，有一只小猫在她的门前徘徊。"这一年以来我第一次有了幸福的感觉，因为我可以救它。"贾尼丝说，"其实，更应该说是它救了我。"每天晚上，当贾尼丝把小猫放在腿上，听着它呜呜叫的时候，她就觉得自己腿上和心灵上的伤痛都被抚平了。

另外有一位叫布莱恩的队员，他的朋友移居到了海外，于是留下他一个人在越南，只能与一头叫拉塞尔的大肚猪为伴。奇怪的是，这却帮他渐渐地摆脱了抑郁症。"瞧瞧这有多奇怪啊？"布莱恩说，"我治疗了很多年，但最后帮我好起来的居然是一头猪！"当你看到他们在一起的情景后，你就会觉得这不足为奇了，拉塞尔对布莱恩的喜爱非常明显，这种喜爱情结帮助他们融为同体，产生的强大治愈效果不容忽视。

在我们合办的围场开业的第一天，克勒向我们的顾客说，马能够一直发出能量，也能够接收我们的能量。大部分客户听后都睁大了双眼，还有少部分人露出了困惑不解的表情。但是一天过去后，他们能明显地看出人与马在沟通，他们悄悄地提醒彼此："放轻松，伙计！听马说话！"一次，围场里来了一位离过婚的女人，看得出她在极力掩饰悲伤，她来这里是想学习怎样"要求"一匹马按照指定的方向走或跑。尽管她想让马离她远一点，但是这匹马不仅原地不动，还把它的侧面靠近这个女人的侧面，然后转过头来，用身体的侧面和脖子把她圈住，拥抱她，这差不多就是克勒口中的"马的拥抱"。这个庞大却耐心的动物用它最纯真的善良拥抱着这个悲伤的女人整整15分钟之久，她靠在它的身上，大声地把心底最深的伤痛哭了出来。

埃伦·罗杰斯是一位作家，她的儿子内德曾在一次意外事故中瘫痪。在她的书《凯西历险记：一只猴子和一个奇迹的非凡故事》中，埃伦描述了儿子可怕的病痛，以及猴子是怎样帮助他战胜病魔的。在这场事故后，内德不仅瘫痪了，而且引发了严重的持续性神经疼痛。在这个可怕的故事之中，为数不多的一个亮点是这只经过专门的服务性培训的卷尾猴凯西，是怎样来帮助残疾人的。开始的一段时间，凯西显然不愿意跟养大它的主人分开，所以它对谁都不是很友好，包括内德。后来有一天，内德痛苦难忍。"能试的方法我们都试过了，可是在医院也好，在家里也好，都不管用。"罗杰斯在书中写道，"药物、按摩、热敷、冰敷——都不管用。当我眼睁睁地看着我的儿子受苦时，我无助得不知所措。"

"妈妈，"他喊着我，"我着火了！妈妈，请帮帮我！"

我不知道自己能做什么，但是当时我却看向了凯西，就好像我从来没见过其他生物一样。它看到了什么？希望？绝望？不知怎的，这只可爱的小猴子好像知道了我们需要什么。我刚把它放出笼子，它就爬上了内德的椅子，把它的尾巴缠在内德的脖子上。它发出深沉的喉音"呼呼"，好像在对内德低语。它又小心翼翼地趴到内德的胸口上，正位于心脏的上方。他们两个都非常、非常安静。然后，我不知道为什么内德脸上的痛苦真的消失了，他扭曲的表情也突然不见了。他的病痛渐渐地退去了。

后来，内德告诉他的妈妈："太奇怪了，妈妈……凯西比药物还让我舒服和放松。"

有些动物似乎不仅想要在这一生帮助我们，还想在下一世也陪着我们。奥斯卡是一家疗养院的猫，它是一只脾气非常暴躁的猫，从不让人类靠近自己……除非这些人即将死去。每当这个时候，它就会突然一直陪在他们的身边。一位医生注意到，当有人要去世的时候，奥斯卡就总会蜷缩在将死之人的身边，这些人的总数超过了50。这位医生发现这种情况后，在新英格兰医学期刊发表了一篇文章，很快就引起了媒体的注意。

"如果把它关在生命垂危的病人的病房门外，"一位记者写道，"奥斯卡就会使劲挠门，拼命想要进去。"然后，它会一直守在病人身边，直到病人去世。"它不像是在打磨时间，"一位医生说，"其间它会溜出去，抓回一些吃的来，然后继续趴在病人的身边，就好像它在守夜一样。"我禁不住想问，是否有人看到了奥斯卡轻轻地用它的小爪子从病人的鼻子抚到嘴巴，但是其他人都认为奥斯卡在感受某种身体或心理氛围，在这种氛围中它能感受到一个人的生命走到了尽头。

这些动物不仅延续了长寿和繁殖的遗传编程，它们似乎还生来就对人类感兴趣，愿意为我们提供救助，帮我们渡过难关。它们没有语言，所以只能听到无言的世界的信息：注意！注意！一个伟大的本我，一个陷入孤立的错觉中的人，正在挣扎！因为与人类有相同之处，所以它们出于本能地回应，默默地抚慰人类的伤痛。"动物不仅仅能把这个世界绘制得如诗如画，"加里·科瓦尔斯基说，"它们的生命已经与人类的生命交织在一起——比无时无刻的呼吸还要亲密，如果它们离去，我们就会魂无所依。"

即使修缮者们没有像内德那样受到那么大的伤害，也没有把身心上的伤痛掩饰在礼貌而得当的社会行为之下，动物也还是可以用同样的神奇之术来帮助他们。你很可能也是这些修缮者中的一员。如果是这样的话，学着通过融通的技术跟动物沟通，因为也许这是最好的方法，可以帮你找回真如本性，找到通往幸福、创新、繁荣之路。

带上所罗门王的指环

有一个流传了上千年的关于古代修缮者的故事，故事讲的是《圣经》里的所罗门王拥有一个戒指，这个戒指能帮他与动物说话。这个故事深深地吸引着天生的寻路人。当我们与植物连通时，能感受到融通，但是通常来说，我们的植物朋友做不到这一点，无需解释太多。其实，比起这些，与动物连通更有意义。如果你仍然没有一个动物朋友，也许某一天你就想收养一只。但其实你可以更早一点找回真如本性，如果你肯多多学习伦多洛里的人们，学习古代文化中的传统：进入动物的世界，与它们连通。下面是一个基本技巧，如果你定期练习的话，你就可以走入动物们编织的无言之网。就像社交网络，你在社交网络里可以跟各种各样的朋友交流，而你在这无言之网里也可以跟各种各样的动物交流。这项练习非常简单，但是必须长期坚持。我常常挑战团队里的客户，跟他们比比谁能在一个月里每天都坚持做这项练习。我还从来没见到过谁完成了这项挑战后，没变得更宁静、健康、光鲜照人呢。

与动物的融通技巧——选择常用的"坐点"

1.选一个地点,从该地点能观察到大自然,亚马孙河也好,中央公园也好。我选的是我院子里的豆科灌木,我还在上面放了一个喂鸟器来增加情趣。

2.每一天的同一时刻,来到该地点,坐下来,让自己进入无言的世界。保持这个思维状态20分钟到30分钟,当你发现自己在思考、担心或者做计划的时候,轻轻地引导自己返回无言的世界。

3.把你所有的感觉都慢慢集中起来,注意感受你身边发生的一切,特别是在你坐着的这段时间里,野生动物的一举一动。通常都需要大约20分钟的静止,野生动物才能与原地静坐的人轻松地相处起来(我们待在无言的世界越深,它就发生得越快)。

4.观察一下,感受一下有多少动物——黄莺、花栗鼠、猫、鸽子——围在你身边,去了解一下它们的生活。融入它们的平静之中,让它们把你带进源源不断的能量之中。

你坚持练习的时间越长,就越能感觉到与动物的融通在帮助你重建心中的伊甸园。有时候,这种感觉非常微妙,就像一只小蚂蚁轻轻地爬过你的心头。还有的时候,你会发现你正戴着所罗门王的神奇戒指。我的朋友林恩,自从在数月里都定期去"坐点"看看之后,有一次她就真的遇上了一只鹿,它用鼻子蹭她的身体,她对这个总是盯着她看、嗅着她的气味的生物感到一丝好奇,但是此刻她与小鹿已经完全融通在一起了,所以她能感受得到,这个动物对她没有敌意,只有友好。

只是坐在大自然中,最后也会给你带来上述体验,而且你会发现你找回了一些真如本性,你内心的伊甸园已经恢复了一些最初的纯真,你想要服务世界、振兴世界的力量又重新注入了你的精神之中。

与动物一起在无言的世界里携手相伴

我们先练习在无言的世界里静坐,然后再活动起来。这样你就会明白,原来你不仅可以在静止中与动物连通,在运动中也一样可以。精神导师埃克哈特·托利说过,当人类带着满脑子的言语思想进入野外世界时,就会惊吓到动物,因为它们把我们聚精会神的思考当成一种疯癫。另外,等到我们能够在无言的世界里活动起来后,我们就会体会到自己跟啾啾叫的鸟儿、吃草的牛马、猎捕的豺狼虎豹等一切围绕在我们周围的动物融为同体的美妙感觉。

我的团队里有两位成员——迈克尔和林恩·特罗塔,他们数十年的时间里一直都在跟美国当地的寻路人一起学习各种各样的森林知识,从"鸟语"到动物追踪。于是,我从他们身上学会了一种技巧。他们为我示范了一种叫做"狐狸步法"的走路方式,这种步法能够帮你深深地投入融通之中,哪怕你用这种步法在当地的公园里走一遭,你都会觉得自己在进行一场神秘的动物王国之旅。

与动物的融通技巧——用狐狸步法穿行大自然

克里斯托弗·麦克杜格尔在他的书《天生就会跑》中提出,我们应该赤脚而行,不应该让鞋子束缚了脚的形状,更何况鞋子确实不利于我们的身体机制。例如,他指出一双跑鞋的气垫垫得越高,人就越容易摔倒。所以,直接与大地进行接触是一种美妙的方式,可以帮助你感受融通,特别是能帮你与动物亲密接触。你在试下列技巧的时候,注意观察一下动物的反应有什么不同,你是不是越来越能感受到它们的存在感。

1.选一处有大自然气息的地方:家附近的一小块地、公园、废弃的采石场。

2.脱掉你的鞋子和袜子。

3.把重心放到左脚上,伸出你的右脚,用你的脚板直触地面,试试地面硌不硌脚。

4.找到一处能把脚掌安全着地的地方后,把重心转移到右脚。然后左脚以同样的试探方式,向前迈。

5.等你熟悉了这个动作后,加速。你会发现实际上你的速度已经非常快,而且平衡性和灵敏度都越来越强,比穿上鞋子要强。

6.在你迈步子的时候让自己沉浸在无言的世界里。除了看、听、闻,还要感受脚触大地的感觉。不仅去感受你面前有什么,还要去感受美国土著传统所谓的"七个方位":前、后、左、右、上、下、内。把自己想象成中心。放松下来,深深地呼吸,把咄咄逼人的言语思维完全屏蔽,充分感受你周围的一切。记住,练习时投入得越深,就越容易做到这一点。

7.想象一下你的感知范围超出了你的身体,你的看、听、闻、感都在慢慢地、慢慢地向外扩散。想象你的所在地或者你的关注点在慢慢地扩大,直到你感觉到自己成了方圆27米之内的中心。

8.当你迈步的时候,聆听鸟儿和其他动物的声音。看一看你附近动物的声音和行为有什么不同,比较一下它们在27米圆圈外围和在更远地方的时候,声音和行为有什么不同。特别要观察一下周围默不作声的鸟儿和其他野生动物,围着你的能量圈尖叫着发出警报的动物,还有那些在你前方一直温柔又舒缓地小声咕哝的动物。

9.继续往前迈步,想象你的能量圈越来越小,越来越舒适和安静。然后再把它放大,收缩放大几次,注意观察鸟儿和其他动物的举动。在你收缩放大之时,它们的沉默周期会跟着你的"能量圈"一起收缩、放大。如果坚持下去,你最后会发现你可以通过自己的主观意识改变它们的尖叫警报和沉默状态。

10.看看你的狐狸步法够不够轻,你的靠近能不能平息鸟儿的尖叫啼鸣,甚至在数步之遥的时候就能让使它们安静下来。缩小你的能量圈到零,想象自己像哈利·波特一样穿着"看不见的斗篷"。

在迈克尔和林恩给我上第一堂狐狸步法课的那天，我随后就练习了几个小时，然后当我穿过家附近的索诺拉沙漠（译者注：该沙漠位于加利福尼亚州）保护区的时候，我恰好碰到了一只真正的狐狸走在我的前面。它看着我的眼神，就像我平时招呼完狗狗，狗狗看我的眼神一样。"好吧，既然一整天里你脑子想着的都是'狐狸'，"它好像在说，"那我就来喽。"第二天清晨，我遇见了三只鹿，于是我用狐狸步法靠近它们，在距离六米左右之时，它们突然看到了我，它们紧张得瞪大了原本温柔的眼睛，但是却没有动，直到我禁不住沾沾自喜，心想："哇！我的步法对了。"于是，我被踢出了无言的世界，小鹿们也都逃走了。

感受了一整天的融通，到了晚上我心急地想要倒头大睡，我迈过一臂长的大灌木，奔向我的床，突然，大灌木"咕哝"了一声。原来，这棵"灌木"是一头野猪，它类似于美国亚利桑那州沙漠的小野猪。我刚才都没注意到它，它也一直都没受到我的打扰，直到我们几乎跳起了贴身热舞。这头野猪后退了几步，然后停了下来。我们在黑暗中对望，各自在心里琢磨着对方，虽然惊讶，但是没有一丝畏惧。这一刻，我们融为了同体。

向我们的好友学习魔法

"我们应该换一个更能体现聪明或神奇的词来给动物命名。"自然学家、作家兼寻路人亨利·贝斯顿1926年在书中写道，"在一个比我们人类社会更久远、更完整的世界里，它们发展得更精巧、更完善，它们生来就拥有我们人类已经遗失或者从来都没有得到过的超强感觉，依靠我们人类耳朵无法捕捉的声音生存。"通常来说，对于一个没有出生在巫医文化中的天生巫医来说，能感受到自己与动物的连通其实是一种悲哀的智慧。但是现在我相信，我们有能力创建一个神奇的新世界，不仅仅是"一个更久远、更完整的"世界，在这个世界里，我们还能得到动物的帮助，帮助我们治愈只是暂时性失聪的耳朵，让我们听到更多的声音。

很久以前，在我的一个"亚当在非洲"的梦境里，我的儿子亚当——他那时还只是一个一岁大的宝宝，但是他在我的梦境里已经是一个年轻人了——给我看了一段话，这些话是写在一本光芒四射的《圣经》的牛皮封面上的。这是我经历过的无言的世界向外界传输言语信息的经历之一，但是奇怪的是，我不知道这些言语是什么意思。我从梦中惊醒，满脑子都是野兽和鸟儿，当然，还有这些话，我觉得这些话像是亚当写的：

> 地球哭泣得像个孩子，
> 动物留着无辜的血。
> 但是，失去童真的你，
> 听不到地球的哭泣，
> 听不到血流的声音，
> 哪怕响声近在耳畔。
>
> 为了抚慰它们的哭泣，
> 我来了，
> 我来了。

多年以来，每当我想起这个梦境，我的身体就充满了力量。难道这段文字来自我的潜意识？还是源于被荣格称作"无意识原型"的集体心理？或者是这个患有唐氏综合征的小男孩灌输给我的？或者是因为整个地球家园上生命之间有着错综复杂的联系？似乎都对。但是这段话让我觉得"动物更神奇"了，我相信它不仅仅是要告诉我什么，它还要邀请所有人类加入先知者的队伍，像感知自己一样感知众生。

如今，我们就在绝对神奇的世界里，或者说，就像作家亚瑟·查理斯·克拉克写的那样,"足够先进的技术无异于魔法"。动物不断地使用第一种和第二种神奇之术,久居无言的世界之中,在进行我中有你、你中有我的默契沟通。例如,在2004年12月6日,当一场巨大的海啸从印度尼西亚席卷到亚洲和非洲之时,近23万人在海啸中丧生——人类有记载的历史上伤亡最严重的自然灾害。出人意料的是,没有多少动物在洪水中丧生。许多动物早在人类得知要发生海啸之前就已经转移到了陆地上。《国家地理新闻》报道说,在苏门答腊岛、斯里兰卡和泰国,"大象尖叫着往更高的地方跑,小狗待在屋里不出去,火烈鸟放弃了它们的低洼繁殖区,动物园里的动物也冲进了住所,说什么都就是不出来"(http://news.nationalgeographic.com/news/2005/01/0104_050104_tsunami_animals.html)。

对于动物们明智的撤退行为,专家们各持己见,大多数科学家认为,可能是因为它们能感觉到地壳细微的震动,而我们人类是感觉不到这种细微的变化的;也可能是因为物种之间有着连锁反应,鱼通知鸟,鸟再告诉四条腿的动物,四条腿的动物率先跑到山上,大声召喊:"海啸来了!快跑!"却独独忘了人类。一些科学家更愿意推测是因为动物们感知将要到来的灾难的方式跟随机数发生器是相似的,随机数发生器可以通过意识场和连接意识对人类即将到来的重大事件产生感知(见第四章),动物们也一样。不管你倾向于哪种解释,你都得承认动物们确实能从别处得到信息:彼此、地球、《星球大战》中绝地武士给予的爱的力量。

从古代希腊人到现代中国人提供的消息来看,在严格意义上的陆地地震发生前,都出现过类似的现象。美国的地质学家吉姆·伯克兰德是通过追踪报纸上急剧增加的寻猫寻狗的广告来预测地震的,其准确率高达80%。他相信动物能在实际地震发生前感觉到预示着地震的磁场变化,然后撤离,也许它们会去找一个适合自己的避难所。不管怎样,宠物的消失和地震之间的联系具有十分显著的统计意义。

英国生物学家鲁珀特·谢尔德雷克比伯克兰德更进一步：他相信动物的感知能力已经达到了超心理现象水平，或者说超自然水平。谢尔德雷克进行了一项实验，来观察小狗是否知道主人即将回家，你可以在他的书里看到，这本书叫做（我希望这不会破坏气氛）《知道主人回家的狗》谢尔德雷克把小狗带到了日托所，然后用实时的摄像头监视它们。实验人员随机给狗的主人打电话，让他们来接自己的狗。实验人员屡次发现——没想到比预期的次数多得多——小狗的主人刚一决定要过来接它们，它们就已经跑到了门口，等在那里了。

给动物发"邮件"

法国的诗人、小说家、记者阿纳托尔·法郎士写道："在一个人爱上一个动物之前，他灵魂的一隅仍在沉沉地睡着。"当你爱上动物的那一刻，你灵魂的一部分——具有神奇的修复能力和寻路能力的那部分——才开始醒来。实际上，通过与动物连通，也许你会发现自己不知不觉就用上了第二种神奇之术。也许正是由于这种融通，你的达克斯猎狗才会随着你同时舒口气；或者你的小羊羔可能并不知道你在谷仓，但它还是会不由自主地从牧场跑到谷仓；或者当你深感不适的时候，小猫奥斯卡会一个劲地非要爬上你的床。

只要是经常骑马的人，就都知道动物能够接收和听从由无言网络传输的指挥。我的朋友克勒已经花了很多年的时间来学习模仿马与马之间沟通交流时使用的肢体语言。很长一段时间里，她都持有谨慎的怀疑态度，怀疑"马语"是否真的能比手势更有效。于是，她开始了实验，她自己的身体不动，不做任何手势，只是通过一种特殊的方式，在意念中形成马移动的视觉形象，来"请求"马移动。没想到，它们真的合作了。

克勒非常擅长用动物之间沟通的方式与动物沟通，一部分原因是她做过无数的深度练习，另一部分原因是在她只有两岁大的时候，被一场脑膜炎夺走了听力功能。因为从小成长的环境相对于其他人来说安静，她能不可思议地抓住各种视觉线索。她单凭观察就可以非常正确地读取唇语，以至于大多数人根本看不出来她听不见声音。但是尽管她说话清楚流利，是一个健谈者和很好的老师，但她平时却更常用视觉影像思考，而非言语。这就是通过无言网络向动物发送信息的关键之处。

当克勒开始教我怎样骑马的时候，我打心眼里觉得这个一门非常严肃的物理学科。一开始，克勒是这样教我的：她帮我骑上了一匹叫做布隆迪的马，让我催促布隆迪小跑起来（克勒相信通过学习"坐着小跑"，只要我的心足够狠，就一定会找她报仇的，因为这项运动简直就像是把我放在工业磨砂机上一样，都能把我的屁股磨掉一层皮了）。接下来，我该用右脚跟夹紧马肚子，让布隆迪大步跑起来。但是不管我怎么移动双腿，甚至到了最后都像一个虐待自家小狗的两岁儿童一样，使劲踢它那纹丝不动的肚子，可是布隆迪还是平静地慢悠悠前行。

"等一下，"克勒喊道，"停下来。"

于是，我停了下来，更确切地说，是我劝说布隆迪停了下来。

"进入无言的世界，"克勒告诉我，"把你的视线放模糊。"她知道我以前练过这些，我们谈论过很多次了。于是，我让注意力不那么集中，然后感觉到自己进入了无言的世界之中。这时候，克勒说："很好。现在，想象布隆迪正在大步前行。"

我在脑子里想象着。过了一小会儿，我的手臂上传来隐隐的刺痛。我可以真真切切地感觉到我与布隆迪连为同体，就好像它是从我身体里生长出来的一样。"非常好，"克勒对我说，"现在，把你的右脚再向里夹紧一点。"

我勉强把脚后跟贴到布隆迪身上。这时，布隆迪突然抬起前腿跑了起来。只见它一鼓作气，完美地纵身一跃。我的头脑里可以清清楚楚地感受到布隆迪用它的身体给我注入了强大的力量。一时间，我满怀敬畏，兴奋得无以言表。还没等反应过来，我僵硬的身体就突然从马鞍上弹了起来，就像从弹射器上被直挺挺射出去的尸体一样，我这才回过神来，赶紧拼命地抓住布隆迪的鬃毛。不，看来我永远也当不了一个好骑手。但是我也永远也不会忘记同骑着的马心意相通、成为半人半马那一瞬间的感觉。

像这样的情况还有很多，每次都是我无意中向动物发送了"邮件"，却被它们恭敬的回应惊得目瞪口呆。有一次，我决定写一本儿童书，并亲自画此书的插画，因为我非常喜欢写作，也热爱素描和彩绘。那时候我刚好来到了柬埔寨，我为那里的美景而惊叹，思路如泉涌。于是，我在书中融入了许多柬埔寨的民间故事。其中有一则故事描绘的是一头大象差点踩到一只兔子。我想以兔子的视角把这个景象画出来，于是我画的是一头大象抬起了前脚，提高了庞大的身躯和后背，一脸震惊的表情。但是很不幸的是，我只能单凭自己的想象来画，因为以这个角度抓拍到大象这种姿势的照片，我一张都没见过。

这一次，轮到画火烈鸟了。当我带孩子们去看火烈鸟的时候，刚巧有一头大象就在我们附近，它在听候指令，坐在一个小丑或是什么东西的身上。我紧紧地靠到它附近，蹲在它脑袋旁边偷偷地窥视它的一举一动。我绞尽脑汁想象着当它抬起前脚，刹住身躯，张开大嘴，望着脚下之物时一脸惊讶的样子。我在头脑里构想了几十秒钟，然后就在呼吸之间，这头大象居然恰好摆出了我想象中的姿势。它保持着这个姿势，比一位专业模特还要耐心和安静，我赶紧从手提包里抓出笔，飞快地把它此刻的姿势画了下来。

一段时间以后，我读到了一本关于"鸟语"的书，我才知道原来有一种产自北美的鹦鹉，而且这种鹦鹉碰巧就生长在我居住的地方——亚利桑那州的索诺拉沙漠。我坐在画桌前，怀着无比赞美的心情画下了这些稀少珍贵的鸟，在脑海中想象着它们的模样，无比渴望有一天能在现实生活中亲眼见到它们。就在那时，我听见窗户那里传来尖锐的划痕声。哦，没错，是划痕声。三只稀有的亚利桑那州本土鹦鹉就停留在离我的脸不到一米远的纱窗上，它们用典型的鹦鹉小爪紧紧地勾住纱窗。我张大双眼，难以置信地享受着眼前珍贵的视觉盛宴。

以下是一位经验丰富的寻路人用来与动物沟通的方法。在认同这种方法的可行性之前，你先亲自做一下练习，检测一下——但是要严肃、诚实地进行深入的练习。如果你已经可以轻车路熟地进入无言的世界，那实验的结果就可以很快得出。任何动物，哪怕不熟悉，也会变得熟悉。

与动物融通法：与你的密友沟通

1.在你的宠物面前，进入无言的世界。"感受"你的宠物，就好像它是你身体的里长出来的一部分。

2.把你的宠物的一些特殊行为用笔生动地画出来，比如，爬楼梯、转身、打滚、跳跃。别刻意地让它去摆出这些姿势，凭自己的想象画出来就好，别带有任何预期或情感。然后，观察你的宠物是否真的会有这些特殊行为。通常来讲，你刚尝试的时候，它会配合你表演出这些特殊行为，这时候你会兴奋得进入言语思考状态。于是，它就会停下来。所以如果想定格这些图像，你一定要保持冷静，坚持下去。如果你只是得到了部分回应，也欣然接受它。因为随着你越来越冷静，坚持的时间越来越长，它也许就能完成你笔下更多的动作。

3.如果你想画不同的场景，那就把你的宠物带出家门：带它去看兽医；带它去养狗场；带它一起乘车兜风；带它去吃好吃的；带它去拜访同样拥有宠物的朋友；带它去玩耍。光靠想是没有用的，你必须真正计划去做。观察一下你的宠物的反应，看看当你带它去了一个它非常喜欢的地方时，它是不是非常高兴；当你带它去了一个它非常讨厌的地方时，它是不是非常焦躁。看看你的动物作出的反应与你构想出来的是不是不一样。

4.在前门或窗子上安装一个"保姆摄像头"，这样一来，你不在的时候，它就可以帮你监控你的小猫或者小狗，看看在你想回家的时候，它们是否会等在家门口。

野性的召唤

一旦你可以在日常生活中感受到跟动物之间的沟通，那么你就可以适时地扩展这项技能了，你可以学习"召唤"野兽——在世界的任何地方。

在跟我的搭档凯伦在夏威夷游览的时候，我读到了一本书，书中是关于不同文化中的修缮者"召唤"动物的传统方法。书中的内容读起来十分古怪，但是我的一贯原则是，在未经过亲身实验之前，不能妄下任何结论。于是，我回到旅馆的房间里，收起脑中的杂念，静心打坐——我在脑中搜索了一圈，想找个有趣的东西来进行实验，那我就选……鲸鱼吧！

就在这时，正在看新闻的凯伦突然拿起遥控器，按下了一个数字。于是，电视的大屏幕上一下子出现了一条巨大的鲸鱼徘徊在一位潜水者的上方。

"呃，凯伦，"我问道，"你为什么换台？"

凯伦耸耸肩，说道："我觉得你应该喜欢看这个。"

"为什么？你怎么知道该选择哪个台？"

凯伦皱起了眉头。"我也不知道，"她说，"反正就这样做了。"

于是我把刚刚召唤鲸鱼的实验告诉了凯伦，她听后瞪大了双眼，发出一声惊叹。当我建议她明天不去开会，跟我一起去户外坐小船参观鲸鱼的时候，她的反应更兴奋了（像大多数小组成员一样，凯伦不喜欢开会，而是喜欢户外活动），她马上痛快地答应了我。然而，她不相信我们真的可以召唤这样的庞然大物。"马蒂，"她温柔地说道（就像往常一样），"你一定对你生活中的万物都充满了感激。"

第二天，等我们爬上船后，才发现我们看鲸鱼的希望彻底破灭了，真是令人失望。"玩得愉快，"船长说，"现在过季了，但是今天的天气棒极了！"他意思就是：今天看不到鲸鱼了。

我和凯伦在扶栏处找到了一个视野绝佳的地方，我们倚在这里沐浴着热带阳光，欣赏着大海里奔腾的浪花。真是美好，我在心里感叹着。看不看得到鲸鱼对我来说已经不重要了。凯伦正在跟我商量，她是否能假装食物中毒，成功地逃过剩下的会议。突然，她的眼里盛满了泪水。她平时不常哭的，所以我着实被吓了一跳。

"你还好吗？"我问她，"发生什么事了？"

凯伦轻声回答道："它们来了。"

那一瞬间，我感到一股电流从身上流过，眼泪也夺眶而出。五秒钟后，第一条鲸鱼从海面上一跃而出，落在右舷这边，水花四散。此刻，它离我们只有一步之遥，它的身体差不多是我们小船的一半大。"哗！"又一次水花四溅！又一条大鲸鱼落在了左舷这边。船长狂喜地连声大喊："大家快看，这个时节居然还能看到鲸鱼！"

鲸鱼又潜入了水中。

"太棒了！"船长的声音有些颤抖，"它们大约二十分钟后还会出现。让我们看看它们会出现在哪个方向，看看我们能不能……"

"哗！"

第一条出现在右舷这边的鲸鱼又回来了，激动无比的船长告诉我们，这叫做"跃出水面观察"。只见鲸鱼一边用巨大的鱼尾敲打水面，一边从水里探出了三分之一的身体，停留了数秒钟。

"马蒂，"凯伦还是悄悄地对我说，"它正在用眼睛看着我们！"

接下来的一个小时里，四条鲸鱼不停地旋转，拍打水面，跃出水面观察，或者时不时地绕着我们的船欢腾跳跃。不管是船长、船员，还是陪我们一起探险的日本旅游团成员，一个个兴奋得都要晕过去了。我和凯伦目瞪口呆，被眼前这幅融通的景象震惊了，我们被包围在了充满爱和感恩的广袤天地。我真怕我们小小的船只，承载不了鲸鱼宽广的胸怀。

与动物融通法：练习野性的召唤

当你在大自然之中或者在动物面前时，试着在大脑中勾画出精确的视觉图像，培养出有形的物理连接感觉，看看这样你能不能通过无言的世界"召唤"野兽。以下是一些建议，供你循序渐进地练习：

1.进入无言的世界。

2.想象一股光明的能量如同一根线环绕着你的脊椎，从尾骨末端一直到后背和脖子，最后经过你的头顶。

3.想象这股能量线也连接着你周围的其他生物。如果你想特别确定到某一种动物身上，那么就把这种动物清清楚楚地画出来。

4."感觉"你发出的能量线与动物之间的连接。也许你会注意到，在你"感觉"的过程中，这根线虽然变换着形状，却牢固结实。它也许会明亮发光，也许绷紧拉直，也许会循环盘绕。用你心的眼睛跟随着它，直到它与动物相连。

5.轻轻地拽一下这根线，画出即将来拜访你的动物的样子。这就像发短信一样，大多数生长在西方文化中的人认为单凭这样是不够的，还需要继续做物理动作，或者最起码也得保持注意力的集中。众所周知，这种做法其实倾向于靠情感依附来强求结果，因此它在任何一种传统的神奇之术中都是无效的。对于进入下一环节来说，这种做法只会事与愿违，就像它看起来的那样无效且违反直觉。

6.放下图像，放下所有对结果的依附。把兴趣转移到其他事物上。享受眼前的风景。无所图，无所期望（这在寻常状态下来讲，几乎是不可能的，除非你进入了无言的世界。在进入无言的世界之后，你会自发达到这种状态）。

7.好好观察所发生的一切。也许突然，就有一个动物来到你身边，也许你还要等上一阵子。对于初学者来说，动物马上降临的概率很小，除非初学者能够完全摒除情感依附，不要时时刻刻地祈求动物快降临——换句话来说，除非初学者可以去做点其他的什么活动，不再一心地想着动物快点来吧，快点来吧。如果你在连接的时候放下了这种意念，那么动物就会几乎毫无缘由地出现在你的生命里，请明白这不是巧合。一旦你放下了情感依附，在能源网上成功地完成连接，就相当于按下了"发送"键一样。再次强调一下，这对大多数西方人来说，绝对是有违直觉的。总之，把想要连接之物画下来，放下心中的情感依附，动物（或者其他东西）自然会来到你的身边。一直练习下去，直到你通过亲身经历发现了这一点，感受到了两者结合的强大力量。

当人类带上了所罗门王的指环

最后，条纹羚沿着门口一路走到伦多洛里的客房，悠闲地吃起了草，留给我一片开阔的天地。我的每一个细胞都感受到了安详，周身都放松了下来，但又充满了活力。这时候，博伊德过来邀我去喝茶。在去喝茶的路上，我们看到了嘴唇柔软的羚羊小天使，它们睁大了眼睛望着我们，看起来警觉但并不惊慌。鬣狗抬起脑袋嗅着空气，捕捉着我们的气味。疣猪抬头看了我们一小会儿，就又继续安详地吃起草来。所有的动物都笼罩在宁静的光环下，心意相通。

博伊德和我在小路上晒着太阳，这条路曼德拉走过很多次。曼德拉是一位伟大的寻路人，他成功地从人类带给他的伤痛中康复了过来，然而，他用来回报人类的并不是一颗充满仇恨的报复之心，而是作为一名痊愈的修缮者所拥有的强大宽广的精神。这也是动物所呈现给我们的，在我们给它们带来种种伤害后，它们还宽容地邀请我们进入融通的意识状态，与我们分享治愈万物的源泉。

爱因斯坦说过："人类是被我们称之为'宇宙'这个整体的一部分……人类把自我、思想和感觉与其他事物相分离，实际上是一种意识的错觉。这种错觉如同一座监狱将我们囚禁于其中……我们的任务是必须将自己从监狱中释放出来,这就需要我们扩大同情心,拥抱万千生灵和整个大自然。"当我走在毁灭后被重新修建的生态系统中时,一想到带着"重建伊甸园"使命的寥寥数人就创造了眼前的整个景象,我就不禁为之惊叹。

当你练习与动物进行融通的时候,你灵魂深处的纯真伊甸园就会复活。你的身体和思想会变得更加平静、安详和满足。你的直觉会更加灵敏,可以帮你解决令人困惑而复杂的处境和关系。这对于在21世纪人类所生存的狂野新世界中寻路有着不可估量的重要意义。但是更重要的一点是,它会唤醒你身体里年代久远的记忆,正如古老的14世纪时,德国修缮者迈斯特·埃克哈特所写的:

> 当我还是一条小溪,当我还是一片森林,当我还是一望无际的田野,当我还是马蹄、脚步、鱼鳍和翅膀……没有什么是不能为我所爱的。

天使落人间。马莎·贝克/摄

第七章 你！你！你！（人际关系是通往融通之门）

和林克·恩娜在马鲁拉树下交谈的时候，我极力克制着自己，好让自己的表情看起来相对正常一些。林克是一位美丽又聪明的姑娘，但是她看起来冷漠又严厉，在她讲话的时候，我最好还是不要轻易去打断她，但是如果我告诉她我此刻的感觉，也许都会吓她一跳。

问题是我有一种特殊的怪病，我管这种病叫做"你！你！你！"现象。我把这个形容归因于伊丽莎白·吉尔伯特。在她的回忆录《一辈子做女孩》一书中，吉尔伯特讲述了一段与印尼萨满的对话，正是这位萨满激励了她去进行如今著名的环游世界的冒险之旅。萨满告诉吉尔伯特她应该来印度的巴厘岛跟着他潜心学习。下文就是吉尔伯特记录的萨满在她到达巴厘岛时的反应：

> 萨满倾身上前，一把抓住我的肩膀，兴奋地摇晃着我，就像一个孩子欣喜地摇着未开封的圣诞礼物，使劲地猜想里面装着什么。
>
> "你回来了！你回来了！"
>
> "我回来了！我回来了！"我喊道。
>
> "你！你！你！"
>
> "我！我！我！"
>
> 此刻，我的眼里充满了泪水，我竭力克制着自己，别把眼

泪流出来。我感受到了巨大的安慰,大到无法用言语来形容,甚至连我自己都觉得惊讶不已。就好像……我像青蛙一样蹬着腿,拼命地在水里向前游……湖水冰冷,我几乎要窒息,脖子上的动脉就要崩裂开来,我鼓起双颊,憋住最后一口气,然后,喘气!我从湖水里一跃而出,大口大口地吸着空气。然后,我获救了。破水而出呼吸到的第一口空气——正是我听到印尼萨满对我说"你回来了!"那一刻的感觉,这就是我感受到的巨大安慰,我如获新生。

读到这儿的时候,我感动得热泪盈眶。我终于知道,在这个地球上还有人跟我一样感同身受,还有人跟我一样拥有这种莫名的情感。尽管我们素未谋面,尽管我们居住在地球的不同角落,尽管我们毫无共同之处,但我们就像是最亲爱的朋友久别重逢。

在过去,这种情况很少发生,每隔几年才能有一次。第一次发生的时候,还是在我的青春期,我当时几乎吓坏了,我把自己对这种特殊的陌生人的"辨别"能力秘密地尘封在了自己的世界里。当我长大成人之后,这种情况就时有发生了,从一年几次到近一个月就一次,我把遇见的这些人称为邂逅小组。最近,这种情况变得异常频繁。而且,这些天我常常有一种感觉,我将会迎来一次相遇。我的一位队友说这叫做"记起"。澳大利亚的寻路人称之为"无处不在的相遇",因为在这个无言的网络里,不管实际距离相隔多远,任时光前后推移,我们都可以发送和接收信息。总之,它到底叫什么并不重要,重要的是最近我常常一周里就能邂逅两三个让我好想激动地抓住他们的肩膀,大喊"你!你!你!"的人。

我不知道该怎么把它解释清楚,你知道的,文化上到底是存在差异的。林克是一位年轻的尚加人(译者注:尚加人居住在莫桑比克及德兰士瓦省东北,属班图族系统),她从小在伦多洛里附近的一个小村庄长大,现在她是慈善基金会的老师。慈善基金会是由创建伦多洛里的人们一手成立的,并由名为莫林和凯特·格罗克(名字中的这两个人,自打我跟她们相遇了之后,一整年里我都想冲她们大喊"你!你!你!")的两个母女管理着。格罗克小组为住在伦多洛里附近和其他非洲农村地区的非洲人提供教育。小组成员们的所作所为正完美诠释了非传统职业小组的使命:这两个小组的成员们本都可以在声名远播的公共学校教课,但是他们却都选择了留在这个地球上最艰苦的穷乡僻壤。这一举动,不仅使他们自己得到了完满,也使他们像所有寻路人一样,跟随心灵深处的激情,把正能量尽可能地传递到这个世界更远的地方。

帮助人类实现经济繁荣是小组的一个重大任务,因为只有接受了教育,拥有了稳定的收入来源,获得了医疗保障,人们才能控制住人口的过度增长,减少对自然生物系统的破坏。教育,特别是对于女孩和妇女来说,也许是使社会健康运作最重要的因素——这一观点是我在学术生涯时期,通过正式学习社会经济发展了解到的,也是我在日常生活中学习总结的。

虽然林克一直生活在贫困的非洲,但是她对第三世界问题的理解非常深刻,她的理解程度丝毫不逊于任何我所见过的专业学者。更重要的是,她跟我一样像患上了强迫症,对这一话题充满了热情和能量,也跟我一样认为要想在巨大的变化面前贡献自己的力量,就必须热爱人民,热爱我们居住的这个星球。但是我对林克的强烈反应并不是因为她与我及邂逅小组里那些陌生的朋友们想法一致,也不仅仅是因为我把她也算作了邂逅小组的新成员。远不止如此。我了解她。

现在林克告诉我:"我感觉世界上有什么事要发生,我必须参与其中。"那一刻,我真想使劲抱住她,但我还是极力抑制着,不让狂喜和感动的泪水喷涌而出,不让自己兴奋得上蹿下跳,高声呼喊"你!你!你!"。就好像在我出生的时候,我就缺失了一块林克形状的心脏,她是我灵魂拼图缺失的一角,如今,缺失的部分完美地回归了。我和林克仿佛事先确认好了似的，要在特定的时间和特定的地点里进行融通，如果其中一方没有这么做的话，生命就会变得无比贫瘠。尽管我们两个人眼前堆积着许多有待克服的障碍，但我还是为这深深的慰藉感到莫名的眩晕，我和林克真的都来到了这里，在这棵马鲁拉树下达到了融通。

无处不在的友谊

我喜欢在垂垂老矣之际，整天想入非非。其中的一个原因就是，我可以拥有足够的时间收集大量的社会学家口中的"纵向数据"。这样，我就能回顾生命中的许多事，寻找这些经历之间的联系："哇，每次我有X感觉的时候，Y就会发生。"你也可以做同样的事情，如果你也有同样的经历。例如，每逢买东西时，如果你感到了某种不安，那么买完之后你就一定会后悔；每逢你欣喜得像翩翩起舞的蝴蝶一样时，那么好事就要降临了；在结婚的过程中，如果你即将嫁的是一位瘾君子，那么婚礼进展得就会非常不顺利。诸如此类，不胜枚举。

我自己的经历是，每逢我感受到"你！你！你！"的奇异感觉时，我将会遇见的人就一定是一位寻路人。这一发现给了我非常大的帮助，因为在我还没有清楚地明白拯救世界小组的概念之前，我一直都以为是因为我不正常的童年记忆导致了我奇怪的情感定位——但是事实上，根据"你！你！你！"现象结交的人际关系网在我的生活中占据着主导地位。我一直都有这种感觉，自打我们的肉体相见的那一刻起，我们就会一直心意相通下去，我个人经历得到的"纵向数据"强烈地支撑着这种感觉。

我很少有跟密友或常联系的人产生"你！你！你！"这种感觉的时刻。这通常都是在不经意的情况下发生，常常一次美丽的相遇就足够。这并不是说，我得跟我"识别"的每一个寻路人共同生活。这更像是我们在玩一场游戏，我和我"识别"的寻路人们是同一方的队友，这场游戏需要几十亿人共同参与，每个人都扮演着独一无二的角色。在这场游戏中，有些人的角色与我紧密相连，有些人却与我毫不相关，或者距离遥远。但是每个人在这场游戏中都不可或缺，无法被取代。而且，在这场游戏中，去邂逅跟你肩负着同样使命、献身于拯救人类和整个世界的"陌生人"会是一件非常精彩的事，精彩得无与伦比。

美好的共鸣

我们说英语的人遇见喜欢的人，就常常说彼此"拥有美好的共鸣"，或者说"趣味相投"。我想这还要起源于20世纪，当时物理学家们发现物质其实就是能量，每种元素振动的频率都各不相同。假设我们人类是普通的无线电子设备，机器可以传输并破解由我们神经系统发出的能量，机器与机器之间也可以通过无线电进行沟通，那么人与人之间相互接收对方的频率这一"神奇"的设想就再也不是空中楼阁。

几乎所有文化中的传统寻路人都一致认为，人类可以超越时间和空间进行交流。事实上，大多数文化中的修缮者们都接受过特殊的训练，练习过人与人之间能量的连接：远距离交流，"读"另一个人的感受和思想，相互给予力量和支持，在无言的网络里广泛地发送和接收信息。待你相信所有生灵都是同体的时候，你就不会觉得惊奇了。如果你从小耳濡目染的文化认为万物是完全分离开来的，那么也许你就得赶快适应万物合一的新说法了。让我们现在就开始吧。

人类归一：科学验证

迪安·雷丁是一位极为严谨的科学家。他的研究方法十分先进，他所做的实验也是经过精心设计的，为的就是避免像大多数主流实验一样带有偏见。在实验方法上，雷丁必须要做到无懈可击，因为他这次要研究的是超感觉认识和超自然现象。正如他所言："如果哪位科学家对违背当前科学界文化范畴的实验结果表现出了同情之感，那他的事业可就命悬一线了，要知道当前科学界可是对任何跟神秘沾边的东西都持强烈反对态度的。"但是事实是,许多这种走钢丝的实验——一丝不苟,精心筹备——还是存在的。

例如,在一次研究中,研究人员负责监控坐在隔音室的11个研究对象的皮肤电阻、脉搏和脑电图构型(脑神经元)。与此同时,在另一间房间里,研究极端主义和性受虐狂者的科学家查尔斯·塔特给自己以疼痛的电击。当研究人员让被研究对象猜测电击发生的时间时,他们的猜测(思维大脑)杂乱无章,与电击时间完全不相符。然而,就在电击发生的那一刻,记录他们生理反应的电子数据却显示出了与电击发生前完全不同的脑电图、脉搏和皮电反应(无言的反应)(www.paradigm-sys.com/ctt_articles2.cfm?id=48)。

华盛顿大学和巴斯帝尔大学的研究人员测试了一些恩爱的夫妻,使每对夫妻中的一人进入功能磁共振成像机器里,进入机器里的人叫做"接受者",剩下那个人叫做"发送者"。发送者在另一间房间里接受闪光灯的照射。功能磁共振成像结果显示,这时候接收者的血压升高,流向大脑中的视觉皮层。

远程连接实验中比较有趣的一点是,一旦连接成功,形成有序波斑图数量最多的大脑部分——有序波斑图与平静、放松和平和相关——似乎"拽着"不太配合的大脑部分进入同步的状态,我们称这一过程为"拖拽"。这一效果似乎也影响着心脏。一位研究人员发现,当两个彼此专注的人在心里默念着爱时,他们的心脏就会谱出更多相同的节奏,也会更加高度地合拍。因此,所有那些"心灵疗伤"和"心有灵犀"一类的陈词滥调也许是真实存在的。

这怎么可能?

当两个人在融通的世界中达到连接后,会发生什么?有关这一点,科学家为我们提供了诱人的线索。尽管没有人真正知道意识究竟是什么,物理学家却知道在量子层面上来讲，意识对于确定地点和粒子的速率发挥着作用。小范围来讲，意识使粒子——彼此之间紧密相连的微粒——超越任何距离，比光速还快地"卷进"沟通之中。神秘主义者和修缮者表示，只要人类活着，粒子间就会产生能量的纠缠，尽管他们只是通过微妙的感知得出这一说法，并没有通过粒子加速器进行观察和研究。他们相互呼应的研究结果让我不禁怀疑，在连接物质也好，连接其他意识形态上也好，人类的意识也许也发挥着自己的作用。

所以，如果这是真的，如果万物同体是真的，我们能不能都开始遥视，远距离同步电击疗法，同步其他人的心跳？答案就是一个字：能。这可不像随随便便打个电话那么简单，而是要通过其他方式提高你跟其他人连接和沟通的能力（你可以根据接收者的不同，称这些方式为量子力学，或神秘主义）。我就遇见过一些精通于此的小组成员。这一章会讲述一些他们通过能量网络来发送和接收信息的方法，还会教你怎样做得更熟练。

进行下列练习

我曾经写过一本书，这本书引起了某宗教成员的骚乱。这些成员长期信仰"耶稣会怎么做？"这一方式，所以他们认为自己不可取代的信仰受到了动摇。他们警告我，无论我在哪，都会让我尝尽各种灾难和惩罚。一天，我真的收到了某种威胁，我告诉克勒我觉得有点害怕。

"嗯，"克勒说，就像平日里安抚惊慌失措的马一样，"伸出你的双手，就像这样。"她伸出双手，仿佛要鼓掌一样，"我要做的是并拢你的双手。你要做的是抵抗住我的力量。"我答应了。在她努力合拢我双手的时候，我们双方都使劲抗争着，我用尽全力把手掌张开。最后，两个人势均力敌。

"好了，"克勒说道，"现在让我们再试一次。"

我伸出双手，克勒化身为尤达（译者注：电影《星球大战》里的重要角色，他曾是绝地议会的主席，也是位具有强大原力与高尚品德的绝地大师）——那位讨厌的绝地大师。当她碰到我的手时，那感觉就像流水涌过我的肌肉，不知不觉地，我的双手就被她合拢了，她几乎没费吹灰之力。我张大了嘴，呆呆地站在原地，不可思议地盯着我的双手，足足盯了半分钟之久。然后我对她说："教我。"于是，克勒把这一招教给了我。从那时起，我就学会了用这个"小把戏"使自己处于一种能量状态，通过这一招与别人沟通，帮别人冷静。但合拢别人的双手这项体力活儿仅仅是冰山一角，我们还可以通过更多的方式与他人相互作用。在你掌握了这项推掌练习之后，你可以在紧张焦躁的商务会议上悄悄地令大家冷静下来；你可以在沉重的打击面前从容冷静地应对；你可以把火药味十足的争论扭转成心平气和的讨论。我把这种方法告诉过上千人，帮助他们学着做一个有效的连接器，给人心以平静。现在，我就来教你这种方法。

通往融通之门：推掌与分开

1.找一个朋友，让他或她举起双手，呈鼓掌状。告诉你的朋友，别让你有机会将他或她的手掌合拢。

2.在你的脑海中，要一直念着"抗争"、"努力"、"控制"这样的字眼，告诉你的朋友也这样做，然后努力合拢对方的手掌。也许你可以成功，这就要看你这方面肌肉的强度了，但这绝对是个力气活儿。

3.进入无言的世界，然后唤醒你有关爱与连接的记忆，在人类融通的世界里加强自己的存在感。想象你双手抱着熟睡的婴儿；想象你的小狗在看到你时眼中充满了狂喜；想象你第一次接收到爱的频率。你努力合拢手掌之人不一定非得是你喜欢的，实际上，你不用过多地去想这个人怎么样。

4.当你的脑海里清晰地显现出了这些非常简单的融通状态下的感觉记忆时，把你的手掌放在对方的手背上，合拢自己的双手。

再次强调一遍，这个练习读起来容易，但是做起来却又实实在在是另一回事。坦白来讲，你必须得试一试。当你是被合拢双手的一方时，你会发现自己出乎意料地难以抵抗，甚至都不想抵抗。这并不是因为你虚弱无力，一点都不是，这是因为你忘记了不要让自己被对方蛊惑的规则。如果你是施力方，第一次施力会让你觉得筋疲力尽，困难异常，但是第二次就会非常容易。只不过大多数人以为那是对方已经体力透支，变得虚弱无力的原因。

我猜想，这个练习成功的原因是，当你进入无言的世界时，你的心脏和大脑开始发出强烈的高频率波动，这样就带动了其他人的心脏和大脑跟你的一起波动。于是，你和你的搭档有效地融为了同体。如果你感觉到了这项物理练习对进入无言的世界起到了强大的作用，那么召集一组人来一起试一试，记住，不要真正碰触到他们的手。把你的平静投射给超市的收银员，看看她的表情是否会放松。当你在机动车驾驶管理处排队时，散发你的平静能量，看看你是否能减轻其他人的焦躁情绪，看看他们在肢体语言和言语中能不能体现出来（给自己暗示：你能）。下一次，如果你看到你挚爱的人心情低落了，那么让自己深深地平静下来，带着你挚爱之人一起进入平静。一旦你成功了——经过深度训练后，你会的，你就会发现它的惊奇有趣之处和它神奇的治愈功效。

除非你担心，万一在练习中，你的搭档也碰巧跟你一样完全进入了融通状态，这样一来你通过与融通的世界紧密相连来改变他人思维状态的能力就会受到限制。这个你不用担心，因为在现实生活中，两个同时处于融通的世界之中的人之间是不存在竞争的。他们沟通，他们分享，他们懂得互相理解。他们在游戏中站在同一条线上，在这场游戏中，你需要永远清醒地记得，所有人都是同体的。竞争？何来竞争？

为什么你的融通力量不能为邪恶所驱使

许多信仰融通的传统文化也都对融通感到恐惧。他们害怕死于"恶魔之眼"，或者受到恶毒巫师的诅咒。事实上（就像先前练习中所展示出来的那样），当你心中充满了平静和友爱的时候，在融通的世界跟他人相连要比平时更有效。融通完美地诠释了同理心。当我完全进入能量网络时，我知道——不仅仅靠直觉，而是靠经验——我和这个网络里的人拥有同样的意识，我对他们做的任何事，也同样反射给了我自己。在融通的世界里，许许多多的消极能量才抵挡上一个充满友爱的正能量。

这也许就是为什么有那么多人一直绞尽脑汁，对拜伦·凯蒂的身体进行袭击，她却依然毫发无损的原因。凯蒂还在书中为读者介绍了进入无言的世界的方法，她给出的方法也正是我最喜欢的。凯蒂长期工作在高度设防的监狱里，她所接触到的都是一些精神病患者，或者是这个世界上饱受战争蹂躏的国家的公民。心灵受过创伤的暴力罪犯曾向她突袭，厉声对她进行恐吓和威胁。"我只看到爱朝我走来。"她曾这样告诉我，"他们只是爱做噩梦而已。"根据凯蒂的描述和我的亲眼所见，迄今为止，每一个试图伤害她的人最后不是被她感化得流下泪水，就是自己倒下。最后的结果几乎都是她抱着那些哭泣的人，给予他们安慰。

另一位精通融通的大师是伊马丘蕾·伊利巴吉萨，她是一位卢旺达女人，属于图西族，她曾在国家可怕的种族灭绝中死里逃生，逃过了胡图族暗杀者的屠杀。逃亡后的她同其他六个女人躲在一位胡图族牧师的家中。牧师把她们六个一起藏在了备用卫生间中，卫生间仅相当于一间封闭式电话亭那么大。这一藏就是三个月。每天，伊利巴吉萨都能听到邻居们搜寻她的声音，他们大喊着要屠杀她深爱的亲人和朋友。在她的书《宽恕——我唯一能做的：种族灭绝的幸存者告白》一书中，伊利巴吉萨讲述了她是如何面对这段经历的：成为彻底的神秘主义者，完全生活在融通的世界中，从恐惧中解脱，让世界充满爱。

等最终伊利巴吉萨从卫生间逃出来之后，她发现自己及几个老女人和孩子，面对的是一群挥舞着弯刀的胡图族暴民，他们大喊着要把她们几个都杀了。然而，伊利巴吉萨的融通技巧坚若磐石，她只是静静地注视着这些杀手，不带一丝恐惧和气愤，心里念着——显然也传播着——平静的慈悲之情。不管最终是因为什么，这些身经百战、嗜血残忍的杀手竟然丝毫没有对伊利巴吉萨展开攻击。伊利巴吉萨和其他几个人全部毫发无损。

  1989年，相似的事件也在缅甸发生了。事件的主角昂山素季，她是遭到爱国党人暗杀的现代缅甸独立运动领袖昂山将军之女，也是非暴力哲学的追随者，还是诺贝尔和平奖的获得者。当时，昂山素季被一群来自反对党的士兵包围。她让朋友们靠边站，然后自己径直走向了瞄准她的步枪面前。一些报道称，射击的命令始终没有下达，也有人认为在最后一刻，士兵接到的命令是不准开枪。不管是什么原因，没有一个士兵扣动扳机。当昂山素季被问到为什么要这么做的时候，她说："让他们瞄准单一的目标比把大家都卷进来容易多了。"从她让自己成为"单一的目标"这一舍己为人的行为可以看出，一个把慈悲之心深深根植于心中的人，必然足以化解一场近在咫尺的屠杀。

  当然，昂山素季的父亲和她心中的英雄甘地都是被疯狂的暗杀者暗杀而亡的，就像基督、马丁·路德·金以及其他融通大师一样。在事情发生之前，我们永远也不会知道有多少次暴力的袭击被融通所化解，但是在这个世界上，确实有许多人觉得自己与他人毫无关联，也就是那些攻击他人的人。这种攻击也是一种"传播"，在能量网络里传播着愤怒和憎恶的情感。尽管它所传播的情感力量远不及慈悲之心，但一旦感受到这种可怕的情感，一旦这种情感力量在我们的文化察觉不到的情况下传播进来，那么它就会扰乱还不能真正理解融通的世界的寻路人。

徘徊在融通的世界门外的寻路人更容易成为众矢之的

  当黑暗的思想和情感积聚到一定程度时，就可以通过融通的世界，传递给还没在心中深植爱的人，打破他们的平衡。躲避过他人无声的愤怒之人，以及被好色的陌生人带有色情眼光悄悄打量时感到过不安之人，都应该知道能量网络是可以传输骚扰信息的。有些人故意向他人传递恐吓或极具破坏性的能量。但可悲的是，却有更多正迷失在恐惧和痛苦之中的愚物，非但不知道这一点，竟然还毫无意识并高调地对外宣扬着自己悲惨的境地。

如果在你的真如本性里，寻路人的影子依稀可见，那么你就更容易受到其他人情感能量的影响。积极自觉地使用融通之术对你的健康和心智都有着重大的意义。否则，在办公室待上一天就会令你头晕目眩，让你被同事们疯狂或者躁动的能量所感染；你在情感上依恋的一段人际关系就足以把你带入消沉；隔壁房间里的夫妻争吵时的愤怒也许就会透过墙传染给你。所以，试试下面的练习，看看你到底有多脆弱。以下练习最少需要三个人共同来完成：一个是"目标对象"，一个是"测试者"，另一个或多个充当"影响者"的角色。

通往融通之门：感受观察者的能量

1.选择一个人作为测试的"目标对象"。

2.再选择一个人作为"测试者"，然后屋子里其他的人充当"影响者"的角色。

3.让"目标对象"伸出胳膊，与地面平行。当"测试者"用力往下按压其胳膊时，"目标对象"要努力继续保持水平状态。这一过程可以测试出"目标对象"胳膊的强壮程度。

4.继续按压胳膊，但这一次屋子里的所有"影响者"要对"目标对象"持有一个批判性或者伤害性的负面想法（我知道，这将有悖你的人格，但就当是为科学做一次牺牲了）。看看在这些负面思想聚集的氛围里，"目标对象"的胳膊是否还像刚才一样强壮。

5.再重复一次该测试，但这一次屋子里的所有"影响者"要在心里充满友爱，对"目标对象"持有一个肯定与欣赏的想法。这一次再看看"目标对象"胳膊的力量是否受到了影响。

我已经跟多个小组做过这个练习，几乎每一次，在负面想法面前，

"目标对象"胳膊的力量都几乎消失殆尽,而在正面想法面前,"目标对象"胳膊的力量却又强壮得不可思议。我们无言的力量对他人的影响之大实在是令人惊奇,用下述方法继续跟进这个练习。

能量网络的病毒防护

在小组成员身上,我发现了一个主要的问题,那就是尽管他们不断地发送和接收着能量信息,但他们甚至对这个概念都还不了解。只经过几个小时的马语,人们就能发现自己可以清楚地感受到一个大型动物的情绪,然后他们也就明白了原来自己也可以"读取"人类的能量。这个认知虽然简单,却非常非常重要,因为它可以帮助你避开他人的负面能量,不管这些人是有意对你展开攻击的,还是碰巧把你拖入了低落的情绪。如果不相信人与人之间可以进行能量连接,那么你的意识就像是一台无防护的无线电设备,就等着被黑或是感染能量"病毒"吧(你还会把病毒传送给他人)。

要想在你的能量周围建立一堵防火墙,首先你得收起你对能量连接的不信任,进行下列实验。

通往融通之门:观察人与人之间的能量

1.下一次你进行小组讨论、开会、参加派对,或者在人潮中拥挤时,别多管闲事,就静静地待一会儿(你爱的人多年前就盼着你这样做了)。

2.深深地吸一口气,进入无言的世界。

3.别去观望别人在说些什么,静静地感受他们的能量就好。

4.仔细观察每个人和整个小组。这会帮你更加敏锐地察觉到他们的内心世界。

5.静静地给每个人的内心状态贴上标签:"狂暴的"、"多情的"、"内疚的"、"愤怒的"。注意,你都不用经过判断,就可以把这些人的情感能量区分开来,——予以命名。

6.相信你的直觉。

要想时刻了解他人的能量世界，就要待在或者回归无言的世界里。在无言的状态下，你可以立刻察觉到他人的能量状态（泰勒言之凿凿地在书中记录了她在无言时期是如何做到这一点的）。在无言的世界里，你也会跟随自己的直觉，因为你的思想会说服你这样做。所有动物和尚不能说话的婴儿在察觉到令人厌恶的能量时，都会直接表现出来，他们不会掩饰，也不会让自己假装得"彬彬有礼"，更不会担心"也许这种能量不是别人发出来的，也许是我自己出了什么问题"。

如果你感觉到某些人的能量让人心神不安或者具有严重危害了，这时你必须在头脑中保持深入的连接状态——不是连接发出这些能量的人，当然也不是连接这些让人不安的思想，而是让你连接在大自然中感受到的无言的爱，就像你从宠物身上，从宝宝身上感受到的爱一样。这是深入练习进入无言的世界的过程中至关重要的环节。这不是一件简单的事，特别是刚开始的时候，但是你练习的次数越多，你的大脑就越容易连接到爱，连接得也越持久。在练习过程中，最不济的结果是你可以镇定自若地应对他人的黑暗能量；最好的结果是你无言状态中的爱会拽动别人的大脑跟你共鸣。当你坚守着心中爱的能量时，你并不是在剥夺他人的选择，他们依然可以停留在暴力和烦恼之中，只要他们愿意，你是在更安全地保护自己，尽最大可能地帮助别人也学会无限地热爱自己的真如本性。下面尝试一下下列练习。

通往融通之门：照亮黑暗能量

1.想象你的身体里发出了一圈隐形的光环，任何想要碰触到你的黑暗能量都必须经过这圈光环，在经过之时，黑暗能量会被照亮。它每次碰触你的时候，只会增加你的光辉。

2.向外散发你的能量，这样你的保护区就会越来越广阔。在你这样做的时候，也许你会发现自己的身体越来越平静。

3.穿着这件"光芒四射的斗篷"穿过拥挤的人群，注意观察别人看到你后的反应（或者看看他们是不是没什么反应）。有些人会被你吸引，有些人却还是沉浸在他们自己的黑暗能量里——他们甚至有可能都没注意到你。如果他们看到你了，他们就会避开你。

怎样找到对的人

众多小组成员在做上述练习时，也许你就是其中一位察觉到"隐身术"效果的人，因为在备受虐待、危机四伏的童年里，你已经成功地学会了"消失"。也许如今的你在跟爱人、朋友、同事，或者是大家族成员相处时，还处于严重的暴力关系之中。这对于寻路人来说是罕见的，但这也并不是你必须去感受和经历的。

因为治愈者们经常受到伤害，所以到目前为止，我都不愿意在这本书中用更常见的字眼"爱"来给融通命名。在许多人的思想里，这个字眼会引发一连串疯狂的联系。往往假借爱之名的行为就像是药物上瘾一样：充满绝望，不停地让他人填补我们的情感需求，无休止地挣扎以脱离孤独绝望的苦海。有些人告诉他们的爱人，这里没有任何讽刺的意义："我爱你爱得无法自拔，所以如果你企图离开我，我会杀了你。"并不是融通带来了这种想法，而是因为脑海里机械地虚构出了分离，于是引发了恐慌的反应。这不过是一句谎言。

掌握融通的唯一方法是达到真爱状态，就像《圣经》中说的那样，在真爱之中没有恐惧，又像埃克哈特·托利说的那样，"处于真爱的人别无所求"。这就是为什么融通是第二种神奇之术，这要依仗无言的世界的力量：一旦我们不停地回忆起他人做过的坏事，一旦对未来的恐慌和对过去的悔恨使我们脱离了当下，我们爱的能力就会变得极其扭曲。让我们来看看各种流行歌曲都是怎样来表达浪漫的爱这一永恒的主题的：

"我不能活在没有你的世界里。"

"我要成为你的希望，我要成为你的爱，我要成为你需要的所有。"

"我一直在等一个像你一样的女孩……让我感觉到生命的存在。"

"没有你我要怎么活？我爱的一切都消失了。"

这不是融通，这是一种寄生状态。这像是寄生虫给主人唱的歌。也许这就是弗洛伊德口中的"感情贯注"，一个人把情感需求投射到另一个人身上，却不考虑对方的感受，这不是爱。佛教徒一眼就能看出来，这种情感是束缚，是所有痛苦的源泉。浪漫的爱，尤其容易变成强烈的情感寄生，因为坠入爱河甚至能导致我们在情感上达到最孤立的状态，蒙蔽我们的双眼，使我们看不到自己真正的融通状态。当最初不可抑制的荷尔蒙消逝时，我们开始跌入冰冷刺骨的海洋，被分离的错觉淹没，我们恐慌不安。我们不去寻找融通，反而抓住一个人，疯狂地束缚住他或她，就像溺水的人拼命要抓住救助者一样。

当我告诉我的客户要想爱得投入和自由，就要达到完全分离的状态时，他们都看着我，那样子就好像我把珍藏的信拿给他们看，告诉他们给我写信的笔友是斯大林。对他们来说，分离基本上就等同于爱的反面：爱是捆绑。但是实际上，在融通的世界里，想跟他或她在一起，没必要非得去绑住那个人：我们一直都可以感受到所爱之人，感受到其他人，感受到真爱本身。我们不可能与自己分离，所以强求捆绑也好，诱哄操纵也罢，其实我们根本没有必要去束缚自己的感情。

下面的表格是在束缚和融通两种状态下对"爱"的表达。左边一栏是把分离当做现实状态下的想法，右边一栏是融通状态下的想法。你希望你的爱人、你的父母和你的朋友对你是哪一种呢？

如果你喜欢第一栏里的回答，我可以给你一堆电话号码，其中很多电话号码的主人都可以跟你发展成上述紧张的关系，可以向你提出一系列束缚的要求。如果你觉得第二栏的回答更好一些，那么你的个人生活和你在团队中的工作将会多少有一些动荡，会更加平静和快乐。实际上，这份平静和快乐，足以弥漫整个宇宙。

束缚和融通状态下对"爱"的表达

束缚	融通
"你使我完整。"	"我感到完整,我想跟你分享完整后的欢喜。"
"我需要你令我快乐。"	"我很快乐,我喜欢跟你在一起。"
"没有你,我的生活是毫无生趣的荒野。"	"我的生活精彩万分!快来跟我共同分享!"
"我想永远跟你在一起。"	"当你愿意跟我在一起的时候,我也愿意跟你在一起。"
"一想到你的眼里除了我还有别人,我就无法忍受。"	"我希望你的生命中有许许多多的爱。"
"如果你离开了我,我永远不会原谅你。"	"你不会离开我,无论在哪里,哪怕阴阳两隔,我们也会永远在一起。"
"你是来拯救我的。"	"我知道怎样给自己疗伤,也知道在你疗伤的时候,怎样爱你。"

感受超然的融通

如果我们在很长一段时间里都能拥有无言的意识,那么认为人被束缚在一个躯体里的那部分大脑意识会消失,认为万物都融通为一个相互连接的整体的那部分大脑意识会无限地扩大。纵观人类历史,那些触碰到自己真如本性的寻路人已经试图给我们形容过那种感觉有多美妙。"万物存在于爱的海洋里。"来自阿西西(译者注:意大利中部翁布里亚区城镇)的弗朗西斯向我们解释道。来自阿维拉(译者注:西班牙中部的古城)的特里萨也记录说:"我终于从一直都没有爱的境地里走了出来。"整个世界上的寻路人都认同,进入无言的世界就是爱上每个人、每片土地,还有已经经历的和即将经历的每段时期。他们一致认为,孤独是一种假象,而真相是万物融通。

保持融通状态的方法不是更用力地抓住你爱的人,而是让你的心中充满爱，让自己知道，你离不开爱。下面是三种练习，可以帮你与真正的融通的世界建立联系。学习了这个，你可以超越任何时间和空间，接收到爱。在你感到孤独或绝望的时候，试试下列方法。要相信自己可以建立连接，自己可能再也不会毁掉一段关系，再也不会开启一段注定走向灭亡的新关系。

通往融通之门：享受你的财富

1.安静地坐下来，让你的大脑平静下来，或者跟着一段韵律进入无言的世界（散步、弹吉他、种花、搅拌黄油，等等）。

2.回忆一段你生命里与他人紧密相连的时间。这段时间可以是与孩子玩耍；深深地融入电影的角色之中；读一本与你志同道合的作者写的书。

3.深深地专注于这一段时间，让你的注意力完全投入其中。让这段连接的经历流淌在你身体的每个角落。

4.想象你的大脑中央有一整箱金色的宝藏。把箱子盖打开，轻轻地把你连接时刻的记忆装进箱子里。把记忆留在那里，你随时来取，它都依然在。

5.现在再找出一段连接时刻的记忆，比如，喜剧演员令你捧腹大笑；为一个陌生人打开大门时，他的脸上流露出实实在在的感激；因咖啡因中毒的你在急诊室遇到了一位善良的护士。

6.把你一时间想到的这段记忆都放在装满金色宝藏的箱子里，与第一次放进去的记忆装在一起。

7.不断地向箱子里面添加连接时刻的记忆，每天至少一次。当你花费大量心思这样做时，你将打开记忆之门，越来越频繁地回忆起连接时刻的经历。

8.如果你感到连接中断了，那就时不时地打开这箱金色的宝藏，清点你的财富。想象你打开箱盖时，所有的记忆都完好地保存在那里，像翡翠和红宝石一样闪着耀眼的光芒。把它们捧在手心里，跟它们玩耍。你会为你自己拥有的财富而惊叹不已。

通往融通之门：穿越时空，与爱人相连

1.想象命运给了你一次机会，可以跟你曾经深爱却没能在一起的人进行一次完美的对话，这个人可以是你的前任爱人、你的良师益友，或者是年迈的祖母。在这场对话里，你深爱的人把你渴望已久的话都说了出来："你最完美、你真美丽。你的'失败'都不算什么。你真是我的骄傲。"

2.记下在这次完美的对话中你们双方说过的话，就像是给剧本写对白一样。例如：

你：高中时，你是我第一个喜欢的人，但是你从来没有注意过我。

心爱的人（不管他或她说什么，都是你最爱听的）：我就是个傻瓜，竟然看不到这么好的你。现在我看到了，我为你倾倒。你真是了不起。

你：我经常在泪水中睡去，我多么希望自己能跟你在一起。

心爱的人：别怕，你再也不会哭着睡去了，因为我就在这里，永远也不会离去。

下面是另一个例子，跟你对话的一方是你深爱的亲人。

你：你曾经对我太严厉了。我只是一个深爱着你的孩子，我只是想让你高兴，但你却只知道批评我。

深爱的亲人：我当时是疯了。我怎么可能看不到你这个无价的宝贝呢？怎么可能不知道生活中的那些苦痛不算什么，因为爱你比什么都重要呢？我批评你是因为我过去没有真正看清你，也没有真正认清自己。

3.当你写下了你最想说的每一句话和你最期望心爱之人作出的回答后，再重读这次对话。你要明白，你最终听到的深爱之人说出的每一句话都是真的，都是你的真如本性的想法。没有什么真正的"对"与"错"，但是比起那些长久以来让你念念不忘的痛苦抉择，这些真实的想法要"对"得多。

4.收起你的难以置信，你要相信这些你期待已久的话真的是你心爱之人说出来的。认真感悟你仰慕已久的智慧，即使你已习惯于从别人身上找到它。你曾以为这些人能填补你心灵的深渊，但实际上这个深渊只是一个假象。

相信自己是被深爱的，相信自己处于连接状态之中，这个感觉才是真的。感受一下真相——你是被深爱的无价之宝——是如何放松你的整个身体的。

通往融通之门：穿越时空，与队友相连

1.在脑海中想出一位你十分尊敬和钦佩，并渴望有朝一日能够见上一面的人。你也可以选择一位你已经没有机会一睹尊容的人，精神领袖也好，历史人物也罢，只要这个人的爱对你意义重大就可以。比如：

你：如果得到过您的指引和辅导，那么我一定会受益匪浅，我的人生会变得更好。

甘地：你说得没错。我也希望我能来得更早一点，但是没关系，我这不是来了嘛，我们可以一起改变自己，成为新世界的一分子。来吧，伙计，让我们一起洗心革面！

2.再一次感受所爱之人的存在——这个人永远是你身体的一部分，没有你他（她）也无法完整，别去管你们之间的距离看起来有多遥远。

3.当你读到或听到其他寻路人的话语时，告诉自己要相信他们感受得到你的存在，就像你能感受到他们一样。

在融通的世界里群发"能量邮件"

你越是深刻地领悟到融通的真实性，就越能召回自己的真如本性，越能得心应手地处理人际关系，也就越能自然而然地帮这个世界疗伤。例如，教师兼治愈者丹·霍华德，他的一生都致力于教别人如何平静，我强烈推荐你在谷歌里查一下这个人。在本书中，稍后你会学到他传授的方法，但其实最重要的因素你已经知晓，那就是：进入无言的世界，与融通相连。平静不是懒惰，也不是无能为力。它在能量网络里"传播"得非常有力。它的治愈功效非常神奇，我的许多客户都说它比治疗身体和心灵伤痛的药物有效多了。我不是说你可以不用吃药了！我只是说在吃药的同时你也要学会好好地平静下来！

丹发现，他神奇的平静之术还有一个奇妙之处，那就是这种方法是具有传递性的，他可以令他人平静下来。在他令我平静的过程中——通常他这样做的时候都不会提前告诉我，我真的被传输进了平静的能量。我跟丹学会了下面的练习，他管这个练习叫做"默化爱"。

通往融通之门：爱默化于行动

1.当你在拥挤的人群中时，比如，商场、音乐会、电影院，或者白宫新闻发布会，让自己进入无言的世界。

2.感受你周围人群的力量。当你发现有人发出紧张不安或是闷闷不乐的能量时，"传递"给他一些积极的思想。

3.一旦你学会了用自己的能量使陌生人平静（没错，你真的可以！），那么在更紧张、更夸张的情况下多多练习，比如，交通堵塞、政治集会、华尔街市场暴跌的一天。

4.寻找你周围情绪明显低落的人，这样你的练习会更具有挑战性。平息办公室助理的怒火，安抚顽皮的小孩，使年迈的父母平静。把你秘密的治愈武器——爱——默化于每个角落。

5.看看你们的交流是不是变得更加顺畅自如。

让正能量席卷能量网络

有几个人能真正意识到当我们进入无言的世界之后，对他人的影响有多大。我对此也并不清楚，但是有时候我会得到提示。生活在能量连接的世界里，我得到了很大的帮助，这还要感谢我那居住在无言的世界里的儿子。

例如，一天傍晚，我牵着我的狗狗们走在沙漠里，我一边走，一边跟大自然进行沟通，我突然发现在这样完美的场景里，非常容易达到融通的状态。我不禁怀疑，如果少了这种田园的惬意，我是否还能使用融通这项神奇之术。很快，一个完美的尝试机会就自己找上门来：按计划，我得带着儿子亚当和他同样患有唐氏综合征的朋友乔伊去看一场菲尼克斯太阳队的篮球比赛。

  美国男子职业篮球联赛的赛场可实在不比僧人们寻求宁静的寂静山谷。这个竞技场充满了尖叫的粉丝、耀眼的闪光灯、震耳欲聋的音乐、喷洒的酒水。疯狂的拉拉队向观众们射出了一个"礼物大炮"。每当礼物从亚当和乔伊（他在身体上已经15岁了，但在认知上却只有8岁左右）头顶上飞过的时候，他们也伸手去抓。亚当想要一件沙克·奥尼尔的T恤衫，乔伊想要一个穿着太阳队球衣的大猩猩玩偶。我悲伤地看着他们，在一次又一次的失败之后，他们终于意识到了这个也许会伴随他们一生的事实：他们太矮小了，身体太不协调，总是比别的球迷慢半拍，他们终究是够不到礼物的。

  此刻，这个混乱的场所正是绝佳的地点，我可以好好测试测试我连接真如本性的能力。我镇定地坐在座位上，开始进入无言的世界，我不知道我是否能够在这样近乎荒谬的场所里找到安宁，哪怕一丝一毫也好。我努力了一两分钟，最后终于成功了。在那一刻，所有的言语思维全都消失了，我周身都充满了不可思议的感觉，幸福得眩晕。篮球场上的这场比赛变成了一出优雅无比的芭蕾舞剧。每个队的五个高大队员就像是一只手上生长出来的五根手指一样，分工合作，配合默契。整个篮球场上，两只巨大的手来来回回地传递着篮球，人群像海浪里的海草一样摇摆起伏，享受着深度的游戏世界带给他们的极乐感觉。

  过了一会儿，我感到一股融通的浪潮向我涌来。在这个巨大的篮球场上，每个人都紧紧相连。连接的力量势不可挡，哪怕我们外表不同，哪怕我们在心里认为人与人是单独的个体，也终究会屈服在它的力量之下。我不知道这个小小的竞技场是如何承受这么大的压力的，在我看来，这股爱的力量随时都有可能将房顶掀翻。这时候，我的脸上淌满了泪水，我大感尴尬。我赶紧擦干了泪水，抬起头四处看看有没有被人看到。然后，我发现此刻的人群有点异乎寻常。

在以我为中心的大圆圈里有了一丝波动，犹如将石头投入水中向外扩散开来的一圈圈涟漪，只不过这一次，涟漪是向里扩散，朝我而来的。我花了几秒钟才意识到发生了什么。四面八方的人把他们好不容易从空中抢到的礼物向我这边传递过来，一个接一个，默契无比。没错，他们正在把礼物传递给乔伊和亚当。

当最后一个传递的人把沙克·奥尼尔的T恤衫传到我儿子的手里时，我完全不能自已地大哭起来。收到穿着太阳队球衣的大猩猩玩偶的乔伊想努力表现得绅士一些，但最终还是敌不过欢喜，情难自持地抱着大猩猩亲吻起来。我站起来，转过身去，把手覆在心脏上，向参与传递的数百位陌生人无声地致谢。那感觉就像是，我帮助这些喷洒啤酒的篮球迷们感受到了内心深处爱的连接，消除了人与人是单独个体的错觉。他们用爱来作为回应，就像是一位慈祥的母亲轻抚亲爱的宝贝一般伟大无私、温柔轻缓。许多人也跟我一样流下了眼泪。亚当和乔伊彬彬有礼地谢绝了剩下的礼物，于是人们一个又一个地把礼物谦让给他人。

我不知道篮球场上的赛况究竟如何，我只知道所发生的一些实在不可思议，却又浑然天成。当人们打开融通的大门之时，群体、人群，乃至整个国家都会回以其强劲有力的爱的脉搏。这个力量，把人类驯服成了成功的物种；这个力量，帮人类修复了真如本性，给这个世界疗伤。如果我所经历的"你！你！你！"现象真的是某种提示，那么整个团队——也许地球上的每个人都包含其中——蓄势待发，将要在这片辽阔的场地上演绎最精彩无比的游戏。这支团队正在日益壮大。通过融通，你也可以加入其中，现在就可以。

似曾相识：与你的部落相连，无时无刻

很多人的脑海里都会偶尔闪现过似曾相识的感觉，眼前的场景似乎在哪里见过。寻路人知道，通过进入无言的世界，超越时间和空间感受爱的

能量，我们就可以"早已见过"素未谋面的人。就像那时站在马鲁拉树下的我，听原来一直没有联系到的新朋友林克讲话一样，我明白了为什么短短的相遇，我就如此爱她：我们是肩负着同样使命的队友，我们在整个生命中的每时每刻都"早已见过"对方。

你也可以像我一样遇见自己的队友，这一分钟就可以，不管你是谁，不管你在哪里。如果你切实进行过深度练习了，那就只需静观其变：你不仅可以感受到神奇的真如本性指引给你它正确的藏身之地，还可以品尝到想象不到的快乐。你将在充满爱的狂野新世界里寻找到自己的路，还将与你见过或没见过的人紧密相连。等你真正见到他们之后，你就会明白为什么你会感到如此宽慰、如此感激，为什么你的眼里会噙满泪水，为什么你们想抓住彼此的肩膀轻轻地摇晃，大声呼喊："你！你！你！"

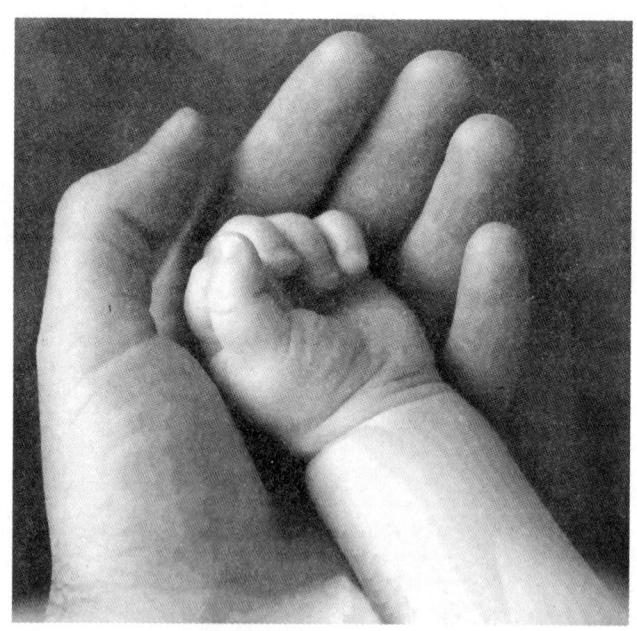

你该永远心存爱意。比格斯托克/摄

第三部分 第三种神奇之术：冥想

第八章　冥想飞跃

我和博伊德刚在森林里完成一年一次的隐居，一天，他突然对我说："你必须来菲利普波利斯，那里是最神奇的地方。"

"那里有什么？"我问道。

"什么也没有，"博伊德回答道，"就是一个小镇。那里了不起的居民们居无定所，也没有赖以生存的东西。在那里，你可以感受到任何你希望发生的事情。那里是一个神奇的地方。"

诚然，博伊德对菲利普波利斯的看法很大程度上归结于他对"重建伊甸园"的痴迷。这个小镇坐落在南非中部广阔贫瘠的卡鲁高原上。在19世纪末期和20世纪初期，开拓者——荷兰拓荒者——耕作着这片土地，后来土地变得太贫瘠了，他们就离开了。最早生活在卡鲁高原的人类居民是科伊科伊人（从人文角度上来讲，与电影《上帝也疯狂》中讲述的人物非常相似）。

几个世纪以来，在这片土地上，科伊科伊人都与一种叫做跳羚的大型动物和谐友善地相处着，这一点非常像曾经依赖美洲野牛生存的印第安人居住的平原。跳羚的名字是有缘由的，因为它们习惯在空中跳跃，就好像拥有飞天法宝，这一非凡的武艺叫做"飞跃"。如果你看到了它们的跳跃，你一定会为之惊叹，到时候你就会明白，用飞跃这个词来形容真是再好不过了。你可以亲自感受一下，只需在谷歌里输入"跳羚飞跃"的英文名字Springbok，就会显示出许多视频。

几千年以来，跳羚一直在卡鲁这片高原上来来回回地迁徙着，哪里有雨，它们就迁到哪里。它们吃草和其他植物的尖儿，但从来不吃根部，因此这片大草原上的草木得以持续再生。生态系统供养了许许多多的跳羚，多到开拓者们常常得在马车上等够足足三天，才能等到整支跳羚队伍完全经过。被跳羚踩死的人数量多到令人震惊，尽管每只跳羚只有35公斤左右的重量。这种数量庞大的食草动物为猎豹、美洲豹、鬣狗、豺狗和其他数不尽的食肉动物提供着充足的食物，包括一种被科伊科伊人视为神圣的雪白色狮子。

然而，当绵羊和山羊来到这片土地之后，一切就都发生了改变。羊群开始吃当地的植物，但与跳羚不同的是，它们吃植物的根，把植物吃得片甲不留，只剩下光秃秃的土地，于是土壤很快就开始大量流失。大量的跳羚，以及卡鲁高原上的一些野生动物不是因水土流失而直接死亡，就是死于饥饿。就连被科伊科伊人视为神圣的白狮，此时也成了饥饿的人们狩猎的重点对象。好像还嫌不够惨似的，科伊科伊人也开始猎狩自己的同伴。最终，在狩猎中幸存下来的人也无非面临两种结局，通常一种结局是饿死，就像消亡的动物和可食用植物的命运一样；另一种结局就是被迫去往欧式农场做苦役。最后农场也关闭了，大部分白色定居者死亡了，留下来的本土人面临的这片土地，既没有野生生态系统，也没有人类经济的供给，仿佛是世界末日。

瓦提一家的一个梦想是像重建伦多洛里一样重建这片土地，让本土居民重新生活在卡鲁高原上。因为这片土地人烟稀少，所以恢复这片草原、让跳羚和数十种生物重新进行古老的迁徙就相对容易一些。瓦提一家希望利用生态旅游在这里创建人类经济，使科伊科伊人和格里夸人（欧非混血的南非人）通过追踪野生动物和与野生动物融通的古老方法，带动经济的繁荣。

为了使这一庞大的计划得到许可，瓦提一家简直费劲了千辛万苦，他们采取了大量的政治和经济策略才得以成功。虽然过程艰苦，但瓦提一家坚定的信念从未动摇。他们还准备赢取当地居民的信任——在经受了如此可怕的过去之后，取得他们的信任可不是一件容易的事。所以博伊德和布朗温的前导师，也就是我在前面章节里提到过的凯特·格罗克老师，搬到了菲利普波利斯。在那里，从天文地理到柴米油盐，善良的凯特老师几乎把所知道的一切——英语、基本算术、成人文学，等等——都传授给了这里的每一个人。她自己也从当地人身上学到了他们宝贵的历史文化和价值观。在我前往菲利普波利斯之前的那个夏天，凯特老师、瓦提一家，以及几个身处菲利普波利斯和远在菲利普波利斯之外的朋友们一起，借来了一台制砖机器，尽管机器充满污垢，劳作的过程充满汗水，但他们还是为这座小镇搭建了第一所幼儿园（总共花费了150美元）。

在遇见瓦提一家后，我听说了许多关于"跳羚迁徙"的项目，所以当博伊德邀请我前往菲利普波利斯小镇时，我欣然同意了。我的许多朋友也跟我一样：克勒、我的搭档凯伦、我们其中一位像凯伦一样同为社会工作学教授的美国朋友、一位迪拜商务顾问、一位迪拜大师、南非的一位摇滚音乐会组织者以及一位戏剧治疗师。于是，在7月里的一个寒冷的日子里，我们挤进了租来的箱式货车，共同前往卡鲁高原。

我们9个人坐在一辆厢式货车里，路途相当愉快。我们在空无人烟的土地上行驶了6个小时，一路上尘土飞扬。唯一打破荒芜景象的是一些白蚁丘，许多白蚁丘被非洲食蚁兽挖掘开来。当我们行驶到菲利普波利斯附近时，博伊德无比茫然地指向车窗外。"好了，大家，"他说道，"想象这片土地上一片绿色。这里到处都是跳羚，一望无际。猎豹、豺狼和白狮跟随着它们。千万年里，几百万只动物按照它们正常的生活模式在这里生活着。"

我们8个盯着窗外，陷入了沉默。在博伊德的娓娓道来中，我们真的可以看到这片土地被重新治愈。我们在沉寂的货车里昏昏欲睡，不仅是因为我们都吃了太多的炸玉米片，喝了太多的健怡可乐后犯食困，而是因为我们像被曾经生活在脚下这片土地上的动物的灵魂——或许是将来要生活在这片土地上的动物的精神——附体了。我记得曾看到书里写过，科伊科伊人在动物真正到来的多天以前就知道它们要来了，因为他们多天前就能感受到土地的震动。正如他们在一首老歌中所唱的：

我们知道跳羚就要来了，
我们的脚感受得到，
我们的脚感受得到跳羚的脚步沙沙作响。

当神奇的魔法开始生效的那一刻，车厢里那些非洲动物的灵魂和精神就消失了，因为我们的车厢实在是太拥挤了。特别是第三种神奇之术——冥想——发挥作用的时候。

寻路人的冥想

朝菲利普波利斯前进的这一路上，我们一小组人的感受可跟虚构的白日梦里的完全不同。我们正"提前回忆"跳羚迁徙的治愈场景。"提前回忆"像火花一样在脑中闪现，连带着身体随之感应。同它一道而来的是像记忆一样鲜活的片断，只可惜这些记忆中的事情并没有真正发生过。我们看到、听到、品尝到、闻到、感觉到"即将发生的事情"，就好像回忆着在过去真真切切发生过的场景。我们的皮肤像过电一样，泛起了一层鸡皮疙瘩，我们激动得放声大哭，却连自己都不知道究竟为何。我们常常为这样的生理反应困惑不已。我们的身体抛开了理性思维，直接与冥想相连。

平常人的冥想都包含在思想之中，但是寻路人却把思想包含在了巨大的冥想之中，而且还只是其中的一小部分。它超越了时空，纵横在无言和融通的世界里，它无处不在。因为普通人的思想被束缚在了个人信仰的框架之中,被"可能"一词禁锢,所以只能勾画出过去发生的事情。纵观历史,普通的想象足够发现和预测即将发生的改变。但是就今天而言,没有挣脱思想束缚的冥想——换言之,我们在无言和融通的世界里获得的智慧——的指引,人们就无法掌控当今的社会。

使用你的冥想之术(成为魔术师)

你可能还有印象,我在《序言》里提到过,在达到某种存在状态时,第二种神奇之术比第一种相对来说更有效一些:当你使用这两种技术的时候,其实你就会感受到当下的状态。如果你以前见过一组塔罗牌(一种被寻路人滥用的古老道具),也许你也就见识过一位魔术师原型。这位象征性人物手持神奇的魔杖,更规范地说应该是墨丘利的手杖,有两条蛇盘绕其上(耳熟吧?它还是当今医生的标志)。手杖的上方通往永恒,即无言与融通的精神王国,手杖的下端连接平凡的现实世界。这位魔术师(治愈者、修缮者)知道如何把人从第一片国土带往第二片国土。这不是一个把戏,这是一种治愈技术。

你手中的墨丘利手杖是你这位寻路人的冥想之术。要想使用它,无需事先做好详尽的准备——这是一场脑力训练。相反,你要做的是时时刻刻在心里感受"你希望发生的事情"。我倒是希望我可以用言语表达出来,但那是不可能的。有些人感觉到一股牵引感,就好像他们的意识被拉到了什么地方;另一些人感觉到将来的现实在等待着开启,就好像在妈妈的肚子里顽皮踢打的孩子。你不知道等待你的会是什么,但是你知道那里充满了能量,对你意义非凡。使用你的冥想之术就好像勾画你梦想中的蓝图,创造不曾存在过的事物。

冥想跟魔术师原型一样,并不是蒙人的迷信,而是强力有效的创造练习。这一章的练习不会让你空想什么《神龙帕夫》(译者注:美国民谣歌曲)之类的音乐,而是让你沉浸于无言的融通之中,寻找你梦想成真的事物，然后像一位侦探、医生、建筑师或工程师一样，在三维空间中把它们想象出来。

无言的状态带你进入能量的网络。融通为你发来信息，告诉你生命中可能发生的事情。寻路人的冥想根据这条信息再建立新的网站。也就是说，根据自然规则和当今人们口中的"超自然"规则改变现在的生活，使之更完美，更贴近你的真如本性。卷起你的袖子，开始吧，朋友。学习使用寻路人的冥想之术的过程艰苦却又美好，可以改变你的一生。

提前想好你的路

民族植物学家韦德·戴维斯和一位接受过传统训练的夏威夷寻路人曾一起进行过一次航海。途中，戴维斯被这位航海家关于海浪、云雾、海洋生物和星星的渊博知识所折服。但是，戴维斯说："知道怎么去寻找线索标志和迹象是一回事，但是把寻找到的这些东西都拼凑在一起，应对眼前千变万化的海洋状况和困境又是一回事。"

要想应对海洋上的这些困难，除了利用感应到的信息，这两位波利尼西亚寻路人还需要掌握更多的信息。就在他们计算眼前认得出来的上百颗星星的具体位置时，他们的非语言思维——大脑的非语言区——也进入了他们的大型信息收藏库，给他们发来了信息，指引他们如何在未知的大海里前行。这看起来很神奇。

这是戴维斯从一位叫做纳诺阿的寻路人口中听来的故事，纳诺阿的小船"霍库勒"号如今还在航行——不带任何现代航海设备：

> 就在他们快要实现目标的那一刻，纳诺阿突然从迷糊的睡眠中惊醒，他发现天空阴沉，海雾弥漫，完全不知身处何方。他的思维突然断了，想不起来海上紧急逃生的方法了，但他还是在船员们面前掩饰了恐惧。就在绝望之际，他想起了（他的老师

说过的）一句话："你能在意识里想象出岛屿吗？"他镇定了下来，他发现自己已经找到了这个岛屿，那就是小船"霍库勒"号。在这个神圣的小船上，他拥有他所需要的一切。突然，天空放晴了，温暖的阳光打在他的肩膀上。云雾散了，他顺着光线望去，眼前赫然出现了拉帕努伊岛（译者注：复活节岛的俗名，位于南太平洋）。

像纳诺阿一样思考和行动是我能想到的唯一一种帮你在21世纪的狂野新世界里寻路的方法。神秘主义者和巫师们一直都使用类似的方法，因为他们探索的形而上学的国度跟大海一样高深莫测、变幻无常。普通的想象者漫无目的地游荡，但是冥想的寻路人却能通过我们接收到的一切信息扩大思维意识，最终进入心灵——也许是进入幻想、空泛杂乱的量子泡沫之中，在那里，思维意识可以使波能变成具体的事物。

不管是在太平洋上航行，还是行走在喧嚣浮躁的现代生活之中，寻路人都使用跟纳诺阿一样的方法：进入平静（无言的世界），感觉他们在永恒中（融通的世界中）已经寻找到了目的地。然后他们感觉到这不是幻想，自己真的在朝着现实的目的地前行。毫不夸张地讲，他们这样做的时候，万物都在为他们引路，明晰而光亮，就好像打在纳诺阿肩膀上的那束暖光一样。对于旁观者来讲，寻路人神奇地将想象之物吸引了过来，就像戴维斯所写的："打一个比喻，小船'霍库勒'号自始至终都静止不动，它只是等在那里，等在世界之轴（轴中线），然后，岛屿从海中崛起，只为给它一个拥抱。"

人类的寻路人

对任何文化中的治愈者和空想主义者来说，这都是标准的操作程序。澳大利亚土著居民在经过了160公里的"徒步旅行"后，用这种方法从沙漠中找到了路。摩西（译者注：《圣经》故事中犹太人的古代领袖）用这种方法找到了子民们那片应许之地（译者注：上帝允许给亚伯拉罕的地方）。马丁·路德·金也梦想过拥有一片属于黑人的应许之地，但是还没等他的梦想成为现实，他就英年早逝了。爱因斯坦在一番冥想之后，提出了一般相对论。美国火箭专家早在"这是一个人迈出的一小步，却是人类迈出的一大步"之前，就冥想出了在月球表面漫步的场景。

同样的冥想可以帮你实现一切你心里想要实现的目标，不管是顺利通过一场考试，还是找到心爱之人。在冥想过程中，人类可以充分调动大脑，发挥出惊人的能力来进行观察和学习、无休止地深度练习跟物理现实之间的谈判、以无言和融通为工具在非物质国度中穿梭。这正是我和我的朋友们在卡鲁高原上巡游时经历的过程，我们看到、听到、闻到、感觉到了那里目前并不存在的上千种植物和动物。

边玩边冥想

除了在菲利普波利斯，我还从没有在别处经历过身体如此寒冷、情感却如此温暖的感觉。建筑物几乎没有一点温度，卡鲁高原的寒流就像一把锥子，穿透衣服，直刺我们的身体。我们几个人在凯特家里抱作一团，想依靠彼此取暖，另一边凯特的女儿玛雅光着脚正在地上蹒跚学步，光是看着都觉得冷。玛雅是由一位塞茨瓦纳青少年所生，属于非洲的"弃婴"之一，后来遇见了凯特，便成了凯特的生命之光。就像她自己说的："妈妈是粉色的，我却是深粉色的。"

凯特告诉我们当地的居民每个月大约需要花费250兰特（译者注：南非的货币单位）——大约3.60美元——来养活一家人。她给了我们250兰特，把我们送到了小镇的商店，让我们自己来购买足够一家四口人一个月吃饱吃好的粮食。也就是这样，我们认识了凯特的朋友南祖母，她是小镇的女族长之一。我们非常荣幸，与她共享了一顿美餐。她小小的房屋勉强塞下我们几个，我们肩并肩、膝碰膝地围坐在屋子中央的大锅旁，一起吃着炸甜面团，喝着汤。从凯特的翻译中，我们得知在南祖母的大半生里，如果我们白人被发现与她这样的人交往，那么一屋子的人都要被逮捕。南祖母话语流利，流露出深深的悲伤，但是没有一丝怨恨，只是为种族隔离的恐怖和她的人民传统生活方式遭到的破坏感到难过。

接下来的一天里，我们在小镇里观光，参观了幼儿园，跟凯特一起给年轻人和成人上课。我们给菲利普波利斯小镇的孩子们演示了如何使用翻转相机，让他们给彼此照相。我们在小镇广场漫步了一圈。一天很快就过去了，跟随我们的队伍越来越大，最初还只是小孩子们，后来几乎整个小镇里15岁以下的孩子们都来了。我喜欢听他们说当地话，他们说话时有很多不同的"吸气音"，就像我们的子音一样。

当晚回到凯特家里，我们开始进入疯狂的冥想之中。我们今天晚上的任务就是每个人都尽可能多地冥想出不同的想法，帮卡鲁"重建伊甸园"。这些想法不必非得有多好，有趣就行。在一张贴满便利贴的大海报上，我们开始书写自己的想法。我们构想了通过筹款在卡鲁高原上重新种植植被。我们看到跳羚繁殖的数量越来越多。我们决定雇当地的孩子照看跳羚，发动美国人民用一美元一只的价格"购买"跳羚，这笔钱就作为给牧童的报酬，牧童要把每只跳羚的情况拍成视频，每周更新一次发给美国的"投资者"看。一想到视频，我们马上就冥想到为了保护科伊桑族文化，加强小镇的团结，可以让年轻人为这个年迈的小镇制作一部纪录片，记录下这里古老的生活和种族隔离的压迫。

夜越深，我们的冥想就越畅通自如。我们要把菲利普波利斯美丽的老农舍改造成客栈，供游客们住宿。我们要重新把困在笼子里的白狮放进荒野之中。我们中的社会工作学教授将起草有关伦多洛里生态友好经济发展模式的期刊论文。我和博伊德将会为普通大众写书。我们的摇滚音乐会组织者将会通过音乐会来筹款。我们的戏剧治疗师将会带来大学生，教孩子们知识，给孩子们重新展示传统舞蹈。我们将治愈这片荒野，赶走贫穷，战胜艾滋病，发动全世界一起帮忙！尽管凯特家里的温度像冷冻室一样冰冷，但是我们午夜围坐在这间屋子里的冥想却几乎沸腾了我们的思想。

最终，寒冷令我们的牙齿剧烈地打颤，以至于话都说不出来，所以当晚我们不得不结束冥想。我爬上床，凯特告诉我这是一张特殊的床，是她从伦多洛里带过来的——这是曼德拉总统被囚禁在南非监狱时睡过的床。在我马上就要进入睡眠的前十秒钟，我回想着一个男人，虽然他被困在狭小的监狱里，却创造了人类历史上一场最伟大的和平革命。我们的冥想是多么勇敢和无畏！曼德拉彻底征服了我们。

第二天早上我们又坐在一起吃饭，每个人都为数小时前狂野的冥想而略感害羞。但当我们品茶的时候，奇怪的事情发生了：我们几个人的电话同时响了起来。所有人的电话都响了。在这之前我们的电话都无法接通，因为我们的上空必须有卫星直接通过，才能接收到信号。电话是怎么接通的我们暂且不去管它，关键是所有电话都是关于一个事情的：人们愿意帮助我们。

我收到一位成功又富有的美国名人的来信，他在信中表示愿意为非洲的发展出力。迪拜的商务顾问接到来自中东保护组织的电话，他们在电话里表示愿意就有关项目共同合作。社会工作学教授们最近提交的论文得到了高度赞赏，他们把伦多洛里发展模式书写成文的初步计划在电话中得到了期刊编辑的热情鼓励。凯特的妈妈莫女士（也是一位教师）接了一个电话，简单聊了几句就挂了，她看起来精神恍惚：南非一位著名的教育家刚刚在电话中说他即将退休，他愿意把生命中剩下的年头投身到"你们正在做的事情"之中。

我不是在胡编乱造。

这是我在卡鲁之旅中学到的：不管你身处何方，不管你觉得自己多么卑微渺小，勇敢地踏上一次冒险之旅吧，放飞你那寻路人的冥想，你会像电磁铁一样散发出强烈的磁性。使出你的全部力气,全身心沉浸到无言的融通之中,尽情地欢笑、玩耍、梦想、热爱,然后,奇迹在向你走来,门在为你打开,路也在你面前铺开。你素未谋面的队友们穿越时间和空间,穿越一切阻碍,来到你身边给你帮助。你只需静静冥想等待,然后,岛屿自会从海中崛起,只为给你一个拥抱。你相不相信不要紧,冥想已经足够。

怎样不去想

每个人的大脑里都想象过梦想成真的时候,不过许多人误用了神奇之术,所以才一点效果都没有。宗教一直宣扬只要相信宗教的真实性质,相信宗教的权威地位,信仰者们就能拥有力量,创造奇迹。新世纪浅尝者坚持认为如果他们能够把思想专注于一座大房子,或者像电影明星一样的事业上,他们就能"得到"自己想要的一切。这种方法其实是强迫现实遵循人脑里浅显的想象,是不会有结果的。一位真正寻路人的冥想绝不会统治现实。它沉浸在融通之中,沉浸在爱之中,想象"希望发生什么",然后让爱来帮忙实现。

浅显的想象和真正的冥想完全不同,这一点我体会甚深。因为我曾经花费了数月的时间把自己的想象力强迫作用于物理现实。在产前确诊亚当患有唐氏综合征到他出生之前,我读了许许多多神奇的治愈故事,从各种宗教的手稿到意志力坚强的人们成功使用思想克服困难的故事集。周复一周,我努力用我的意志力构想亚当会"正常"。这是一个痛苦又折磨人的过程,充满了未知与惊险,而且自始至终我都有一种不好的预感,即使我这样做了也不会起到什么作用。

然而,在我放下背负的思想枷锁后,我的冥想进入了一个全然不同的境界——在未来,亚当的唐氏综合征会帮助他随心所欲地爱和欢乐,也会为他敞开神秘的大门。想到这儿,我感觉看不见的思维意识带着不可思议的温柔和善良,轻轻地抚慰着我。它们并不是在赋予我我脑子里强烈幻想出来的东西,它们是在帮我欣然享受冥想赐予我的一切。

这一次经历使我得出一个结论:比起我的意识思维,我精神上的无意识部分连接了一个更宽广的冥想世界。就连每秒钟处理1100万比特信息的大脑,里面的无意识部分也与无处不在的融通的世界相连,然后我不再为亚当忧愁,我开始对他未来的路越来越有信心。要想通过冥想"得到"实在的结果,就不得不把狭隘的自我视角转换成宽广的真我视角,这两者具有完全不同的目标和动机。

下面是一个练习,帮你感受浅显的想象与寻路人的冥想之间的差别。练习地点我们直接选择相对熟悉的家就可以。所有练习的先决条件不言而喻,依然是进入无言的世界,与融通的感觉相连。

尽情冥想:感受你渴望发生的一切

1.在你的房子、公寓、帐篷、简易棚等里面找一处你最不满意的地方。

2.找一个最舒服的姿势在这个地方坐下来。

3.别说话,感受这个地方的不和谐之处,找出破坏完美的不和谐因素。

4.让自己去感受这个地方想要成为的样子——不是你想让它变成的样子(这样的话,你就将陷入一成不变的模式,这个地方不会发生任何变化),而是这个地方自己想要成为的样子。

5.闭上你的双眼,进入你的冥想,好好地想象这个房间自己期望变成的模样。看一看房间本身希望在哪里增添一道色彩,希望哪里更开阔,希望在哪里铺上一块质地舒服的桌布,希望在哪里添置一盆生机盎然的花。

6.进入融通的世界,感觉这个地方"期望"出现的东西与你相连。召唤它们,直到你感觉到一股拉力,然后放松。就像"召唤"动物的练习一样,全身心放松是一种技巧,促进你时时与万物连通。

7.回归现实生活之中,但是要记得:这块地方期望的东西会努力来到你的身边。也许你会在商店里见到它们;也许它们会以不同的方式出现——比如,一份礼物、海滩上的漂浮物、搬走的邻居留给你的东西。

8.当这些东西来到之时，请欣然接受，把它们放在它们想待的地方，也就是这间屋子想让它们待的地方。

冥想的媒介

冥想是一门艺术，这可不是轻轻松松的手指画，而是接受过训练的技巧，就像米开朗琪罗说的那样："如果人们知道我的工作有多努力，就不会对我的成就感到惊奇。"寻路人冥想的过程就像艺术家绘画、黏土、给大理石雕刻花纹一样，他能感觉到手中媒介的力量，因为他可以感觉到自己变成了媒介，并让媒介强大的内在力量给自己以指引，正如他也在指引着手中的媒介变成自己想象的模样一样。我们这个时期出现了一种伟大的新艺术，那就是计算机。如果说进入无言状态就像是在形而上学的网络里登陆，那么融通就该是在这个网络里收发信息，而冥想则是修缮者在这片纯粹思想、纯粹能量的国度里编写程序、绘制图表、设计和建立网站。

通常情况下，我都不怎么爱使用计算机，但是曾经有几个月的时间里，我被迫学习如何制作网站。因为我所选的文学创作和出版行业，正在完全被新技术所瓦解，而我的冥想（大大出乎我意识思维的范畴）偏偏想出了一个不得不以计算机为主的生意理念。整个生意都要依靠计算机技术，也许正是因为这个原因，我突然对网站的建立着了迷。

让人想不到的是，在我学习编写基本程序的几个月里，我变成了一个典型的电脑迷。我废寝忘食，停止了练习，花费上百个小时盯着厚厚的指导手册，根据上面的指示输入代码，然后运行编写完的程序，看看它们是否运作（它们真的运作了——在将近一万次失败之后）。我的头发蓬乱不堪，脸上也长了粉刺，就连我的眼镜也坏了。我拿着眼镜，把眼睛几乎贴在镜片上，修复眼镜上坏了的钢夹，修好后继续编写程序。最后，钢夹彻底坏了——这确实是真的，我干脆用透明胶带把镜片直接贴在了脸上。我实在腾不出时间离开电脑，去找验光师验光配镜。

要想掌握寻路人的神奇之术，你就必须对冥想的媒介拥有同样的热情。你得愿意花费大量的时间待在无言的融通里，当现实的媒介进入你的意识时，感受它。你要探索什么可能（让我们冥想一下）成为主观上的"量子泡沫"，这是所有物质的基础媒介。每种文化中的修缮者在成为真正的冥想者之前，都要花费上千个小时学习这一过程。在思想的国度里"输入程序"并不像跺跺你娇贵的小脚，趾高气扬地命令现实遵照你的意愿来发展那么简单，而是要进行深度的练习，直到你能感觉到自己拥有了牵引力。

你可以使用下面的多种练习冥想你的未来。记得要保持放松和无言，尽最大的努力与融通的世界相连。

尽情冥想：拜访生命中的未知岛屿

1.找一个安静的地方坐下来，确保你在五分钟到十分钟之内不会受到打扰。

2.想一想你的生命中有没有这样的地方：在那里，你有一种缺失感，感到迷茫和不满足。闭上你的眼睛，把这个地方从脑海中构想出来。

3.找出对当前现实不满意的地方，在脑海中清晰地冥想出另一种你较为满意的现实状态。把这种状态用心记下来，详尽地描述出来。哪里模糊，就让哪里顺其自然地发展，哪怕违背你的预期，甚至做一些你不喜欢的事情。把整个场景都填满，包括整个感官细节。去听、去闻、去尝、去摸、去看这个新局面。

4.现在，你到达了你期望的目的地。正是单纯在脑中的冥想帮你使之成了现实——人类创造出来的所有真实的事物都首先存在于冥想之中。尽情欣赏和享受你更好的新生活吧。对它心怀感激，表达谢意吧。

5.睁开你的双眼，回归正常生活。忘掉你冥想的生活，继续努力让事物按照你期望的样子发展。但是要相信你的冥想正在对你幻想过的新生活起着作用，正在尽可能地为你和出现在你幻想中的人物带来最好的结果。

6.保持警惕，你冥想中的改变已经开始发生。机会就要降临，你可以选择把它们拉进你的生活，也可以选择将它们推开。把它们拉进你的生活可能会带来比想象中还要可怕的考验。你只需坐在小船上，继续航行（待在无言和融通的世界之中），然后岛屿自会降临，给你拥抱。

怎样发现成功

当以下三种情况发生时，你就可以知道，你已经学会冥想了。

1.在你的内心里，紧张不安的思绪平复了下来。你不达目标誓不罢休的迫切心情也消失不见了。相反的是，你的内心十分平静，你深信自己已经达到了最终的目标，自己真正的愿望已经实现了，尽管这些结果用肉眼还未能看得到。你对当下发生的一切无比满足，你心中清楚，眼下的一切再完美不过了，因为你透过当下看到了最美好的未来。此刻，你脚下的一叶扁舟已经承载了你所需要的一切，你无比坚定地感觉到，岛屿就在不远处，等着你缓缓驶来。

2.在你周围，冥冥之中会有力量牵引着你前进，就像打在纳诺阿肩膀上的那束光。与此同时，你的身边充满了际遇和所需要的一切信息，帮你把冥想变成实实在在的现实。人、动物，一切的一切都会想方设法帮助你，甚至会冲破层层阻碍，来到你身边给你力量。许许多多的际遇都巧得让人觉得不真实，所以这绝不单单是我们口中的"机会"。不过这些际遇倒也不会令你大为惊奇，因为你的冥想会把这些当成理所当然的事，因为它那无所不在的强大本我对发生的一切都了如指掌，它无时无刻不在编程、测试，并操纵着事物发展的轨迹。

3.你冥想的场景会成为真真切切的现实。但是不要轻易相信我的话，请用自己的眼睛去发现。

从梦境中觉醒

如果你花大量的时间在无言的世界里冥想现实，也许你就会对这个世界产生不同的看法。你会开始明白，你曾经解读的现实方法实际上也是一种冥想。因为所有的观察都要通过个人意识投影成像，所以一直以来，我们看到的现实都被我们的主观意识上了色。如今，神经学家们发现，大脑不光塑造了我们夜晚的梦境，也一直塑造着我们清醒的意识。实际上，休斯敦贝勒医学院的神经科专家戴维·伊格曼曾这样写道："清醒与沉睡的区别其实微乎其微，从眼睛里进入的数据定格在意识里……清醒的意识其实就跟梦境一样，只不过对于眼前的一切多了些许认真而已。"

许多传统的寻路人一直都将正确的冥想比作从梦境中醒来，而不是进入睡眠或梦境。也许你曾有过这样的经历：你从噩梦中惊醒，花了数分钟才清醒地意识到这只是个梦而已，不是真的。也许在你遭遇过切肤之痛后，你也有过与之截然不同的经历。早晨醒来的你，一时间忘记了你挚爱之人患上了重病，忘记了世界贸易中心在顷刻间就土崩瓦解。清醒了一会儿后，你惊恐地记起了现实，霎时间强烈的悲伤、恐惧，或是愤怒向你席卷而来。现实中的你又一次起床，开始了漫长的一天的挣扎，直到夜晚，除了已经注定的事实之外，你眼中再无他物。

也许会有寻路人问你，你怎么能确定这可怕的现实不是另一场噩梦呢？——你怎么能确定当你再次睁开眼睛的时候现实不会有所改变呢？不会与你的真我更加和谐呢？这就是在死亡的边缘徘徊过之人的亲身经历，他们形容当他们"死亡"的那一刻，就是这样的感觉。我对这种说法非常感兴趣，因为我也曾有过相似的经历。在做外科手术的过程中，我的感官异常警觉，尽管我的眼睛紧闭，但是我可以非常清醒地环视整个手术室，清楚地看着医生对我的身体开刀。过了一会儿，我的上方重新亮起了明亮的灯光，让人清醒又熟悉，我突然萌生出一种难以名状的热爱之情。

用语言来描述这种经历就好像指着喂仓鼠用的小饮水机来给别人描述尼亚加拉大瀑布一样，简直就是小巫见大巫。那种感觉就好像从噩梦中惊醒了一万亿次一样，每一次醒来都会短暂地迷失，这时候的我会跟着清晨的记忆走，而非"游梦"在我平常的生活之中，因为清晨的记忆让我觉得更真实，这时的我会感受到同宇宙一样浩瀚的释然。

儿童发展专家说，宝宝们喜欢玩躲猫猫，因为他们还没有学会"客体永久性"。当妈妈的脸消失在毛毯后面的时候，他们会以为妈妈再也不会出现了（理论上如此），所以当妈妈的脸再次出现的时候，宝宝们就会觉得惊奇：妈妈，你到底是从哪里来的啊？我想根据我自己在手术台上关于明亮灯光的经历，对此作出一个不同的解释。也许宝宝们除了"客体永久性"之外一无所知。他们进入了万物融通的状态，所以他们无法理解分离后的出现。当妈妈再次出现（"躲猫猫！"），他们惊喜得咯咯笑，他们刚刚还以为妈妈离开了，不过好在宇宙还在正常地运转着。

当我们坠入爱河时，分泌荷尔蒙的大脑区域会负责把我们此刻的情感与"失败"一类的感觉分离开来。当与所爱之人在一起时，我们会产生美妙的情感。但是我觉得这种被我们认为分离了的大脑状态不过是幻觉而已，是不现实的。坠入爱河是一种小小的觉醒，我们越是投入到冥想之中，就越博爱。然后，用不了多久，我们就开始意识到我们一直以来看待现实的方式实在是过于局限了，我们的目光太狭隘了。

畅想修缮者的世界

在写这本书的时候，我的朋友杰恩被确诊为癌症晚期，于是，我在鬼门关转了一圈的经历就派上了用场。杰恩的儿子乔伊患有唐氏综合征，他与我的儿子从小就是最好的朋友。在杰恩的病最终被确诊之后，我和凯伦向杰恩许诺，等她过世后，我们会帮忙照顾乔伊和乔伊的姐妹们。杰恩的确诊，对于孩子们来说，实在是异常沉重的打击，因为就在几年前，孩子们也正是亲眼看着自己深爱的继父因癌症死去的。

在杰恩去世的前一天，她打起精神来跟我打趣，她在离开之前只有一件事放心不下，那就是她的孩子们。孩子们还要继续活下去，可是她却不能相陪了。看着她满脸的悲伤，我实在不知道该说些什么好，唯有紧紧地拥抱她。孩子们看起来都很坚强，他们在忙碌地准备葬礼的过程中，都坚强地把眼泪吞到了肚子里。

在祷告仪式上，我让亚当坐在了乔伊身旁，因为我记得几年前在乔伊继父的祷告仪式上，两个孩子相互慰藉、相互疗伤。那时候，亚当用他的手臂环住他的好朋友乔伊，每当乔伊悄悄落泪的时候，亚当就会紧一下他的胳膊，给乔伊以力量。而这一次，乔伊看起来好多了，他坚强得近乎冷漠。这时候，葬礼开始了，乔伊的一位朋友站起来吹响了长笛。

突然，乔伊蜷缩在椅子上，发出一声悲鸣，仿佛一只受伤的小兽。在我的一生中，还从来没有见过如此纯净的悲伤。看见他哭起来，我赶紧过去搂住他，抚慰他，我的动作有点大，险些把亚当从凳子上挤到地下去。也许乔伊的心脏和大脑"连接"上了我的，因为当我触碰他的时候，悲伤像决堤的洪水般向我涌来，虽然我也为失去挚友而悲伤，但是此刻我感受到的悲伤要比我自己的那份强烈得多。我从来没有在公众面前哭得这么伤心过，但是此刻我却悲伤地不能自已。这使我想起了在非洲时，我曾努力与濒临死亡的黑斑羚感应沟通的情景。乔伊巨大的悲鸣非常强烈，久久折磨着我的内心。

90秒钟过后——90秒钟的时间可以使人的身体将瞬间迸发的强烈洪流和无法抑制的情感消化——乔伊在我的怀抱里慢慢放松了下来，大口大口地呼气，就像是刚跑完一场比赛一样。我一直紧紧地抱着他，此刻我可以感觉到他的身体里流淌着一股平和。这时，有人讲述了杰恩生前的一个故事，乔伊突然大声地纠正了她。然后，一股新的悲伤又席卷而来，我们又一同哭泣起来。整场祷告仪式上，我们差不多都是在哭泣中度过的，就好像帮助女人生孩子一样。

亚当坐在了我身边，我坐在这两个年轻小伙子中间，像往常一样思考着一个问题，是不是他们的意识跟我的不一样呢。猩猩与人类的基因几乎完全一样，但两者的思想世界却完全不同——那条额外染色体会对唐氏综合征患者的观念产生什么样的影响呢？我记得我的编辑朋友贝特西·拉波波特给我讲过她跟一位孤独症作家的谈话，当时她们在讨论紫外线，贝特西想说明蜜蜂可以看见人类看不见的东西。"蜜蜂可以看见花朵上多彩的条纹。"她一边指着一朵淡雅的白色雏菊一边说道。这时，作家问她："你的意思是，你看不到这花上的图案吗？"

坐在亚当和乔伊中间，我开始沉思，他们应该可以在黑暗中看见东西，就像猫一样，他们是怎样做到的呢？是唐氏综合征使他们能在微弱的光下看见红外线的吗？据科学家说，宇宙中，有99.999%的光线是人类所不能看见的。亚当和乔伊是不是可以看见一些我们常人看不见的呢？更重要的是，为什么那些患有唐氏综合征的人被赋予了如此特别的爱呢？难道是唐氏综合征帮他们消除了头脑中分离的幻觉，消除了把我们常人带入黑暗的恐惧幻想？

葬礼之后，来自特殊奥林匹克运动会的朋友们带来了食物，但是亚当已经筋疲力尽了，一心想要回家。等我们上车后，他对我说："妈妈，我没有哭。"

"我知道，宝贝。"我说道，"但是即使哭了也不要紧，再强大的人都会有哭的时候，因为那一定是悲伤到了极点。"

亚当静静地思考了一会儿。然后，他说："哭已经没有那么难了，自从一束光照射进我的心扉，开启了我的心门。"

亚当说得再清晰不过，可是我以为我自己听错了。"你说什么？"我问道，"你刚才是说一束光照进你的心扉，开启了你的心门？"

"是的。"亚当回答道，"那时候我坐在屋里的床上，然后它就照进来了，照在了我的心上，于是我的心就打开了。打那时候开始，万事就都不再那么困难了。"

我们停在红灯下，我盯着他，问道："是什么时候的事？"

"5月10日，"亚当说。而眼下已经是2月份了。

"你是说去年？"

"不，很久以前的事了，我还在上中学的时候。"

绿灯亮了，我静静地开了一会儿车。"我真的非常高兴你把这些告诉我，亚当，"我开口道，"因为我也曾见过这样一束光。你说得对——在它触碰到你的心头之后，万事就都不再像从前么艰难了。"在那一刻，我特别痛恨"领悟"这种陈词滥调的存在，因为这使得一些光荣神圣变得平凡。"但是我不常提起——我不确定有多少人能懂。"我告诉亚当，"我非常高兴你能懂。"

我看到亚当的脸上露出了最灿烂的笑容，他很少这样笑，相信我，这种笑容一定包含着什么意义。我们之间又陷入了沉默。在我把车停到停车场的时候，我突然想起来一件事，也许能给亚当以安慰。

"你知道的，亚当，这束光在我身旁，告诉我它会一直陪伴着我们，尽管我们看不到它。"我知道他能懂我，因为他知道光确实可以跟人们沟通，事实上，也的确如此。但是亚当的反应却令我大吃一惊。

"嗯，我能看见光。"他淡定地回应道。

我惊得下巴都要掉下来了。

"你能看见？"

"当然了。"他回答道。那语气就似乎是对我不能看见光感到惊讶。

"一直都能看见吗？"

"嗯。"

"呃……"我一时之间还没法接受，不得不思考一会儿，"如果是这样的话，你是在哪里看见的？光在你的胸膛里，在你的大脑里，或者在你身旁，或者在天花板上，或者别的什么地方，你是在哪里看到的？"

亚当轻轻地摇了摇头，露出了悲悯慈祥的笑容，就好像一位经验老到的寻路人在教导一个无知的童子军。

"妈妈，"他温柔地说，"到处都看得到。"

我想，他说得对。

找到岛屿

经过在菲利普波利斯小镇那一晚狂野的冥想之后,在场的每个人都开始努力把冥想中的事物变成现实。带着神奇事物的典型性,物理现实缓缓地呈现在了我们接下来的生活中,就如同我们坐在神圣的木舟上,静心于当下无言的世界之中,岛屿主动来迎接我们一样。

我们取得了许多小成果,其中一个就是募捐者们捐赠了大量的金钱,帮助凯特留在菲利普波利斯继续工作。另外,重新帮助跳羚迁徙回来的计划在政治和财务方面也慢慢取得了进展。重建伊甸园的小组人员和菲利普波利斯小镇居民之间的友谊和信任也更加深厚了。来自迪拜的大师也成了医治心灵的专家。各种电影和写作计划——包括你正在阅读的这本书——也从冥想变成了现实(在我这本书之后,博伊德的书也很快就会出版)。

简而言之,踏上这个旅途的所有人一直都在冥想中扬帆航行,摇着船桨,变换着航向,深信风会把我们带到未知的岛屿。这需要时间,这需要冥想,这需要努力,这充满了不可思议。尽管我们走在这个世界上不同城市的不同人行道上,我们依然并且永远会在一起,无时无刻,我们的脚感受得到跳羚的脚步沙沙作响。

放飞你的冥想。奈杰尔·丹尼斯/摄

第九章 问题？什么问题？（用冥想修缮人生）

我和瓦提一家正在露天平台上一边吃着午饭，一边俯瞰马萨瓦河，突然一整个早晨都在房子附近吃草的大象群出现了奇怪的现象，大象们都疯了似的来回冲撞，发出喇叭般的咆哮声，像焦躁的曼哈顿交通。我们几个人趴到露天平台的栏杆上，观看草丛上发生的事情。在一群背上长满了灰色皱纹的大象中，有一头看起来尤其焦躁——它大声地咆哮着。整整五分钟，它们就像一群参加贾斯汀·比伯演唱会的十几岁的小女孩一样持续高声尖叫着。五分钟后，尖叫才停止。几秒钟后，四头母象从草丛缓缓地移动到了我们正前方的空地上。它们紧密地排成了四叶苜蓿形的立体交叉状，慢慢地踱到一边。尽管瓦提一家从露天平台上看到过很多大象，但是他们也还是第一次见到大象有这样的行为。

"等等，"博伊德和布朗温的母亲尚·瓦提指着这四头母象的其中一头说道，"看那头象——她的身体在流血。""血正在沿着它的腿往下流，"博伊德的姐姐布朗温说道，"它在生小象！"

仿佛要印证布朗温的话一样，这四头母象稍稍地分开了。组成四叶苜蓿形中心内侧的腿像柱子一样共同支撑着一个动来动去的小东西，那个小东西看起来就像是一只湿乎乎的小粉猪在外面套了一层柔软的袜子。这头新生的小象太小了，如果没有妈妈和舅妈们的支撑，它根本都站不起来。母象们一边支撑着小象，一边稍稍地移到一边，这样我们就可以看见小象了。我是说，它们移到一边是为了让我们看见小象。我们稍后再详细讨论这一点,先不必想它们这样做的原因。我们充满敬畏地凝望着这位新妈妈慈祥地用身体爱抚着它的宝宝。最后,还是博伊德打破了宁静。

"这,"博伊德若有所思地说道,"是一个新生命。"

事后,我们一边小口啜饮着餐后茶,一边讨论伦多洛里的动物是否意识到了"它们的"人是善良的环保主义者,它们是不是出于答谢才做出这样前所未闻的事情,就像刚刚给一群人展示新生命一样。

"它们一定是在给我们回应。"我说道。

"有时候看起来是这样,"博伊德慎重地说道,"但是这也许只是我们的想象。"

"我们当然是在想象!"我大喊道。我已经沉醉在了小象的爱中,迷迷糊糊地不知身处何时何处。"我们不想象它怎么能发生?"我轻轻地抿了一口茶,努力召回我的理智,"但是,我们可以测试一下,看看这到底只是想象,还是真实的物理现象。"

布朗温点点头,说:"好吧,为什么我们不'召唤'一个动物试试呢?"她说道,"有些事情确实不同寻常,所以如果我们想再见识一次的话,概率会比较小。"

新生的小象。尚·瓦提/摄

"我觉得我们应该召唤独角兽。"我说道。这个提议马上就被当场否决了，因为召唤独角兽需要处女的参与。

"嗯，"尚说道，"召唤一条肥大的巨蟒怎么样？"

"这算不上罕见。"尚的丈夫戴夫说道。

"有了！"布朗温惊呼一声，"野狗！"

大家都鼓掌表示同意。非洲野狗是濒危的物种，也是这片大陆最不容易见到的大型哺乳动物。与家犬的品种不同，它们有着特有的花纹皮，又圆又大的耳朵，又细又长的模特腿。它们狩猎的时候，整个小组配合得相当默契，就连训练有素的专业足球队，我都没见过配合得这么井井有条。野狗是非常特殊的动物，它们异常聪明，让人难以捉摸，但是人类的侵入削减了它们的数量。所以现如今人们很少能再见到它们了。

"在伦多洛里，已经至少十年没有人见过野狗了。"布朗温说道。

"那么，就是野狗了！"我说，"让我们把它们召唤过来。"

戴夫笑了，说："好吧，你召唤野狗的时候，能不能也让天下点雨？整片土地都要干了，森林里一滴水也没有。"

戴夫开着玩笑，就好像我们也在开玩笑一样。即使我还没有完全脱离我的感觉，但是冥想不能只凭狂热的信念，所以本着冥想游戏的精神，我们全部进入了无言的世界，全神贯注地通融，尽我们最大的努力"召唤"野狗和雨水。

然后我们开始进入观察动物的状态。三天来，我们每天早晨都是4点半起床，然后在太阳出来之前就开始外出追踪。到了晚上，我们又熬夜观察大草原的夜晚，看明亮的星空下草原的千变万化（三天以来天空始终万里无云）。我们在午夜时分才去睡觉，几个小时后再次起床动身追踪。我们看到了各种各样的动物，几乎每一种非洲野兽——除了猎狗——我们都进行过无数次的近距离观察。唉，好吧，我想。我从来也没想真能见到它们。

一直到我离开伦多洛里的前一个晚上，大家都已经憔悴又疲惫。也难怪，一天只睡几个小时，剩下的时间都在灌木丛里追踪，我们的身体实在吃不消了。

"那么，"在我们相互说晚安的时候，博伊德说道，"明早4点半见喽？"他的声音像黏稠的糖浆拂过心头。他仿佛是从真实的毒瘾纪录片里走出来的一样。一时间，我进入了寻找野狗的模式，还像一位妈妈一样为我朋友的健康担心。这时，我突然想起：我们在过去这几天里一直都没有进入过融通的世界。因为融通就是爱，我们已经好多天没有好好爱护自己了。我们把身体弄得疲惫不堪。

"不，"我回答道，"明天我们要睡个懒觉。"

其他人想抗议，但是他们实在太虚弱了。我身体的另一部分还在垂死挣扎，它在对我说："等一下！我只剩下一次看见野狗的机会了。"但是我的身体里充斥着挣扎和疲惫的不和谐思想。当我回归到"期望什么发生"的状态时，我意识到最慈悲友爱的选择就是让我们的身体好好睡一觉。于是我们好好地去睡觉了，睡了很久。

第二天早晨，我在10点左右才醒来，在经过这场充足的睡眠之后，我身体里的每一个细胞都欢快了起来。我又重新找回了健康的状态。我还感受到了融通，就像多日来备受静电干扰，信号薄弱的无线电信号重新强大、清晰了起来。我收拾好了背包，跟瓦提一家拥抱告别。朋友开着路虎把我送到了伦多洛里的小飞机场，我坐上了飞回约翰内斯堡的小型飞机。就在我系紧安全带的时候，飞行员对我们说："请大家系好安全带。我们需要立即起飞，以防天气发生变化。"飞行员说完，我才注意到高耸的积雨云正在天空翻滚。就在飞机起飞的那一刻，果然下雨了。然后，就在距离我几公里远的地方，追踪者们看到了一群野狗奔跑在伦多洛里这片土地上，这是十几年来的第一次。

用冥想解决问题

这段经历，还有本书中提到的其他关于"召唤狂野新世界"的经历，都是用冥想来影响现实世界的实例。但这并不是一个随随便便的练习，不是说你渴望什么，然后就让天上马上就掉下来什么。我和我的朋友们可是在现实世界中使出了全身解数，此外，我们还要评估对神奇之术的使用方法是否得当，并对错误的使用方法加以改正。

当修缮者使用思想和身体创建冥想中的事物之时，我们的神奇之术就融入了理性主义的生活方式之中，我们称之为"解决问题"。理性主义者把它看成纯粹的逻辑过程。新时代的人常常以为他们可以施魔法般地将问题解决，但是他们不使用无言或融通。然而，他们并没有立刻"得到"想象中的劳力士手表和阿玛尼礼服，反而最终的结果往往是借酒消愁，喝得酩酊大醉。

在所有文化背景中，无论是伟大的科学家、工程师，还是社会上的商人、传统寻路人，最具天赋的问题解决者始终是使用冥想这种特殊的方法来解决问题的。这对于寻常人来说是一种不太常见的方法，但是对于寻路人来说却再熟悉不过。他们并不是简简单单地用冥想踢开路上的绊脚石，实际上，他们是通过寻找特殊的问题以激发自己的冥想（就像我和我的朋友们决定寻找野狗一样）。经验丰富的修缮者享受大多数人口中的"问题"，把它们当做所有好想法的基石，所有灵感的源泉。这一章就是要帮助你像他们一样使用你的冥想之术。

用问题放飞你的冥想，用冥想解决你的问题

解决问题需要四个步骤。这里不是指通过寻常的想象解决，而是指要像创意设计师、神秘主义者、科学家、治愈者和空想家那样，深深地投入神奇的冥想之术中。

1.把自己深深地根植于无言和融通之中。大多数人正是因为做不到这一点，所以才在企图"得到"期望的结果时不了了之。

2.确认一下问题是不是真的在现实的国度里存在，还是纯粹属于你自己想象出来的，或者是既包含想象因素，又包含现实因素。

3.用冥想解决你想象出来的问题。忽视掉那些物理"解决方案"，因为那些所谓的"解决方案"根本解决不了现实生存环境中（想象的国度）的问题，所以才很长时间都没有成效。

4.把问题现实的一面清除，如果存在的话。

在你阅读这一章的时候，你可以用自己遇到的问题进行上述四个步骤的练习。现在，想出一个你正在面临的困难——建议你选择一个你经常遇到的、好长时间都令你头疼不已的顽固型问题。把这个问题写下来：

现在，轻轻地带着你的问题，根据下面的提示，展开你的冥想。

步骤一：进入无言和融通

在这本书中，从第一章或第二章中任意挑选一种方法，或者其他能进入无言和融通的方法，选什么方法都可以，只要能对你起作用就好。当你进入无言的世界时，你坚信的问题也许会变得模糊，这并不是巧合。

步骤二：确认你的问题是想象，是现实，还是两者皆而有

假装你的身边有一个友好的动物（如果你恰好真跟狗、猫、羊或大象坐在一起，那就更好了）。想一下你在上文的横线上写下的问题。这里有一个测试：你能把你的问题讲给动物听，让它也相信你确实面临着一个问题吗？

如果你不能，那么这个问题就纯粹是你自己想象出来的。

等等！在你向我发火之前，请听我说完。我不是说你的问题不是真的，你的问题是真的，没错。这是我们在先前章节所讲述的重点。你破碎的心；你多余的50斤体重；你的信用卡债务；摘抄电影《音乐之声》里的台词不断给你发莫名其妙的爱情短信的纠缠者——总而言之，你所有的问题都是真的，跟死亡和税收一样真实。但是除非你真的能把这些现在就展现出来，说给你面前不能说话的动物听，否则在这一时刻，在你身处的这一现实场所，它们对你而言就不是真的。它们只是像故事一样存在于你的想象之中。

　　许多确实包含现实因素的问题，动物是可以察觉到的。在我们痛苦之时，比如内德·罗杰斯（参照第六章），动物常常是知道的，它们的表情中会透漏出忧虑，就像猴子凯西一样。如果莫名其妙纠缠你的人走进屋子，狗、猫或大象（我不确定羊会不会这样）会立即觉察到这个不稳定生物，恰合时宜地机警起来。但如果你正在担心未来某天的灾难，心生怨恨，沉浸于自怨自艾，那么祝你跟你的巴吉度猎犬以及会说话的鹦鹉沟通愉快。因为它们恰好没有对这种"问题"的想象力。

　　请记得，普通的想象与真正的冥想是不同的。普通的想象滋生了我们所有假象的问题，而真正的冥想却时刻处于无言的世界之中，因此那里没有伤痛。你可以检测出来，通过观察此刻的思想对你是具有伤害性的还是治愈性的就可以。任何未引起身体疼痛并且不能让你的小兔子感同身受的"问题"都是消极想象的产物。不是说它不是真的，而是说它只存在于你的脑海里。把它从你的脑海中释放出来后，"问题"自会消失。

　　我的许多客户听到我这样说后都大为恼火，因为按我的说法他们的问题都是假想出来的。所以，让我先来讲述一段我的经历，我也曾在自己假想出来的困境中备受折磨。以下是一些我假想出来的问题，它们一度主导着我的整个内心世界：感觉自己在这个世界上踽踽独行；讨厌我身体的每个部分；认为我爱的人都不再爱我了，并为此悲伤不已；觉得连上帝都厌恶自己；担心自己患上了什么不治之症；为我儿子的残疾感到痛心；害怕有一天飞机会从天而降，带走我或我爱的人；要做的事情太多，无从下手；明白我看见的日光之下所做的一切事，都是虚空，都是捕风。好吧，这句话是我从《传道书》（译者注：《圣经旧约》中的一卷）中剽窃而来的，但是相信我，亲爱的：我经历过，感受过。

在我刚才所提到的每个例子里，我都曾相信这些问题在客观现实中是真实存在的，并不是我单纯的假想。然而，我错了，这些为我带来所有苦痛的消极想法——这些问题——完全只存在于思想的国度里。以下是两组对比，一组是我的真实物理现状，一组是我假想出来的问题(表一)。

表一

状况（发生的）	问题（有害的）
在我刚成年的时候，我在情感上非常不成熟，没有经历过任何强烈的积极情感连接。	"我在这个世界上无比孤独。"
我的身体从来没有按照正常的样子生长，我已经因为慢性疼痛残疾多年。	"我的身体是可怕可憎的怪兽。"
许多我深爱的人跟我的联系再不像往日般频繁。	"我失去了我深爱的人。"
在我的前30年里，我一直被强烈灌输的思想是，上帝是一个自大狂，他掌握着人类的生杀大权，如果我脱离我的原始宗教，那么他就永永远远也不会原谅我。	"上帝厌恶我。"
我有许多身体症状和身体缺陷，多年来没有一个人能与我感同身受。	"我被可怕的苦难折磨得要死。"
我儿子的每一个细胞里都有一条额外染色体，他身和心都存在障碍。	"我儿子的一生都要毁了，我是一个失败的母亲。"
飞机有时会坠毁，但我和我爱的人时不时需要乘坐飞机。	"我们/我/他们会在过度恐惧中死去！"
生命中要完成许多必要的任务，帮我过上我想过的生活。	"要做的事情太多，无从下手。"
许多人类的行为看起来似乎完全没有意义，因为我们终究逃不过死亡。	"一切都是虚空，都是捕风。"

可能你也想写下来导致你的问题的状况，就像我让你在上面写下来的问题一样。那么，请在下面的空白处填写：

状况（发生的）	问题（有害的）

如果你在填写的过程中遇到了阻碍，那么我得承认，这确实有些刁钻。在做这个练习的时候，我让你进入无言的世界，达到融通。如果你真的深入地进入了以上状态中，你可能就没法填写上面的表格。因为从无言的角度来看，我们在无言的世界里都是融通的，大多数问题其实都是不存在的。如果你现在连一个困扰自己的现实问题都想不出来，那么我们还有额外的练习。让我们继续进入问题解决的第三个环节。

步骤三：在冥想的国度解决假想的问题

我的搭档凯伦是一位社会工作学教授，她供职于亚利桑那州立大学公共服务学院。有一天，另外一位教授在校对授权申请的过程中，发现凯伦的个人简历里出现了一处拼写错误。凯伦的简历上写着"阴毛（pubic）项目学院"，尽管"阴毛项目"比"公共（public）服务"听起来有意思多了（唯一研究热蜡脱毛的研讨班肯定令人兴奋），但却是不正确的。

假如遇到这样的问题，你会怎么做？可能就跟凯伦做的一样：笑一下，脸红了，然后跑到计算机前面修改错误。你不会打印出来一大批简历，然后费劲巴力地拿着修正液和钢笔一张一张地进行修改，或者打电话给管理员，告诉他："你看见我的简历上有个地方写着我在阴部项目学院工作了吗？那是我打错了。应该是'公共服务'。你能帮我在Pubic中间加个'l'吗？不好意思，是我的错。"

冥想就相当于我们在能量的网络里输入程序，形成新的思想、行动和目标。大多数人编写的是有纰漏的冥想程序，然后大量地如法炮制，一次又一次地"印刷错误"，保存着一些不能带来有效行为和幸福的信仰。我们非但没有把印刷错误之处在自己的思想里找出来并加以改正，反而费劲巴力地在数十个"有问题的"相同现实场景里不停地修改这该死的同一个错误。就好比，我们不改变计算机程序，却等在打印机旁，每打印出来一张纸，就手动修改一次错误。这是我们的文化思维方式中一个关键性问题，值得我们用更多的例子来讨论。

我认识一位美丽温柔的女人，她叫做埃里卡，她嫁给了一个比她老的富翁，这个富翁还有三个魁梧高大的儿子。但是后来，埃里卡的丈夫为了另一个比她年轻、温柔而美丽的女人抛弃了她。埃里卡需要金钱和陪伴，所以她又开始寻找另一个富有的丈夫。她把这作为问题解决的策略，并对此毫不隐瞒。她最终嫁给了一位非常富有且幽默风趣的男人。"如果他死了，我会得到些许解脱。"埃里卡坦然地告诉我，"跟他一起生活并不是一件容易的事。"最后，埃里卡的第二任丈夫去世了，留给她一小笔财富。但是五年之后，她的资金就开始短缺。"我正在想办法解决这个问题。"我最后一次见到她的时候她对我说，"你认识什么有钱的男人吗？"

艾伦的问题是，虽然在为老板工作时表现得非常出色，但是他却从来都得不到相应的信任和报酬。到50岁生日为止，他已经换过六次工作了，每到一家新公司，他都是从最基层做起，但是每到发奖金和提升的时候，总是没他的事。"我还是找不到合适的公司，"他告诉我，"怎么美国公司里的人都那么蠢？"

辛迪是一位创造性思维丰富的作家，她不仅能写优美的诗歌和散文，还对网络营销有着天才的头脑。她曾经把她的所有想法都说给其他作家和出版社听，希望他们能帮助她，使她的事业取得进展。但是每一次，其他人都会窃取辛迪的想法，建立网站，并且按照她的创意推广营销，却不给她任何事业上的帮助和金钱上的酬劳。

格雷格是一位幽默潇洒、正直聪明的成功男人，就是那种你们认为女人会为之"趋之若鹜"的男人。但是虽然他的朋友们都结婚了，有了自己的家庭，格雷格却始终连一个长期固定的女友都没有。他很少约会，而且每当朋友们给他介绍合适的女人时，他总是觉得这些女人很讨厌。"我所约会过的每一个单身女人，在第一次见面的时候总是会做一些让我受不了的事情。"他告诉我，"为什么我的运气就差到这种程度呢？"

两个词：公共服务。

以上这些人在给大脑计算机输入程序的时候都犯了上文"公共服务"的打印错误，所以错误被一次又一次地打印出来，在现实情景中不断重复。他们都花费了大量的时间和精力试图通过改变现实状况来改变想象中的问题，从计算机里打印出犯有同样错误的纸张，一张一张地手动修改。如果你也陷入了同样的问题，那么要知道，那是因为在你的想象中，你的实际大脑模式中存在打印错误。找出错误的代码，并改正过来，实际问题就会消失。在这一过程中，你会从导致问题的狭隘想象中解放思想，然后像修缮者一样开启治愈性的冥想。

发现实际问题背后的想象纰漏

就像凯伦一样，她有她火眼金睛的同事帮她发现简历中的纰漏，你也有你得力的校对人员不断为你指出你用想象输入的程序中的打印错误。你的潜意识思维，也就是机警微妙的无言自我，正是专门用来发现纰漏的，能促进你注意并且改正思想中的问题。所以潜意识思维是你唯一的维修所。你的校对人员对错误代码标记的符号是一盏霓虹灯，这盏明亮的照明设备会一直对你说："在这里，你的人生一团糟。"

我和我的人生导师总是习惯在上课之前先问客户们一个问题："当前你对自己的生活最不满意的地方是什么？"我的确还有一些更可爱的导师，他们在开课之前会先喊出简短的话语："现在，什么最糟糕？"对一些人来说，最不满意的地方是充满恐惧、愤怒和绝望的泥潭。对于另一些在想象中很少出现纰漏的人，"最不满意"意味着在他们快乐的生活里，稍稍平淡的地方。上文提到的四个例子的主人公就陷入了中等程度的糟糕局面之中。埃里卡担心的是钱不够花；艾伦觉得工作得到的报酬太低；辛迪厌恶别人剽窃她的思路；格雷格找不到一位浪漫的伴侣。

在让这些人去现实世界中做出艰苦努力并得以改变之前，一位好的导师会帮你在大脑中找出导致一次又一次出现相同失误的打印错误。这样做的方法是，根据你所经历的痛苦，找到想象程序中的错误之处，从这里可以看出，你的想象是一个不堪一击的冒名顶替者，让你忽视了你作为寻路人的真正冥想。让我们现在就用你的实际问题试一试。在下列横线上写下你对于下列问题的答案。

1.在想到你面临的问题的时候，你的身体上出现了什么样的感觉？

_____

2.你身体的哪个部位会对这个问题产生实实在在的感觉？

_____

3.你怎样形容这种感觉？是强烈的、紧张的、窒息的、麻木的，还是痒痒的？它有多大？是什么颜色的？什么形状的？

_____

4.形容一下你产生这种感觉时的情绪。如果让你在"发疯"、"悲伤"、"高兴"或"害怕"这四种情绪中选一个，你选择哪一个？（可以多选）

_____

5.让这种感觉填满你的意识，别进行任何抵抗，随它自由地去。现在找出一个与这种感觉相关的想法。如果你集中精力的话，你会"听见"内心的想法。这时候许多想法可能会一起出现：找出跟最痛苦的感觉相关的那个。写下伴随这种可怕的感觉一同出现的最恐惧、最沮丧或者最愤怒的想法。

_____

祝贺你！你刚刚成功地在你的想象网络里避开了错误的代码。你的想象如此强大——尽管还没达到寻路人神奇的冥想状态，以至于每个现实状态都精确无比，再也不会出现一大堆像"阴毛项目"那样的该死的错误。如果不先在无形的想象国度里解决问题的根本，那么再怎么努力，在有形的世界里解决重复性问题也无济于事。这就是为什么虽然无言与融通的神奇之术看起来"毫不起眼"，但是比起试图在现实世界中创造出不可思议的奇迹来讲，这两项神奇之术要有效得多的原因。

在别人的身上很容易看到这一点，比如，埃里卡、艾伦、辛迪以及格雷格，但是在自己身上就没这么容易了。在经过上文的练习后，他们几个人找到了大脑中的纰漏。埃里卡最痛苦的思想是"我唯一的价值就是别人对我的性需求"；对于艾伦来说，他最痛苦的是"我永远也得不到我应得的尊重"；辛迪的错误代码是"我的创造力丰富，但是我不会做生意"；格雷格的思想误区是"我不能相信任何人"。

所有这些人——包括你和我——都因为经历过痛苦的经历，所以在大脑的网络程序里输入了错误的程序补丁。人无完人，我们的父母也犯过错误，我们都经历着各种各样的创伤和失去。但是我在这里要讨论的不是这些经历，因为在我们的能量代码里造成这些打印错误的经历虽然有趣，但却不重要，而且有很多都没有太大意义。对我们来说，最重要、最有意义的是把这些错误代码修改过来。

改正冥想中的错误代码

要想改正导致问题产生的错误程序，就得通过无言的状态观察这个世界，然后替换隐藏在糟糕状况背后的思想。这可以帮你进入融通的世界，从而迅速彻底地清除你生活中大部分虎头蛇尾的问题。对我而言，与这些花费大量时间练习神奇之术的人在一起时最美妙之处在于，我们在解决问题或检查错误的过程中，几乎没有一点伪装，没有一份无用之功，有的只是共享的欢喜。

为了给你更清楚地展示出来，请回想一下我前面提到的假想问题，也就是那些给我的生活带来狂风暴雨的问题。你已经看到了在我所描述的各种生活状况下，我的思想代码是如何引发我生活中的问题的。既然这样，那再来看一看我从无言和融通的角度是如何看待同样的生活状况的（表二）。

表二

状况（同以前一样）	从无言和融通的角度看问题
在我刚成年的时候，我在情感上非常不成熟，没有经历过任何强烈的积极情感连接。	我的一生都被爱包围。事实上，我就是爱的产物，就像其他事物一样。孤独只是幻觉，不可能存在。
我的身体从来没有按照正常的样子生长，我已经因为慢性疼痛残疾多年。	我暂时寄生于一个神奇的动物体内，它乐于吃苦，我乐于跟它学习。
许多我深爱的人跟我的联系再不像往日般频繁。	零零星星的爱会在爱的海洋里短暂漂离，就像一场优雅的舞蹈。
在我的前30年里，我一直被强烈灌输的思想是，上帝是一个自大狂，他掌握着人类的生杀大权，如果我脱离我的原始宗教，那么他就永永远远也不会原谅我。	什么？
我有许多身体症状和身体缺陷，多年来没有一个人能与我感同身受。	我所经历的苦痛让我更加懂得要珍惜生活中弥足珍贵的快乐。
我儿子的每一个细胞里都有一条额外染色体，他身和心都存在障碍。	我正在跟一位精神导师生活在一起。如果你不同意我的看法，那么我会恭敬地告诉你，我不在乎。
飞机有时会坠毁，但我和我爱的人时不时需要乘坐飞机。	哦，看，飞机。
生命中要完成许多不可或缺的任务，帮我过上我想过的生活。	我来了，先做哪一个？
许多人类的行为看起来似乎完全没有意义，因为我们终究逃不过死亡。	我们在玩一场多么神奇、精彩的游戏啊！

当然，我也不是总这样看待问题，只是有时我实在不愿意再痛苦下

去。我不是在说我对于融通的看法就是百分百正确的。这只是一种不带疼痛地冥想现实的方法，是思维的治愈站，消除把各种状况都视为痛苦的问题的思维。当我在冥想中选择相信我对融通的观点是正确的时候，我看待任何事情的眼光都更友善、更健康，我做任何事情也都更快乐、更高效，不管是整理床铺还是生活，我都越做越好。

只是出于实验的目的，如果在你的冥想里，融通是对现实的精确诠释，那么你又会怎样看待你的问题？重新写下你的问题状况，然后当你用上述方法冥想的时候发现它再次出现时，把它抓住。

状况（发生着的）	从无言和融通的角度看问题

当埃里卡、艾伦、辛迪和格雷格进入无言的世界，与融通相连时，他们的问题就都毫无疑问地消失了。当埃里卡以暹罗猫的视角冥想自己的时候，她突破了自我。在这只猫眼里，埃里卡并不是一位孤苦伶仃、日渐衰老的做爱对象，她是一位强大、富有的人，拥有无数个兴旺发达的机会。随着埃里卡越来越相信也许自己真的是冥想中的这样，她发现了自己敏锐的投资眼光足以在金融方面发展出一番事业。她还制定了一些优秀的个人投资策略，重新建立了个人财富，再也不需要重复一场劳神费心的痛苦婚姻。

艾伦通过游戏进入了无言的世界，他把爱投入了工作当中，把工作当成了一场游戏，不再怨恨地认为公司的管理有多不好，他现在享受工作的每一刻。通过更注重自己的能力，他很快就赢得了一个人的尊重，这个人决定了他所有的社交活动，这个人就是：他自己。他开始冥想自己真是酷毙了，正如无言的世界中的自己看到的那样。他的行为变得更加自信和从容，他的同事们对他越来越友好，老板也开始对他越来越器重。

作家辛迪也进入了安静的观察模式，然后她发现自己的直觉非常敏锐。她能感觉到有一股情感能量在她与她希望帮她创立事业的人之间传递。她不再沉浸于妄自菲薄之中，开始机警地观望，她发现自己的能量太弱，她想与之合作的人甚至都感受不到她的能量。她不善于传递，所以对方回以失望，他们认为辛迪不是良好的合作人选。辛迪开始进入冥想，自己的工作具有很高的需求量，于是她发出了更多热情的能量，很快她就被一家有名的文学网站看中，网站邀请她为其写博客。

　　格雷格发现自己在所有的约会中都强烈地将自己排斥在了融通之外。他在可怕的童年时期给大脑输入了"我不能相信任何人"的程序代码，并在与人——特别是女人——初次见面的时候就发出强烈的恐惧信号，就像强烈的排斥力场。在格雷格终于放心地跟喜林芋（译者注：一种植物，产于热带美洲）连接之前，他花费了大量的时间待在无言的世界里，冥想出一个安全的新世界。他跟植物都如此，更别说女人了。他练习跟植物达到融通，进而跟动物，并在爱和接受中重新冥想。最终的结果表明，他们相处得非常融洽。格雷格收养了一只杂交的小狗。几年后，格雷格幸福地恋爱了，他爱上了一位在狗狗公园邂逅的小组成员。

　　这几个圆满的结局并不只是针对这一个类型的问题—劳永逸的解决方案。如果人们可以冥想出一个充满和平和连接的现实世界，修改自己的思维程序，那么巧妙的解决方案就开始出现在他们的生活当中。当他们更正了导致问题出现的错误代码之后，"阴毛项目"就会在数百种情况下自发变成"公共服务"。其他导致可怕的问题出现的状况会迅速消失，并且再也不会出现。

　　如果你认为这是因为这些问题都算不上什么大问题，那么请想一下，也有一些人生活在困难重重的环境当中，却一直跟无言和融通的世界保持着沟通，并且时刻冥想各种状况中的问题都已经得到解决。我已经在前文中提到过昂山素季和伊马库莱·伊利巴吉萨两位女性，尽管她们深爱的亲人和朋友被人谋杀，她们自己的生命也时不时受到威胁，但是她们却一直以这种方式生活着。精神导师拜伦·凯蒂喜欢说："当我走在人群中的时候,我确知世界上的每个人都很爱我,只是我并不期待每个人都能意识到这一点。"从她深深根植在融通的世界里的快乐就可以看出,她的感觉几乎坚不可摧。她是在冥想什么吗?她当然是——她在冥想所有治愈性的东西,而且这对她很管用。

所有在现实世界中寻找问题的人,改变都很小,都较最理想的状况相去甚远。他们在生病的时候看医生;在寒冷的时候喝热汤;给遭受苦难的人鼓励和支持;以和平和正义的名义组织大规模的社会运动。冥想中的无言和融通状态不是懒惰和麻痹的。它能解决现实世界中的所有问题——这就是它最乐此不疲的游戏。让我们进入步骤四。

步骤四:清除问题的现实因素

在我的朋友杰恩快要去世的时候,她的狗狗山姆似乎能深切地感受到她的痛苦。每当杰恩感到恐惧和悲伤或者身体疼痛的时候,山姆都会不顾一切地坚持越过管子和栏杆,爬到她的病床上,用身体抚摸她。山姆把头放在杰恩的大腿上,想躺在她身边,让她更舒服些。最有意思的是,山姆也患有癌症。但是因为没有人类的想象力,他并没有把癌症看成是一个问题。对于它来说,唯一的问题就是"杰恩不舒服"。其实,如果努力加强身体锻炼,保持良好的心态,癌症也不是完全不能解决的问题,或者至少病情可以缓解。山姆都可以舔杰恩的手,但是我们人类,创造了各种伟大发明的人类,却只能给她输入药液、抗生素和吗啡。

还有一种对当前问题的简化解决法,那就是身体行动,这一点我已经在开篇一章《一辈子做女孩》中生动地解释过了。很多个夜晚里,伊丽莎白·吉尔伯特跪在浴室的地板上哭泣。她面临着大部分人眼中的重大问题:她陷入了一段外表光鲜亮丽的生活和婚姻之中——丈夫、房子、要宝宝的计划,但是她却想从这种生活中挣脱出来。她不断地洗刷着自己的头脑和心灵,寻找着解决方法,但却一点作用都不起。最后,在绝望之下,她选择了祈祷。

祈祷者通常都只会翻来覆去地说一句话："请告诉我该怎么办。"我不知道我祈求过了多少次，我只知道我仿佛一位祈求生命的人一般虔诚……

　　然后我听到一个声音……我该怎样描述这如亲人般温暖的声音呢？这个声音把我永远尘封在了神圣的信仰里。

　　这个声音在对我说：回床上睡觉，莉兹。

　　我如释重负般叹了口气。

　　很显然，这是我现在唯一能做的事情。我也不会接受任何其他回答。我不相信伟大的神会用洪亮的声音告诉我："你必须和你的丈夫离婚！"或者"你绝对不能跟你的丈夫离婚！"因为这不是真正的智慧。真正的智慧是在任何特定的时刻，都只能给出唯一可能实现的答案。

　　这就是亲爱的老山姆给予杰恩的东西，一些能够被动物完全理解的东西。这个东西结合了三种神奇之术的力量——无言、融通和解决真正现实问题的冥想。吉尔伯特的故事还在继续进行着，她周游了世界，通过追寻真正寻路人的道路，改善了生活状况，解决了情感痛苦。随着冥想中大的问题的解决，她再也没有遇到过解决不了的现实问题，她通过最简单的物理措施，比如吃饭、祈祷和爱，就轻松化解了一切。她的书名总结了一个完整的问题解决方案，对整个人类生活都起着借鉴作用。

　　考虑一下你在上文的空白处写下的实际问题。从某些方面来讲，此时此刻它是否在你期望的物理现实和你当前所处的物理现实之间拉开了一道鸿沟？请记住，这里不包括假想，比如"我需要钱"，除非此刻你很迫切地需要购买一个你十分渴求的东西，否则这个问题就是属于假想。当前真正的实际问题其实是简单的。一匹马都可以知晓解决方案，一只猫或食蚁兽也可以知道如何解决问题。如果你冷，那就去找个温暖的地方，加一件毛衣，找一条毯子；如果你很孤独，那么去拥抱一个人，或者阅读别人摆脱孤独的方法；如果你身处痛苦之中，那么放松身心，并且采取任何可以采取的物理方法，比如杰恩摆脱痛苦的方法是使用吗啡。

简而言之，回床上睡觉，亲爱的。

一旦你为了自己此刻的身体舒服一点，把能做的都做了，那么你就已经深深地扎根在了无言和融通之中，在那里，你没有不满的情绪，你可以充分发挥你的冥想，比如创造一大笔财富、消除社会不公，或者拯救这个世界。事实上，在你表现出自己的真如本性的时候，你自然就会这样做——寻路过程中的冥想可以通向更远的远方，比你相对浅薄的思想能想到的还要远得多。

用自由的冥想来解决问题，赶走恐慌的气氛，带来更强大的游戏能量。我喜欢称它为"谜题的破解"，因为它出发的视角就注定了"问题"会发生的概率很小。接下来的章节全都是关于如何使用冥想来破解谜题的。但是在我们进入下一章之前，我必须承认如果把自由的冥想与身和心的努力相结合，共同针对同一个"问题"，就常常会创造出奇迹。我不知道为什么，我只是见过许许多多难以名状的事情在这样的情况下发生了，如果我不说出来的话，我就是在撒谎。如果你开始从平和空旷的无言和融通的世界里进行冥想了，那么你将看到现实世界正好沿着你冥想的轨迹发生着改变。

用寻路人的冥想彻底清除现实问题

我童年发生的一些事情在当时看来是无稽之谈，但是现在已经被医学界所广泛接受，让我们先来看一看：我们的想象力会影响我们的身体。我们思考的方式会重塑大脑组织，并极大地改变我们的身体健康状况，但是并没有人知道这究竟是为什么。我们知道我们可以因为担心和焦虑引发疾病，可以因为压力过大损害荷尔蒙。我们也可以冥想自己一切都好，在一定程度上来讲，研究人员才刚刚对此有所了解。

比如，最近有一项关于肠道易激综合征患者的实验，在实验中，有65%的患者服用安慰剂，另外35%的患者未服用任何药物，结果显示，服用者的症状较未服用者有所改善。这还是在医生一直告诉患者他们正在服用着安慰剂的情况下发生的。他们的药片吃完了才发现一直吃的原来是糖，于是这些患者的病症又复发了，就好像他们停止服用了真正的药物一样。有些患者最后跑到保健食品商店，买了一些见鬼的药片，或者干脆买了一些一点药效都没有的营养保健品，开始服用这些东西。然后，他们的症状又改善了。帮助他们冥想出自己的身体组织恢复健康的不是别的，其实只是吃药的行为。

此外还有一项实验，实验邀请一些上了年纪的老人，让他们想象自己回到了从前的时光，周遭的一切都是20世纪上半叶的模样，听到的广播也都是那个年代的，而且不得使用或讨论1950年后的一切。在实验结束之后，这些实验对象变得更年轻了：他们拥有了更强的免疫功能、更好的感官知觉、更大的握力（这是因为他们的手指更长了）。

不幸的是，这项实验发生在20世纪90年代，而我现在正住在由20世纪80年代的材料制成的混凝土堡垒里，拒绝谈论任何关于里根总统执政时期以后的事情，所以我于此不能再进行过多讨论。而且我巨大的肩垫和庞大的发饰也使得我打字非常困难。我的意思是，在我们还没有在现实世界里发明一个对象或做一件事情之前，我们通过冥想书写进脑海的代码已经开始从纯粹幻想的现实中渗透出来，在我们的血肉之躯里创造新的现实篇章。

不仅是我们的身体，我们的关系、事业，还有其他"问题性"状况也会经常随着我们对这个世界的重新冥想而在潜移默化中发生改变。随着对前三种神奇之术的使用越来越频繁，我们的行为开始变得不同，有时候是在不知不觉中，有时候我们可以察觉得到。没有冥想解决不了的事情，也许这是能量网络的功劳，我们的生活开始自我修复。下面是我从机械地想象转换成了像修缮者一样冥想这个世界之时，我自己的"问题"发生的改变（表三）。

表三

状况（发生的）	重新冥想世界后自发的物理变化
在我刚成年的时候，我在情感上非常不成熟，没有经历过任何强烈的积极情感连接。	我的生命里到处都是我崇拜的人，我从他们身上也看到了他们对我的崇拜。
我的身体从来没有按照正常的样子生长，我已经因为慢性疼痛残疾多年。	我开始享受我的身体。然后，像过度肥胖和过度痛苦这样的慢性疾病都消失了。
许多我深爱的人跟我的联系再不像往日般频繁。	一想到我们的情谊时时与我爱的人相伴，我就觉得生命充满了爱和快乐。
在我的前30年里，我一直被强烈灌输的思想是，上帝是一个自大狂，他掌握着人类的生杀大权，如果我脱离我的原始宗教，那么他就永永远远也不会原谅我。	我几乎时刻都能感受到仁慈的上帝赐予我无限的眷爱。
我有许多身体症状和身体缺陷，多年来没有一个人能与我感同身受。	尽管我被确诊有好几个不治之症，但是我的这些症状都在慢慢好转。
我儿子的每一个细胞里都有一条额外染色体，他身和心都存在障碍。	亚当给我带来了无限的快乐，正是因为他，我写了一本书，而这本书开启了我的职业生涯。
飞机有时会坠毁，但我和我爱的人时不时需要乘坐飞机。	我喜欢飞行。
生命中要完成许多不可或缺的任务，帮我过上我想过的生活。	如果我顺应自己的心做事，每件事都会出现神奇的结果。
许多人类的行为看起来似乎完全没有意义，因为我们终究逃不过死亡。	我喜欢人生这场游戏，我对死亡毫无畏惧。

你可能也想试着以一个寻路人的冥想来勾画自己的生活，看看生活会呈现给你什么。根据我在自己生活中观察到的，以及上百位教练和上千名

客户所反映的,我推断出当你使用三种神奇之术时,不管是慢性的胃灼热还是伤心的往事,每一个"问题"都会发生改变、融化,然后向着你乐见其成的方向发展。

如果你坚持一段时间,事情就会变得很神奇,出乎你的意料,就像在伦多洛里时,我和我的朋友最终在无言和融通的世界冥想后召唤来的结果一样。单靠我们的身体行为同时召唤来雨和野狗是不可能的。你可以把这看成是一种巧合,但这得是一个多么大的巧合啊!让你自己的身体和思想对冥想作出回应是一回事,但是看到遥远的物理现实也对你的冥想作出回应却又是另一回事。

当事情变得怪异

当你每天的想象变成了寻路人的冥想后,那么你就会感觉自己仿佛成了魔法师的学徒:你能冥想出的一切都开始出现在你的实际生活中。然后,不同于警世故事中的学徒,你不会滥用你的权力,因为任何贪婪和占有欲都来自于普通的想象,而非冥想,而且这种权力的能量非常有限。只有爱才能施展真正的魔法,创造真正的奇迹。如果我和瓦提一家一直强迫野狗和雨出现,那么我们最终一定会一无所获。只有在我们找回了自己的慈悲之心后,我们的冥想才能成为现实。

我以为召唤动物的实验失败了,因为我没有等来野狗出现在伦多洛里的那一天。但是在我回程的那天,以及之后的数月里,我发现动物们做出了更多奇异的事情,超出了我们的冥想。出现在伦多洛里的这群野狗停止了以往游牧的生活,反而在这里建造了一个巢穴,繁衍后代,这一举动对它们来讲可真不可谓不稀奇。

"拜托,能载我去看一下野狗们的巢穴吗?"我向朋友们祈求。我知道我们是不会看到野狗的,野狗的行动向来神秘,几乎从来没有人有机会好好观察过它们。我只是想看看它们留下的踪迹,这就已经像见到它们的真身一样令我激动了。所以一直乐于助人的博伊德和布朗温带我去了废弃的白蚁丘——野狗的藏身之处。

我们刚把路虎停下，两只长满斑点的小动物就从巢里爬了出来，带着小狗特有的笑容对着我们微笑，好像在迎接我们的到来一样。然后，一只接着一只，五只小狗崽从白蚁丘中出来，就在离我们几步远的地方玩了起来。成年野狗们躺在一旁观看，脸上充满了满足和惬意。伦多洛里的动物又一次做出了奇异之举，信赖我们就像是信赖它们在宇宙中最珍贵的宝贝：它们的宝宝。我呆呆地站在那里，内心充满了感激，我不禁再次怀疑眼前发生的一切是否是真的。如果不是——如果这只是我脑海中的梦境，那我只想说，我再也不愿意离开冥想的国度。

冥想这幅图。比格斯托克/摄

第十章 用冥想破解谜题

伦多洛里小镇上没有一把钥匙——它们似乎都不知道被扔到哪里去了，但是每次我来到这里的时候，客人的小屋外面都有精巧别致的锁，至少外面那道门会上锁。至于里面的那道门，总是加一道简单的滑动螺栓，但是花哨的外观却不断升级，在上面加上铁制的小玩意儿，要想打开门，必须得把它拧开，取下来，再猛地提上去或者拽下来，然后向两侧拉开，天知道整套下来得有多麻烦。

我一直都对这种锁的不断升级感到困惑，直到一个下午，当我回到我的小屋时，我看到了一只庞大的雄性狒狒站在门口，它正在研究着门前花哨的锁。它脸上的表情让我想起了我的老教授，我的老教授就是这样非常热衷于逻辑问题，恨不得把纸盯得烧出一个洞。这只大狒狒看到我的时候一点都没有退缩，只是打了个哈欠，仿佛在对我说："我打哈欠可不是在跟你打招呼，我只是在告诉你我可以用我的门牙轻轻松松地撕烂你的头盖骨。"这让我想起了更多关于老教授的回忆，所以我找了块石头坐下来开始追忆。我希望在我想出如何对付这只大狒狒之前，它先别研究出来怎么打开这把锁。

最后，管理员过来了，他用随身携带的专门驱赶狒狒的弹弓朝着这只灵长类动物射出了一颗小卵石，大狒狒不情不愿地爬上了一棵树。当我打开锁的时候，我感觉到狒狒锐利的眼睛一直都在盯着我的一举一动。虽然它被管理员驱赶到了树上，但是这个未解决的谜题一直在困扰着它，而且我有一种预感，它最终会解决这个问题的。

伦多洛里的狒狒并不需要真的进入客人的小屋，但是，噢，它们是多么热爱尝试啊！如果它们真的成功地破门而入了——这种情况通常发生在客人离开房屋，锁没锁好的时候，猩猩就会把屋子搅得天翻地覆，它们会扫荡小冰箱，喝洗手液，打开行李箱，偷走里面的东西。它们会把女士内裤套在头上，把口红涂在指关节上，还会在上好的亚麻布纺上打个盹儿，拉泡屎。它们像摇滚明星一样把这里搞得一团糟，需要用强有力的环保型"狒狒肥皂"才能清理干净。因此，一场"军备竞赛"就这样展开了：人们换锁，狒狒们研究出怎样打开新研制的锁，然后乐此不疲地重复下去。

一旦我们制造了谜题，那这些动物解决问题的能力跟我们基本上是相当的，它们对解决谜题的狂热显而易见。但是你从来都看不到它们熔炼铁门栓，搭建小屋，或者制作猩猩用的见鬼的洗手液。人类却带着像猩猩一样的破解谜题的强迫症，把这些都学会了。但是我们有一个巨大的优势：语言。语言帮助我们在破解谜题的过程中取得巨大飞跃，其他的猿类动物却只能拖着沉重的步子缓慢前行。

最具讽刺意味的是，也正是这种抽象的言语思维使得我们创造了千奇百怪的问题，成了世界上解决问题的冠军。大多数人往往用他们的想象来制造问题，且远远多于解决问题。但是一旦我们达到寻路人的冥想状态，即热情欢喜、全神贯注的思想状态，把一切视为可能，认为不存在真正的悲剧，我们的发明就会无穷无尽。我们可以利用狂野新世界赋予我们的一切寻到自己的路。

在最后一章中，我给"问题"下了两种定义，一种为假想的恶魔，另一种为此刻就可以轻松改善的小事情。在这一章，我用"谜题"这个词来形容令许多寻路人都头疼的困难处境：如何生存、保持健康、找到真爱、被他人接纳、填饱饥饿的肚子、消除身上的赘肉、远离邪教组织、清理太平洋里像得克萨斯州一般大小的白色污染，以及拯救世界。

三步教你破解任何谜题

你只要通过三个步骤就能用冥想来解决任何谜题：从任何谜题都能解决的思想观念里培养出强烈的好奇心，达成不解决谜题誓不罢休的明确目的，对像计算机一样神奇的人类大脑自发产生好奇心。这一过程要求你在意识上有目的性地用冥想突破谜题，找到自己的方向，换言之，就好比你在能量网络里写下谜题解决的程序代码。一旦你完成了这一步骤，你的思想——也许不止思想，整个一颗心——就开始运行寻路软件，得出解决方案。你将这一切都设置好，但实际上这并不需要你亲自动手去做，顶多需要你为计算机电子数据表做几道数学题而已。这类谜题解决的过程是一个有趣的魔法，我们可以在各种各样的情况下使用它。我在这里提供一些基本要领，帮你体验这个你生来就该进行和享受的过程。

同样，当你阅读以下指导之前，你可能想用你生活中的一个谜题来测验一下。在下列横线上，写下你正在试图解决的"问题"。这将成为本章中你一直要解决的谜题。让我们称之为谜题X。

谜题X（我一直想解决的"问题"）

步骤一：进入寻路人世上本无事的心理定势

你知道该怎么做：只需进入无言的世界，达到融通的状态。有些人认为这样做会阻碍他们解决生活问题的动力，因为传统的智慧表明，我们所处的环境越是紧迫、越是可怕，我们得到的结果就越好。然而，对创造力的研究结果一致表明，如果人们不看重结果，就像修缮者一样只沉浸于玩耍中，反而能想出更多更好的创造性解决方案。

例如，给研究对象钱让他们发挥创造性思维解决一个问题，比起单纯让他们思考问题，不附加任何正面或负面条件来说所需的时间要多得多。

可怕的必要性降低和限制了大脑想出新思路、获取新方法的能力。任何僵硬的形式主义、呆板的重复，或先入为主的判断，都会降低和限制这种能力。无言的融通是迄今为止破解谜题的最佳选择。如果你认为你面临的问题非常严重，必须寻求一个解决方案，那么忘了它。你寻路过程中的冥想应该是充满乐趣的，不应该为压力所累。

步骤二：确立破解谜题的最终目的

不管生命抛出什么谜题，大多数人都是在不声不响地埋头寻找解放方案，从来都不知道停下来看一看，问问自己这些解决方案能否帮他们找到真如本性。从你出生的那天起，你周围的人就认为你应该努力工作，克服成长道路上的困难，没有为什么，因为这就是文化习俗。可能你身边的人期望你上学、找工作、成家立业。这一路上，你要解决数不清的谜题，从一年级的拼写测试到残酷的公司政治。数十亿人都用自己的一生来解决这样的问题。令人惊讶的是，很少有人会问自己这样做是为了什么。

召回你的真如本性的第一步就是要弄清楚破解谜题的真正目的。实际上，由于社会结构越来越不稳定，所以找不到真正目的的日子里，你就会漫无目的地在问题与问题间徘徊，感到迷茫和困惑，不知道为什么没有人出现在你面前告诉你接下来该怎么做。但是在没有固定结构的旧社会里，寻路人不光能够找到，而且必须要找到始终如一的目的。否则，我们就会在狂野新世界的混乱之中完全迷失自己。

想想你明天打算做什么，然后回答一个问题："我做这件事情的目的是什么？"如果此刻你的答案不明确，那么坐下来想一会儿。你做这件事，是为了寻求快乐，是为了让母亲高兴，还是为了防止头发像爱因斯坦那样竖起来？一旦你有了答案，问问自己："我为什么要达到这个目的？"你可以把这个当做"更深层次的目的"。你达到这个目的后可能还会有更深层次的目的。最终你所做的一切都有深层次的目的，这个层次会越来越深。不停地问自己："我这样做的目的是什么？"直到你再也找不到更深层次的目的来回应自己为止，这就是你最终的愿望。例如，我有一位客户叫做阿朗佐，这是我对他做的实验。

问题：你明天打算做什么？
答案：参加专业会议。

问题：你参加专业会议的目的是什么？
答案：为我的公司聘请一位优秀的人才。

问题：为你的公司聘请优秀人才的目的是什么？
答案：提高生产率。

问题：提高生产率的目的是什么？
答案：帮我的公司生存和发展。

问题：帮你的公司生存和发展的目的是什么？
答案：保障我在剩下的职业生涯中拥有一个好工作。

问题：拥有一个好工作的目的是什么？
答案：这样我就能够赚足够的钱，在经济上获得保障。

问题：在经济上获得保障的目的是什么？
答案：为了过长久舒适的生活，养活我爱的人。

问题：过长久舒适的生活的目的是什么？
答案：就是……过长久舒适的生活。

问题：养活你爱的人的目的是什么？
答案：嗯，让他们也过上长久舒适的生活。

当你发现你不断地在一个目的上打转时，这个目的就是终结，是所有存在的理由，那么你就到达了我口中的"终极目的"。阿朗佐的终极目的是"过上长久舒适的生活"。找到了终极目的后会帮助他从可能出现在他漫漫长路上的无数谜题中，只挑选出自己真正需要的谜题来破解。因为挑战不可能实现最高目的的谜题甚至一点意义都没有，更何况还有许多更直接的方法直达终极目的，哪一个都比他打算去做的强得多。

我很诧异，居然没有几个人考虑过上述这种层层提问法。"我把孩子送去学校（或者参加邻居的婚礼、上班、修剪草坪）的目的是什么？"他们一边问道，一边看着我，就好像我刚才让他们抚弄自己的眉毛一样，"好吧，因为我必须这样做。"他们不知不觉地就本着满足社会期望的目的做事。一旦我让他们说明他们的终极目的，他们就开始阐明自己远远高于当前预期的更深层次的目的。而最终，他们给出的终极目的往往都跟阿朗佐的一样，那就是"养活我爱的人，让他们也过上长久舒适的生活"。

这是一个美好明晰的终极目的，深深地刻画在每个生物前进的道路上：藻类、绦虫，甚至还有政客。不计其数的人不遗余力地使用他们破解谜题的技巧，只为了生活得更长久、更舒适。因此，在今天，长寿、营养充足、过上了相对奢侈的生活的人数达到了历史之最。但是我们中却有很多人却把时间和金钱都用在了抗抑郁药上，宣传当今抗抑郁药的功效。我们拥有了每个生物毕生追求之物——充足的食物和住所供我们生存和繁衍，但这却不能满足我们真如本性的所有需求。

我的许多客户都表示当他们攀上了金字塔塔顶，取得了巨大收获之后，感觉到了毁灭性的失望，他们发现事实与想象完全不同，就像一位女人说的：" 当你到达那里之后，那里根本就没有'那里'。"让生活更舒适是我们进化的使命，但是这个使命并不能把我们的心和灵魂带回最初的家园。所以，我们需要寻路人的冥想。

在长寿和繁衍的目的背后

也许你也曾像我一样，有时候生活中的好运会被毁灭性的沮丧所抹杀。对死亡的渴望给终极目的的进化游戏里抛入了一个曲线球。如果你生无可恋，也不敢想象怎么能把一个无辜的孩子带到这个令人痛苦绝望的世界里，那么你还能剩下什么目的呢？

17岁那年的一个寒冷的夜晚，我坐在哈佛大学的拉蒙特（译者注：英文名为lamont，与挽歌lament拼写只差一个字母）图书馆（我把它叫做"挽歌"）里思考这个问题。"挽歌图书馆"的阅览室里被一代又一代的学生画满了涂鸦，却没有人清理，因为这些涂鸦看起来着实有趣（哈佛大学的许多地方我都喜欢，这也是其中之一）。那一晚，在忧郁地沉思了许久之后，我在其他同学留下的涂鸦之间找了一小块空白处，在上面写道："我的终极目的不是为了生活。我是为了体验快乐，如果快乐真的存在的话。"

那一刻永远地定格在了我的心中，改变了我人生的道路。我已经多年没有感受到快乐了，但是我却不知不觉地用我寻路人的冥想破解了一个巨大的谜题：如何快乐。明确了自己的最终目的，从此以后我做的每一件事情都受到了影响。这让我成了一个勇敢的冒险者，一个无欲无求的人。我每天做的事情在大多数人眼里都是毫无意义的。我学习了一大堆怪异的学科，我的大一导师告诉我研究这些不会有多大成就，但是我还是这么选了，仅仅是因为我对这些学科感兴趣。我把我的主修专业转成了中文，并获得了博士学位，但却没有再进一步展开我的学术生涯；我留下了我那患有唐氏综合征的宝宝；我对所有的专业实践毫不在意，除非它们令我感到发自内心的欢喜。我如今还在这样做。这可能看来有些疯狂，但是这是有目的性的。我的许多朋友和导师都告诉过我,其实有很多很多种选择都可以直接通往我的终极目的,帮我体验快乐。

尽管我一直都遵循着我在"挽歌图书馆"的阅览室里刻下的话语,但是我也稍稍修改了一下。当我发现快乐总是伴随着万物归一的感觉而来之后,我的最终目的就改变了,从自己感受快乐扩展到了让万物都快乐——就像你知道的"大家的快乐就是我的快乐"之类的。这就是我在这个世界上的寻路过程,是我所做的一切的终极目的,包括写下这些文字。

想一想你的终极目的,掩藏在破解生命中既定的谜题层层背后的原因。在下面横线上写下你的终极目的:

———————————————————————————————————

现在让我们一起努力把谜题一个一个地破解,朝你的终极目的前行。

这会造成一点混乱,因为你解决的每个谜题可能都会朝着多重目的前进一步。把你的终极目的想成是谜题金字塔的塔顶,就像下面图片里的那样。每个小箭头都代表着一个生命中的谜题,每个解决方案都会带着你进入更高级别的谜题。你可以看到,谜题金字塔的许多地方是重叠的,至少会在某一时间段内重叠。

举个例子,寻找到一位与你相匹配、同时又拥有良好收入来源的配偶,会帮你在金钱、快乐和浪漫的金字塔同时向前迈进一大步。但假如你

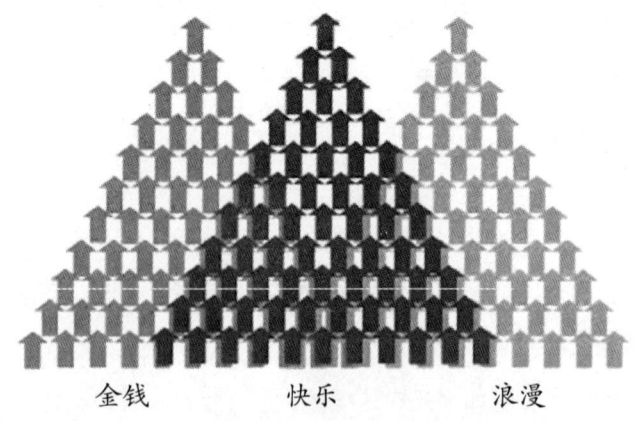

爱上了一个没有工作、挥霍无度的败家子呢？要是这样的话，你就得作出决定，你究竟想要达成哪个目的。如果你选择嫁给身无分文的心爱之人，那么你就离开了"金钱"的目的，追随了"浪漫"。如果你纯粹是因为金钱问题而选择了离婚，那么你就离开了"浪漫"，迈向了"金钱"。

我把这三个金字塔融通在一起，是因为现代文化越来越倾向于把它们混为一谈。你的父母、电视广告、电影，还有你的朋友们可能会委婉或者明确地告诉你，金钱、浪漫和快乐其实是同一座金字塔，从头到尾都是。找到一个完美的爱人和拥有大把的财富是两个通往幸福道路上必须破解的谜题。在我培训的成百上千位客户中，他们不是坚持做着自己不喜欢的工作（因此爬上了"金钱"的金字塔，舍弃了"快乐"的金字塔），就是紧抓着令他们痛苦不堪的关系不放手（因此选择了"浪漫"的目的，抛弃了"快乐"的目的），或者两者都有。我从没在他们哪个人身上看到过持续的快乐。相反，每一次我看到有人选择的不是这些普遍的目的，而是选择了让万物都快乐的目的之时，寻路的神奇就会随之而来。

步骤三：启动你装满了隐喻的神奇大脑

这将我们带到了冥想状态下谜题破解的第二阶段：进入永恒之中寻找解决方案，在谜题重重的寻路过程中实现更高的目的。当我们把物质目的看成长久舒适的生活的重要保障时，问题解决方案的神奇之处会大打折扣。当我们把谜题破解的意图转化成让万物都快乐的目的时，有些东西——也许是人类神奇的潜意识，也许是更神奇的东西——会赏赐给我们出乎意料的解决方案，如此至臻完美；会令我们敲打自己的脑门，如此轻而易举；会让我们热泪盈眶，如此美好动人。

所有这些解决方案都包含一个非常神奇的字眼——"像"。人类，拥有高度发达的语言表达能力，拥有独特的思考能力，能看到事物背后隐喻的东西。其实，语言本身就是一个巨大的隐喻。我们接受一个词语，是因为我们接受它所隐喻的事物。虽然眼前的事物不是真的，但是我们拥有冥想的能力，可以把它想象成真的，这种能力帮我们用前所未有的方式把信息、行为和对象相连。人类面对谜题，冥想出了令人大为惊讶的解决方案；人类面对狂野新世界，发挥了自己的洞察力和创造力，向前行进，人类的这些解决方案，这些洞察力和创造力全都归根于一个小小的观念：这个像那个。

我的狒狒朋友跟我的聪明程度差不多。狒狒想过河的时候，看见有一块木头在河上漂浮，它会想："木头在河上。"但是一个人看到同样的情景时，就会想："木头像马一样在移动。"或者"这条河就像一条马路。"砰！船的概念诞生了，过河的谜题解决了，正是因为神奇的观念"这个像那个"，但是显然，狒狒很少会想到这一点。

在每一种古老的传统智慧里，寻路人都要学会从每个事物中看到其隐喻的东西，然后使用这种隐喻去解决人类面临的谜题——特别是让万物都快乐的金字塔里的谜题。一个美国本地巫师给我讲过很多关于隐喻的故事，听得我骨头都哆嗦，就好像我的身体可以识别这些隐喻，而我的思想却几乎跟不上身体的脚步一样：这个故事就像一场灵魂的旅行。亚洲神秘主义者说，启蒙就像一千个茶杯里映射出来的月亮，就像未经雕琢的木块，就像万里无云的天空。世界上第一位最受欢迎的寻路人，他拥有名副其实的神奇大脑，他脑中的隐喻像泉水般源源不断，但也"像一张网"，"像一粒芥菜籽"，"像一颗珍珠"，"像酵母"。我可真不敢确定耶稣到底有没有在现代的美国待过，因为他能告诉我们天堂有多么像一家自助洗衣店，像奥林匹克连橇滑雪队，像两份薯条和一杯可乐。这家伙可真是个隐喻机器。

隐喻也不失为一种方法，帮我们的科学家和经济学家破解了推动现代技术进步的谜题。詹姆斯·瓦特发现茶壶的壶盖像发动机的活塞，这两种东西都可以靠蒸汽来移动。哈！工业革命诞生了。达尔文发现物种是具有多样性的，就像一棵树的分支一样。爱因斯坦注意到自己在火车上的身体在远离教堂塔顶上的时钟,光子也像自己的身体一样在远离相同的时钟。正如商业作家大卫·默里所写的:"有时候,创意思想家就是隐喻思想家。"对于这门艺术,他们是隐喻中心,每幅画、每首诗、每段舞蹈、每首歌曲都能被他们隐喻出来些什么。

要记得,我们是历史上唯一一个分化出神秘主义者、治愈者、科学家和艺术家的社会。其他文化里把这四种技能都看做寻路人用于冥想的职业技能。在任何领域施展创造力的秘诀都在于知道该如何使用隐喻,不受到言语的束缚——比如精湛的走钢丝艺术就把语言和隐喻思维完美地融通在了一起。对于我而言,这个秘诀帮我了解了大脑如何在语言与非语言程序中自由跳转,进而利用隐喻来解决谜题。

走进冥想的幕后:大脑是如何破解谜题的

一般来说,大脑的左半球用于语言分析——也就相当于切东西。你在学校里学到的大部分知识被切割成可管理的小块,然后再通过言语和数字一点一点地输送到你的大脑里。这一过程在你大脑的左半球安装了许多神经元,据神经学家说,神经元的物理连接作用相对加快和缩短了输送过程。

大脑右半球的功能主要不是分析,而是合成,它将不同的东西结合、混合或连接。它不断地问自己:"这个像什么?"大脑右半球的一些神经元与左半球的完全不同,它们在你的大脑里面四处徘徊,就好像相互之间暗生情愫。当两个先前未连接过的神经元遇见了,你可能会突然理解了某个以前无法理解的东西。也就是在这时,你可能会惊呼:"啊!这个像那个!"

使用"这个像那个"的精髓在于,你可以操作你寻路人的大脑,破解生命中的任何谜题,包括如何达到你的终极目的,从而找到你的路。还记得你在前文中写下的问题——谜题X——吗?要想破解它,你还得再想出一件事情——我们把它叫做"事情Y",就像谜题X一样。注意,事情Y可以帮你破解谜题X,帮你实现目的。下文的详细说明将从几种不同的方式引导你完成这一过程。

谜题破解程序的具体运作方式

有许多游戏,可以帮你编写和运行冥想大脑中的谜题破解程序。每一种方法都可以归结为以下四个步骤:

1. 使用意识和言语思维来明确你想要破解的谜题。
2. 明确你想要破解这个谜题的目的。
3. 进入无言的世界,与融通相连,这可以为你非言语分析的大脑右半球提速。
4. 通过玩耍和休息为你的冥想充电,就好像交变电流。

如果你完成了以上四个步骤,最终的解决方案——或者至少一个帮你解决问题的思路——就会从你无言的大脑右半球里迸发出来,变成有意识的言语思维。这可不是在你准备考学习能力测验时被传授的思路,这是你的真如本性提供给你的神奇方法,教你在物质世界里如何找到自己的路,努力在你的冥想中创造这个世界上前所未有的新事物。

隐喻游戏#1:挖掘装满隐喻的大脑

想想你的谜题X,然后进入轻松平和的状态。同时做这两件事需要寻路人的职业素质,因为你的言语思维也许会忍不住把谜题当做一个问题来看,这会使你的谜题破解软件脱离正常的进程。为了说得更明白,让我来举个例子,比如说你的谜题X跟我的客户常挂在嘴边的一样:"怎么才能从事我喜欢的工作呢?"问完了问题后,开始进入无言的世界,达到融通,把这种状态保持30秒钟左右。这会令你不由自主地把让万物都快乐的终极目的也加入你的目的之中(这会使你装满隐喻的神奇大脑运转到最佳状态)。

现在，请想出一些跟谜题X相关的隐喻。在你想的时候，注意一下你的周边有没有跟谜题相像的事物，哪里相像。为了表达得更清楚，让我现在来给你展示一下。首先，我把注意力放在身边的某个物体身上，然后让我的大脑对这些物体展开联想，想象与快乐地赚钱这个过程相比，它们在哪里相像。

随机物品与联想

随机物品	我对于随机物品的联想	如何让该物品与快乐地赚钱相像
棒球帽	棒球帽可以保护运动员的眼睛免受太阳光的侵害。	如果我像棒球帽阻挡太阳光一样阻挡住身边的纷扰，我就工作得更开心了。我可以搭建一个时空"屏障"，让自己免受打扰。
照片	过去的老照片发展得缓慢，处理起来也很困难。当今的数码照片发展迅速，而且几乎人人都学会如何用电脑对它进行简单的修饰。	也许我可以使用新方法代替传统费时的老方法，这样就可以节省很多时间。然后我可以事半功倍地给人类提供更有价值的东西。
狗	小狗们做什么都是图个开心，人们花钱来养活它们也正是为了这个原因。	把我的娱乐扩大到最大程度，直到我可以感受到小狗们的轻快和幸福，也许那时候人们也会付钱给我，只是为了让我也像小狗一样，在外面闲逛一圈，叫上两声。
咖啡杯	我最喜欢的咖啡杯是我女儿为我手绘的。我每天早晨都会用这个杯子喝咖啡。	如果我能给人们提供一些为他们量身定做的私人物品，那么他们就会费尽心思地获得和使用。
沙漏	沙漏用最简单的方式优雅地雕刻着时光，然而手表和电子表却复杂高端。	也许，有一种简单低端却又不失优雅的方式，可以代替我正在使用的复杂方式。

我知道这些想法是可行的，因为每一样我都亲身验证过。我聘请了一位能干的助理帮我筛选骚扰电话（我的移动棒球帽）。我把讲课的内容

录在录像带上,所以当我讲课的时候,我可以跟课堂上的学员们互动,而不单单是自己在上面滔滔不绝地说话(使用高科技复制一段耗时的物理过程)。每当我发现有趣的事情,可以让我像小狗一样感受到轻快和幸福,那么别人就会花钱来听我给他们讲这些事情。我针对客户的不同情况为他们设计了私人家庭教育方案(就像我女儿为我手绘的咖啡杯一样),因此他们的积极性更高了。我还经常在课堂上使用一些低科技的道具来跟客户们互动,传授他们像融通这样复杂的技巧。

现在轮到你了。在你的脑中想着谜题X,然后随机在身边挑选五种物理对象。别瞻前顾后,也别担心质量,充分利用你大脑中的隐喻,把每种物理对象与你的谜题相比较。隐喻不一定非得是"好的"。如果你强行将它们变成"好的",这会让你的冥想软件彻底崩溃。你的谜题破解级别越低,越是没有结构化和规律化,最终的解决方案就越好。一旦你填写了下列的表格,你就会发现你意识中的各种隐喻开始如泉涌,不想让它们迸发出来都难。此刻,正是你使用第三种神奇之术的最佳状态。

随机物品与你的联想

随机物品	我对于随机物品的联想	如何让该物品与快乐地赚钱相像

隐喻游戏#2:扩展隐喻,获取先进的解决方案

看完我写的文章后,我的女儿曾评论道:"哎呀,妈妈,把生活扩展成各种各样的隐喻一定棒极了!"她说对了。我帮每一位客户渡过的

每一个难关，我为改善自己的生活做出的每一次努力，我在每一个困境中想出的每一个办法，都是一个扩展的隐喻。在我的第一本励志书《寻找你的北极星》中，我用数百页的篇幅来扩展"正确的生活就是北极星"的隐喻，讨论在内心深处为我们指路的"指南针"；我们需要行走的崎岖"道路"；还有遮挡我们的视线，阻碍我们寻找星星的"乌云密布"的信仰，等等。寻路人在开阔的水域上开辟一条路径的想法也是这一隐喻的另一个扩展。这听起来可能像是一个小把戏，但是实际上，我真的花费了生命的大部分时间毫无理由地扩展这个隐喻，读者们也发现了它的用处。

　　破解谜题的隐喻有些很有效果，但是大部分都稍有缺陷，还有少数几个效果相当不错，有一些会使你的脑海灵光一现，点燃你的思想之光。继续想关于谜题X的隐喻，最终你定会迎来思想被照亮的那一刻。如果你在上文的表格里填写的隐喻有实现的可能，那么扩展它。例如，也许你年迈的婆婆像一只滴水嘴怪兽（译者注：哥特式建筑的屋顶上怪物形的雨水落水口），因为她看起来恐怖又奇怪，似乎永远黏在你的家里。那么，可以用你的滴水嘴怪兽来破解什么难题呢？在中世纪时期，人们认为滴水嘴怪兽赶走了恶魔。也许你可以让你讨厌的婆婆帮你赶走电话销售员、耶和华的见证人，还有其他你想要赶走的人。

　　当你开始提高注意力的时候，你会发现有越来越多的物体、情形和故事，都可以用来作为隐喻，帮你解开生命中的很多谜题。也许保持房子卫生就像看电视一样，因为两者都有许多你不愿意看到的废物。好吧，你可以从电视上选出一些频道，把它们屏蔽掉。也许你也可以用同样的方式避开房子里的某种东西：没有大用途或一点也不能丰富你的生活的无关紧要之物。也许养育孩子就像手绘你的房子，因为这需要花费你一生的时间，在这个过程中，你不停地犯着错误。关于手绘的隐喻可以帮你在育儿的过程中防止颜料的溢出，可以帮你清理混乱。也许你的职业就像一次滑雪,因为你不得不向前猛冲(那感觉很危险),这样才能保持自己的安全。

再努力多想出一些这样的隐喻,然后尽管狠狠地把它们扩展开来。再次强调一遍,不用担心这些隐喻是不是"好的"。我没有办法再多加强调了:寻路人对于谜题破解的冥想不是显意识的作用,而是潜意识在作怪。傻一点,简单一点,开始你的冥想吧。

隐喻游戏#3:想到什么是什么

如果你想不出太多的隐喻,那么下面的游戏会把你带入隐喻的王国。你不能强迫一个扩展后的绝妙隐喻突然出现在你的意识里,但是你可以通过往大脑中输送各种各样随机的信息来提高你冥想出隐喻的速度。你放入大脑里的东西越多,你寻路人的冥想世界创造的东西也就越多。所以在你明确你的谜题之后,让自己的注意力马上转移到一连串完全不相干的事物上——任何事物,包括厨房的洗碗池。这些事物越不相干,你充满隐喻的大脑就越容易想出有用的答案。

我曾见过人们利用这项技术对生命中的谜题得出了一些惊人的答案,其中一位是我在演讲如何创造正确的生活时台下的听众乔治。当乔治还是奋战在伊拉克战场上的一位士兵时,他执勤时常常要开一辆虽然耐用却坐着不舒服的车,这导致他的腿痉挛,后背也受到了损伤。虽然他已经可以娴熟地驾驶该车,但是在他的整个服役期内,他一直都没适应这种不舒服。

乔治从战场上回来后,一直找不到工作。尽管他申请了各种各样的工作,但是一个都没有成功。乔治的妻子做的是一些跑腿工作。有一天,心灰意冷的乔治放弃了找工作,他陪妻子一起在外面跑腿——他们跑到洗车店、纺织品店、邮局。这天下午,乔治的大脑右半球把所有数据点连接在了一起。利用嗡嗡作响的大机器洗车的过程使他想起了军事运输的过程。在纺织品店，他发现他可以缝制柔软的座椅把自己在战场上最不喜欢的交通工具变得更舒服，给士兵们提供更多的体力支持。来到邮局的时候，他又冒出了一个想法，他可以把这些新座椅邮递给还在战场上的伙伴们。乔治花费了几天的时间，设计了一种带有金属夹的尼龙吊带，这种尼龙吊带非常坚韧，他将设计出来的东西邮寄给了海外的战友们。

长话短说，乔治的创意最终引起了军事领袖的注意，如今，乔治与美国武装部队签订了合同，专门为他们设计改良的军事装备，以提高舒适度。从白手起家，到现如今自己开创公司，他雇用了几个在残酷经济时期找不到合适工作的员工。他热爱自己现在的工作，也从工作中赚了许多钱。

阿曼达在她60岁出头的时候离婚了，离婚后，她的积蓄所剩无几，工作经验也少得可怜。她认为自己可以成为一名特教，因为她曾经设计出各种创造性的方式来帮助患自闭症的儿子学习阅读。但是回学校再去考取学位要耗费很多时间，所以阿曼达觉得自己太老了——更别提钱了，没有时间去完成这种学位。有一天，她在上网的时候看到了网上的学位课程，于是她觉得自己可以上远程学习课程。在研究了12种不同的网站之后，她充满隐喻的大脑突然给了她重重的一击，她通过一个网站创立了在线学习中心，教残疾孩子的母亲如何帮助孩子学习阅读和数学。

作家艾米·萨瑟兰非常爱她的丈夫，但是却不太喜欢丈夫的一些习惯。比如，他总是爱把脏衣服扔在地板上，跟他讨论什么问题，他都是哼一声了事。于是，萨瑟兰根据永远都能令她乐此不疲的事情写了一篇文章：驯兽师如何驯养动物。她观看了各种情况下驯兽师是如何驯养几十种动物的。最终她发现，驯兽师的很多技巧她也可以采用。例如，你让动物做些什么，如果它们按照你说的做了，你就可以对这种小行为给予奖励，如果它们不听你的话，你就选择完全不搭理它们。她发现对待丈夫也可以采取这种办法。她这样做了以后，不仅增进了夫妻之间的感情，而且她的文章《动物/男人驯养术》也刊登在了《纽约时报》上，受到了读者们的广泛欢迎，以至于最终演变成了畅销书《杀人鲸教会我的一切：关于生命、爱和婚姻》。

现在轮到你了。思考你的问题X，然后阅读、观看、使用，或者以其他什么方式，至少连接上五种各不相干的信息资源。然后开始使劲运转你装满隐喻的大脑。如果这还不够，那么请试一试下面的提示，也许会对你有所帮助。

隐喻游戏#4：加速大脑右半球，高速运转尤里卡引擎

每一种进入无言的世界、达到融通的方法都可以提高你大脑的创造力。所有神奇之术都会发动你的大脑右半球，使你的头脑在无意识的情况下，就能更快地从一个事物联想到另一个事物，由此破解难题。这些方法也使你倾向于纯粹的感觉和身体的流浪，远离"正常"思想。这就是为什么这么多天才都是出了名的心不在焉。在这些人中，"缺席"的那部分思维意识是逻辑思想，形成新思路的那部分思维意识才是最关键的部分。

"让最心不在焉的男人陷入最深沉的遐想，"赫尔曼·梅尔维尔（译者注：19世纪美国最伟大的小说家、散文家和诗人之一）写道，"让他自己来做主，去往某个地方，那么他一定会将你带到水边。"同样的道理，在本质中四处流浪，留心持续移动的物体，比如水，就会把我们的大脑带入最深沉的遐想之中。如果你已经明确了你的谜题和目的，也把注意力转移到任何能想到的东西上了，却还是想不出解决方案，那么，移动、走路、跑步、开车、游泳、滑冰、骑马。如果你不能下床，那么观察喷泉、火焰、鱼缸里的金鱼、窗外在微风中飘摇的树叶。迷失在观察和动感节奏中，把你的分析能力放飞在温柔的迷茫之中，在你装满隐喻的神奇大脑里发动引擎。

这个过程非常著名，因为它让解决方案突然闪现在完全成形的意识形态之中，心理学家称这种现象为"尤里卡效应"。据说，古希腊数学家阿基米德就有过这样的经历。在一整天苦苦思索怎么计算不规则物体的质量后，阿基米德打算洗个澡放松放松，就在他进入浴盆的时候，故事发生了，答案就像一块湿海绵一样突然打到了他身上。"等等！身体排开水的重量等于它的质量！"他跳起来，赤身裸体地绕着雅典跑来跑去，大声呼喊："尤里卡！""尤里卡"在希腊文中的意思是"我找到了"。想必他的雅典同胞们一定在怀疑，是不是他脱下衣服的时候又发现自己的身体多了一块重要的部位。

不管怎样，当尤里卡效应敲醒你的时候，你就可以知道你找到了正确的解决方案，因为你的大脑右半球已经形成了隐喻的比较，解开了很多你都不曾注意到的扭结。阿基米德、梅尔维尔和其他创意大师本能地就知道如何发挥谜题破解法的神奇。但是许多文化中的寻路人接受的训练却是有意识地去做到这一点。这种故意性使这些寻路人的意识侵入了潜意识的领土之中，不经过分析理解，直接在谜题中莽撞寻路。

下文的练习，既是一个引导性的旅程，也是一段想象，会突然闪现在许多文化中的修缮者的练习过程中。约瑟夫·坎贝尔（译者注：1904~1987，美国作家与编辑，作品主要是关于比较神话学方面）把英雄的传奇形容为"千面英雄"，你可以把这个故事想象成千面寻路人的路程。这是使你破解谜题的大脑右半球运转起来的其中一个最有力的方法。在你阅读的时候，注意里面所描述的领土隐喻的就是大脑本身，里面包含有文明、有组织的成分（比如大脑左半球），也包含黑暗又肥沃的荒野（大脑右半球）。

隐喻游戏#5：穿上你的七里靴飞奔到你的"疗伤之地"

放松下来，让自己感觉舒适。如果你喜欢，你可以把下面的指导记录下来，或者免费从marthabeck.com网站上下载音频。然后闭上眼睛听这段音频，让你的冥想完全掌控你在精神上"看"到的东西。在做这项练习的时候，最重要的一点是不要虚构任何事物。不要认为什么"应该"在那里，也不要试图构想出令人印象深刻的影像。只需静观其变就好。如果最后什么都没有发生，这也是一件好事。

　　冥想此刻你正坐在你最喜欢的房间里——一个完全封闭的房间，不是庭院或者露天甲板。当你安静地坐在这个房间里的时候，一件奇怪的事情发生了：一面墙上出现了跟门一样大小的半透明补丁，门里的物质开始融化。融化后，你看到一座城市，尽管你知道那不是城市。低头看你的脚，一双靴子出现在你的脚下。这就是欧洲民间流传的"七里靴"（译者注：欧洲民间传说中有魔力的鞋，穿上后可以一步七里）。你每走一步，它们就会带着你行走七里。穿上你的七里靴。

　　你感觉有一股强大的力量顺着墙上的门将你拉了进去。你穿越这道门，大步流星地走在这座城市里，一步七里。几乎在突然之间，你脱离了直线结构的城市，来到了乡村，你的周围略过一个个村庄和农场。很快你又来到了一个更狂野的地方，唯一能看出来有人居住的地方就是围绕在篝火旁的一小堆人。离开了这个文明落后的地方，你又到达了更荒凉的地方，那里的人类你几乎都没见过。

　　让这片荒野顺其自然。你可能期望看到一片松树林，却发现自己在丛林之中；你可能期望爬上一座高山，却最终来到了沙漠——怎么样都好。不管你身处何方，这片荒野都是超越历史的，是原始的。你走得越远，就越能感觉到它的深邃和狂野。如果你在白天开启你的旅程，你会看到这是日落。如果你在夜晚出发，天色就会变得更暗。现在你走在月光下，那很好，因为黑暗中的你看起来像一只黑豹。荒野的正中心有东西在召唤你，你发现这正是你内心深处渴望已久的甜蜜召唤。

现在你感受到自己身处最深远、最宽广、最古老的地方。脱下你的七里靴——不管你什么时候需要，它们都可以再次出现，慢慢地绕着这个神圣古老的地方，走完最后的几米。这是你的"疗伤之地"。这个地方可以是山洞、林中空地、游泳池，也可以是山顶。到达那里的时候，你可以感受到强烈的欢喜，因为这个地方是美妙神奇的发源地，并且只为你而存在。停下来看一看你的四周。看看，你最真实的自我一直在那儿：物、人、记忆。别刻意去想什么，只要看就可以了。如果任何有趣的东西你都没看到，那也没关系。

在你的"疗伤之地"找个地方坐下来，深深地呼吸一口纯净的空气。用力去闻一闻树木、大地、花草和水的味道。然后呼气，你会觉得自己更放松了。你到家了。尽情地享用这里的平静、美丽和绝对的安全。你会感觉到自己被巨大的爱的能量包围。随着每一次呼吸，这种熟悉的感觉和不由自主的融通就会变得越发强烈。

现在抬起头，看到另一个生物进入了你的"疗伤之地"。他（她）可能是一只动物、一个人，也可能是神或者天使，或者是其他任何东西——别刻意去想，看着他（她）就好。不管他（她）是以什么存在形式出现在你的面前，他（她）都是睿智和爱的化身，他（她）拥有的都是你脑海中最想要的东西。当你们相认的时候，他（她）的眼中散发出快乐的光芒。

你的这位导师走了过来，坐到你的身边。不管他（她）说不说话，你都可以感知得到他（她）在问你，是否有什么事情在困扰着你。把你正面临的问题告诉这位导师。简单地描述一下就行，你的导师知道详细的细节。问完了问题之后，停下来等待一分钟。你的导师将进入神奇的国度——比你的"疗伤之地"更深远的地方，去为你寻找解决方案。耐心地等待一会儿，呼吸甜美的空气，沉浸在心平如镜的状态之中。

（如果你正在听音频的话，那么先暂停一下，安静一分钟。）

现在，注意你的导师，他（她）手里正拿着一个盒子——也许是一个华丽的大盒子，也许是你可以藏在手心里的小雕花盒子。别在脑袋里琢磨，静静地看着就好。这个绝对安全与平静的地方没有急迫感，尽管你充满了好奇。打开盒子，看看里面装了些什么。

盒子里的东西正喻示着你问题的解决方案。它也许是一个明显的隐喻，你马上就可以看出来该怎么解决当下的问题；它也许对此刻的你一点帮助都没有。不管怎样，都没有关系。你现在唯一要做的就是把它带回到你的"正常"生活之中，把它带在身边，直到有一天你真正明白了它的目的。

这时候，七里靴再次出现了，把你的靴子穿上，跟你的导师告别，但是请记住，任何时候你们都是可以再次见面的，所以这不是真正的分离。现在走出你的"疗伤之地"，一步七里。返回荒野，再次经过篝火、村庄、农场，最后回到城市。找到你的家，然后穿过墙，走回家，回到你最喜欢的屋子里。坐回你最初坐着的地方，脱下七里靴。七里靴消失了，墙上打开的门也消失了。

现在仔细观察你从"疗伤之地"带回来的物体。把它带在你的身边，每当你想起你与导师讨论的问题时，让这个物体给你提供想法。问问你自己:"这个物体跟我想破解的谜题哪里相像?"想出一个或者几个扩展的隐喻,直到你神圣的物体开始自己显露出来跟谜题的"相像之处"。开启"想到什么就是什么"的隐喻游戏,加大尤里卡效应。如果这时候你的意识里还是没有出现答案,那么别担心,答案迟早会出现的。

无关乎谜题

物理学家理查德·费曼(译者注:1918~1988,美国著名的物理学家,1965年诺贝尔物理奖得主)在他20多岁的时候,接受了与洛斯阿拉莫斯(译者注:美国新墨西哥州中部城镇)的科学家们一同研制武器,击败希特勒的工作。因为这是一项绝密工作,所以该地点和人员都被隔离了,用费曼的话来说就是"在那儿真是无聊得要命"。所以无事可做的他开始撬锁。有一次,他发现他的三位同事用的密码锁是分别是27-18-28,这让他想起了自然对数的底数e——2.7182(好像我们都没有想到这一点)。作为无聊中的玩笑,他顺着无限不循环底数e在其他科学家的密码小柜上留下了一连串的笔记。他没想到的是,这件事却引起了轩然大波,因为他的同事们相信屋子里一定有间谍。费曼花费了好长一段时间才让他们相信入侵者不是别人,只是他百无聊赖,忍不住自发寻找谜题来破解。

所以最后,你看,每一次大胆对谜题进行破解的终极目的并不是获得解决方案,而是去寻找解决方案,把我们的冥想尽情放逐到未知的神秘之旅,让它通过狂野的流动方式寻找到看不见的目的地,你只需尽情感受发现和创造带给你心灵的震颤。

这就是我的狒狒朋友在摆弄客人小屋上的锁时所追求的。所有的动物都破解谜题,但是仅限于它们能力范围之内的。我们人类就不同了,我们通过扩展的隐喻和创造性的答案改变了地球的面貌。我们所做的大部分事情都反映出了我们充满恐惧、以自我为中心的想象力,所以在某种程度上来讲,我们是一群具有破坏性的物种。但是找回修缮者冥想的真如本性,扎根于当下,始终充满同情心的人,就可以在狂野新世界中找寻到自己的路。也许他们甚至都能重新修复这个世界,让这个世界更新、更狂野。

它可以靠它的颌撕裂更多的东西,你却可以用你的想象力破解更多的谜题。比格斯托克/摄

第十一章　如果一切都正常，恰恰说明一切都不正常

我的朋友唐娜是一位非常漂亮的女人，她身材高挑，长相精致，还拥有一双温柔的眼睛。她也是一位非常善良的女人，她富有同情心，并不断地把她的爱心传递给身边的一人一景、一草一木。我们是在遛狗的时候遇见的，她让我想起了彩色玻璃窗上的圣人，她的周身都闪烁着美好的祝福，她看起来超然，却也悲伤。她看起来还非常适合我们小组的氛围，我对她的了解越多，对她的生活了解得越详细，就越觉得她适合做一位寻路人。她非常非常敏感，她过去失去过很多东西，迫切地渴望减轻痛苦，她还可以与动物深度沟通。唐娜还拥有科学家的严谨态度，在未验证事物之前持怀疑态度，因此当我跟她提起我们组成了一个团队来修复这个世界的话题时，她……好吧，只能说她在极力克制自己，不去对我进行评判。

我刚认识唐娜的时候，就本能地想带她去伦多洛里。我把伦多洛里看做是我们小组的肚脐，它的地理位置得天独厚，在那里，神圣的脐带直接吸收灵魂养料的精华和心灵的养料；在那里，强大的抗体将我们这个时代攻击人性的疾病治愈。曼德拉在伦多洛里的停留不正是帮助他促进了内部的和平，使他的国家免避免陷入混乱吗？重建伊甸园的整个项目不正是借鉴了伦多洛里的例子吗？当地居民不正是因为节约资源、不以破坏伦多洛里为代价而生存，才生活得繁荣兴旺、蒸蒸日上吗？尽管在这个地球上还有许多非凡的治愈之地，但是这个特殊之地，被称为"万千生灵的守护者"还是有一定原因的。我总能在唐娜身上感觉出来她的厌世情绪，我确定她如果去了伦多洛

里，这种情绪一定会被治愈。所有修缮者都需要被修缮。

在我带领我的客户们去伦多洛里进行为期一周的闭关之前不久，我和唐娜一起吃了一顿饭。就在出发的那一天，有一位客户身体出现了问题，所以不得不取消了行程。我认为这就是命运：这个客户的位置本来就应该是唐娜的。令我开心的是，唐娜同意了。就在几个星期前，我爬上了一辆路虎，第一次跟她一起驱车出游，这都已经超出了我的预期了。对我来说，观察一位寻路人觉醒过来时所体验到的那种快乐是如此令人心醉，让我兴奋不已。

我们开车在草地上行驶了十分钟左右，可是一个动物都没看到，但是唐娜却说她感到一种莫名其妙的高兴，整个人也更轻松、更精神了。她刚说完，一只长颈鹿就从树林中大步慢跑了出来。这跟平时人们在电视上、电影里、主题公园和动物园看到的差不多，每个美国人都见过——只不过看过归看过，在野外亲眼见到真正的长颈鹿慢跑可跟在其他情况下见到的还是有区别的，就好像真正的做爱跟在小册子上读到的性传播疾病之间的区别似的。当唐娜看到这只优雅的庞然大物时，她周遭的一切似乎都跟着亮了起来，就像烟花在绽放。她笑了起来。我以为我以前听过唐娜的笑声，但实际上我没有听过。这才是她真正的笑声，像教堂的钟声一般纯粹和欢喜。

我们继续驱车前行，此刻的伦多洛里就像慢慢放大在眼前的动物园。我从没在这么短的时间里见到过这么多的动物，那场景真是太壮观了。动物们仿佛被唐娜的笑声所吸引，就像美国的小孩子们欢欢喜喜地跑来迎接冰激凌卡车一样，只不过少了些身体上的脂肪，多了些意向上的纯净。我们受到了三只豹的热烈欢迎，其中一只豹注视着唐娜的眼睛，就好像见到了自己失散多年的妈妈一样。我们在拐角处看到了一头大象，它摇着大耳朵，吹着"喇叭"，在我们看来它这样并不是挑衅，更多的是欢迎。被这么多幸福包围，我的兴奋难以名状。谢谢唐娜的勇气，谢谢她决定参加这场大冒险,看来我想要改变她生活的小小计谋进行得非常完美。

但是没过多久,我们就从天堂直接掉进了地狱。

第二天早晨,其他参与闭关的成员也都抵达了伦多洛里,然后我们分成两组,展开上午的活动。我和博伊德带领一半参与者进了路虎,剩下的一半人员跟着森林管理员去野外旅行。跟着森林管理员一起走的唐娜一路上积极地重拾童心,于是,她决定爬树。那是一棵真正的大树。

签订了授权协议书,承诺这是她个人选择的冒险,一切后果自负之后,唐娜几乎是跑上树的,然后下树的时候同样灵敏。但是就在她最后脚落地的时候,突然踩到了什么滑的东西,一下子向后栽倒过去,整个身子压在了右胳膊上。等到当天下午整个小组重新集合的时候,她轻描淡写地说她"扭伤"了手腕。"我只是伤了我的自尊。"她向我们保证道,好让我们放心,还冲着我们露出崭新而迷人的笑容。

我不知道的是,尽管唐娜看起来像一朵娇弱的花朵,但她实际上却是一位坚强的斯巴达战士。突然的跌落使她摔断了右前臂的骨头,恰好是手腕附近神经组织聚集的地方。那一定是难以形容的疼痛,但是唐娜最初的反应仅仅是在骨折处缠上了一圈布织绷带,然后为影响到大家而向大家道歉。直到闭关的第三天,我们才注意到唐娜已经脸色苍白,油米不进,我和博伊德才开始真正担心起来。

在营地医生的建议下,我们又开着车,在泥泞的道路上跌跌撞撞,花了六个小时才把唐娜送到最近的医院。经验丰富的医生(南非以高品质医生而闻名)拿出了石膏模型,但是他说唐娜的骨折状况太严重了,必须马上送回美国,由手部专家做外科手术。但所幸止痛药还能让唐娜多少吃下点东西,她在小镇上好好吃了一顿饭——只可惜这顿饭没达到伦多洛里严格的卫生标准。当我们回来的时候,唐娜已经开始产生一种从来没有出现过的病毒反应。此刻的她产生了时差综合征,而且伤势严重,发烧,营养不良,精疲力竭——但是尽管这样,与之前相比,她的坦诚和镇定反倒有过之而无不及。

　　反倒是我，充满了绝望。为了多少能让唐娜感到舒服一点，我给她订了飞机的头等舱，最起码在头等舱里，她可以睡上平坦的床，枕上真正的枕头，盖上羽绒被，随时能受到空姐的照顾。飞机起飞之前，凯伦从美国打来了紧急电话，我以为她是想确认唐娜是否订到了机票，但是我错了。她打电话来告诉我们冰岛火山喷发了——或者说至少蛰伏已久的冰岛火山喷发了，火山的喷发释放了大量的烟尘，席卷了欧洲的上空，所以所有航班被迫停飞，什么时候才能恢复航班还不能确定。没办法，我们只好努力把唐娜塞进了一辆拥挤的运畜拖车中，这显然不比豪华飞机。在豪华的飞机上，整个行程她都能坐直了身子，还能多停几站，少受点痛苦，也不会那么劳累，避免身体的过度失水，可是在运畜拖车上却什么都办不到。

　　正如伟大的哲学家罗丝安妮·罗丝安纳达纳常常在《周六夜现场》上说的：“总是有各种各样的事发生，不是这件事，就是那件事。”我想说，确实是这样。冰岛？真的假的？我带过几十个人去伦多洛里，没有一个人发生过什么大问题，却只有这个女人，这个对我来说还是如此珍贵的女人，这个看起来如此脆弱的女人。轮到她，每件事都错，错，错。

　　或许，也不是。

　　当我和唐娜讨论她这场大不幸的遭遇时，她一再坚持强调自己在伦多洛里所经历的身体疼痛、失眠、所有的混乱恰好正是她迫切需要的，这一切都彻底地改变了她的生活。她平日生活里的多疑，随着初见长颈鹿时的第一抹明媚笑容消失了，连反抗的机会都没有——她的身体太疼痛了。闭关过程所带来的心理疗效深深地进入了唐娜的灵魂之中，她完全腾不出工夫来感受疲劳和病痛。一路的痛苦使唐娜完全沉入了无言的世界——太沉入的她对融通完全没有抵抗力。当其他参与者说她可爱，当动物们反射出她无法掩盖的美丽本质时，她想抗拒都抗拒不了这一事实。

　　也许这就是为什么，唐娜成了我见过的为数不多的在中年时期还能突然之间发生巨大且永久性改变的人。这位喜欢冒险，带着银铃般的笑声爬树的小孩怎么也掩盖不了她的真如本性。唐娜还没等自己的身体完全康复，就开始致力于修缮身边其他的人和物，比以前还要积极。她变成了一位出色的导师，她率真敏锐，她聪明机智，她温柔体贴，而且，在当导师的过程中她还找到了一群志同道合的人，大家都对她非常崇拜。她从充满爱和慷慨的寂静风暴变成了持久的季候风。尽管直到现在我还是觉得唐娜不相信我的小组理念，但是她却已经执行得如此，如此之好。

冒险，意外事故，冥想

冒险几乎就注定了不可避免的意外事故，但它却是一种最有力的方法，来释放寻路人的冥想，打开我们对未来的新视角，以全新的眼光来看待地球上的万物。把我们整个物种冥想成一个巨大的大脑，每个人都是一个神经元。当你与一种从来没见过的事物取得新连接时，整个大脑（人类作为一个整体）就会获得新见解和新创意。谁知道呢，也许你恰是这唯一可能的连接，把迫切渴求修缮的人或物和迫切想要为别人修缮的力量相连。也许只有当你为需要连接的人或物搭建了桥梁之后，你的生活、事业和健康才能达到令你最满意的状态。也许开启一场前途未卜的冒险才是激活连接的唯一之路。

让我们把"冒险"定义为任何你可以轻而易举避开，而你却偏偏选择了把它积极地邀请到你生活中来的问题或谜题。心甘情愿面对不熟悉的处境，会使你的经验增长到最大化，尽管这经常会给你带来不便和不舒服，但会激发你的冥想，达到巨大的飞跃。当你冒险的时候，你就成了一个走动的大脑右半球神经元，又长又蜿蜒，帮助大脑创造新的灵感。如果你仔细观察任何在艺术、科学和社会结构上的大冒险，你就会发现每个冒险都诞生于冥想，都是由一个走动的人类神经元在未知的领域和思想中通过冒险得来的。

例如，如果你喜欢法国印象派的绘画，那么你得感到高兴，因为是他们深入到亚洲，冒险学习艺术，帮助自己冥想出了全新的绘画方式。如果你喜欢令人惊叹的舞台作品《狮子王》，那么你也就相当于看到了朱莉·泰默在印度尼西亚的冒险，她正是在那里学会了皮影戏技术。如果你喜欢爵士或者摇滚，那你应该感激奴隶们，是他们将古老的非洲和声及鼓的节奏与西方的旋律融通在一起，形成了一种新的音乐，把他们可怕的冒险转变成了快乐和慰藉。如果你是一个美国人，并且尊崇自由平等的思想，那么你应该好好感激欧洲人和美国土著人——印第安人，是他们在彼此的世界里冒险，印第安政府的结构结合了个人主义和具有代表性的领导人物，这对于美国现在享有的政治体制来说，是一个具有开创性的灵感。

下面是一个我个人非常喜欢的具体实例：还记得斯匡托吗？正如我一年级时我的老师告诉我的，是这位友好的印第安人帮助英国殖民者在新世界中生存了下来。纳尔逊夫人给我们这些六岁的孩子讲述了斯匡托教这些清教徒用小死鱼来给每一粒玉米种子施肥，从而提高了玉米作物的产量的故事。纳尔逊夫人没有告诉我们的是，斯匡托是在哪里学到这种方法的，那就是法国。斯匡托的真名叫做史广多，他在1614年被英国探险家抓获，作为奴隶出售给了西班牙。他先后逃到了法国、英格兰，然后才逃回了家。当他回到家后，才发现所属的部落里的人已经在几年以前因为疾病几乎都死去了。这些美国朝圣者没有存活下来是因为上帝送他们去做"高尚的野蛮人"了。不管是好是坏，这一次英国的朝圣者活了下来，这要感谢这位多语种的国际冒险家，是他结合了自己部落人民的传统智慧和逃亡过程中学到的东西，尽管这个经历他不想再经历第二次。

空想冒险的时代

在过去，要花上几十年甚至上百年才能使一个冒险家在冒险中得到的理念给数百万人带来影响（例如，1836年，查尔斯·达尔文在英国皇家海军小猎犬号上的冒险中得到的新发现，至今还没影响到我家乡的某些地方）。但是在20世纪末左右，全球大脑达到了引爆点，哪怕只是从单一的个体身上也能快速学习到东西。如今，只需要点击一下视频网站，任何人都可以在互联网上看到奇迹，若是在以前，想看到这种奇迹可是异常艰难的，这需要花费大量的时间来冒险，以获取信息和沟通。

直接通过我们神奇的新技术，就可以体验空想冒险，不可谓不美妙。等你拥有几分钟空闲时间的时候——也许就是现在！下面就有一个冒险，你只需通过连接上互联网，在短短几分钟内就可以体验。

典型小组的空想冒险

你听说过住在偏远的埃塞俄比亚裂谷里的奥莫人吗？想看到他们令人难以置信的身体艺术吗？相信我，如果你爱美，爱时尚，或者如果你是纯属好奇，你一定会想看的。喏，点这里：www.youtube.com/watch?v=IsYPBRy8ljQ。

你看到过寻路人用声音和节奏连接无言和融通的世界，进入冥想吗？想不想亲身感受一下这个传统的模式？插上你的耳机，点开这个，享受吧：www.youtube.com/watch?v=OXkbj8MDZXo&feature=related。

这段录像是飞机在亚马孙热带雨林上空盘旋时拍摄的，是在一公里以外处将摄像头放大观测到的，录像中的部落是地球上所剩无几的隐世族之一：www.youtube.com/watch?v=sLErPqqCC54。

你听说过"百猴效应"吗？据说，在日本，一个部落里的一只成年雌猴学会了用海水洗甜薯和大米，它发现把甜薯和大米投到海水里的时候，食物会漂浮起来，食物上的沙子会沉淀下去。它把这种方法告诉了部

落中的其他猴子，当第100只猴子学会了这个技巧后，非常神奇的是，其他岛屿上的猴子也全都学会了。没有人知道这种方法是如何传达到另一个岛屿的（至少，不了解无言和融通的世界的人是不知道的）。点开这个链接，你就可以看到这个位于日本的原始部落。你还可以听到他们用声音来沟通，一些科学家认为它们的沟通已经接近人类口头语言的水平：www.youtube.com/watch?v=gz8F1SKJ2JE&feature=fvwrel。

再来看一看其他的，何不看看象海豹是如何在寒冷的格鲁吉亚海滩（这里指的不是美国东南部的佐治亚州，而是亚洲西部的国家格鲁吉亚）帮助——实际上，更像是爱上了——人类小组成员的呢？http://www.liveleak.com/view?i=4e2_1271613335。

别停在这里——在你看以上的视频时，上述这些建议可以帮你随心所欲地冒险。你看到的景象越是奇特，你的冥想就会越投入、越狂野、越富足。

我的父亲出生在1910年，在那个年代，没有一个人敢奢望看到上文列出的视频里的风景。即使是在探险时代（大约在15世纪至17世纪），最勇敢的冒险家如果能看到其中之一，那也算是极其幸运的了。如果有幸看到其中的两个，就足以令人震惊得无以言表。而且即使有人有了这份勇气和幸运，他也没办法把他的经验跟别人分享，只能费力地把它画出来，或者写出来，或者讲给他生命中遇见的寥寥无几的几个人听。我们当前的冒险能力是令人兴奋的，我们分享冒险经历的能力更是如此。人类巨大的大脑从来没像现在这样学习得如此迅速，与现在相比，人类从前学到的就是沧海一粟。

学习和分享冒险经历的能力的迅速提升，大大地改变了世界各地人民的生活方式。有太多的知识正在以太快的速度通过人与人的神经节传递给太多的人。所以，在很大程度上依靠控制信息和禁止自由集会来自我维护的政府正在慢慢溶解，慢慢变得透明，因为人们可以越来越自由地进行既开阔视野又有启发性的冒险。

这一切都令我充满了希望，作为单独的个体，作为一个物种，作为对全球生态起到微妙平衡作用的居民，修缮世界的小组仍然还有时间来制定新的方法，让世界更繁荣。没有人能够预料到狂野新世界中仅仅一个微小的个人能掀起怎样的变化。在冒险的途中，你越是自由，冥想得越是宽广，那么你带来的变化就越好。

英雄召唤你去冒险

人类学家约瑟夫·坎贝尔构建了一个"英雄之旅"的模型，他搜集了由全世界的寻路人讲述的数百个传统冒险故事。英雄的故事是这样开始的：主人公快快乐乐地过着普通的生活，然后有一天突然接收到了"冒险召唤"。有趣的是，他或她并没有接受，而是"拒绝了召唤"。正如人类学家希拉·赛弗特所言："主角们选择不改变当下的生活是因为他或她选择了不放弃当下的地位、权力、理想、目标和责任，这种拒绝往往源于他或她对未知的恐惧和对已经熟悉了的生活的满足。通常情况下，次要人物也会对主人公的拒绝行为起到支持作用。"就像唐娜最初拒绝陪我去非洲一样——不是因为她不感兴趣（她感兴趣），而是因为留在家里要更舒服、更方便。谁愿意一下子就接受这狂野的召唤，去一个只有上帝才知道在哪儿的地方？

对讲故事的人而言，幸运的是这个经典的英雄故事还没结束，主人公拒绝召唤之后就发生了一件事，坎贝尔称这件事为"超自然助力"。一些生物、对象或者说巧合进入了英雄的生命中，然后就是时候跟舒服的生活说再见，跟冒险说你好了。在唐娜的英雄冒险中，"超自然助力"是队员的空缺，这一空缺正好适时地为她开辟了道路，使她加入了我们的远征小组。当我把这些告诉她的时候，我几乎可以感觉到一股微妙的力量在拉着她。"我只知道我必须这样做，"唐娜后来告诉我，"我不知道为什么，但是在我内心有东西在告诉我：'去！'"。

如果我事先知道唐娜在非洲会遇到异常的困难的话，我一定不会让她跟我来。但是这段旅程使她经历了寻路过程中的冒险，也就意味着她进入了寻路的下一个经典阶段——"试炼之路"。在这一阶段中，坎贝尔说："英雄会得到试炼，发现脆弱之处，但是结果会揭露出一个连她自己都没发现的属于自己的一部分。"如今，尽管在非洲经历了伤痛和霉运——或者也许正是因为这些，唐娜称这次旅程给了她当前正需要的经历。

不是所有的英雄故事都必须经过异国旅行。布拉德第一次听见冒险召唤的时候，就响应了号召，他参加了嗜酒者互诫会，承认了自己是个酒鬼。苏珊是一名心理学家，也是一位舞者，她开始拒绝但后来又接受了一个邀请，为一组整天就知道跟电脑打交道的讨人嫌的电脑工程师举办一个创意型艺术研讨会，却不知，这为她开启了一个全新的职业生涯，使她成了一名商业顾问。安妮开始的巨大冒险是决定写她的第一本小说。扎克多年以来都保守着一个秘密：虽然他的父母都认为他的专业是会计，但是实际上他已经把工作重点转移到了海洋生物学上，在人类广袤的知识海洋里冒险激发了他的热情。等到他父母发现的时候，他们的消极反应对扎克来说更是"试炼之路"上的一个挑战。

现在，花一小会儿时间回首你的人生，看看自己有没有响应来自英雄的冒险召唤。每当这时候来临，你的表现就会异于寻常，甚至可能还会打破你所在的社团里的隐性规则或你个人的信念体系，去选择一条前途迷茫、曲折的道路。也许你自己也不知道为什么作出这样的选择。你也许还记得在你出发的时候，有一股奇怪的力量在推你或拉你，或者有人出现在你身旁鼓励你，或者游行队伍正好带着你走向了新的方向。你的一些冒险可能涉及外出旅行，但是不管身体有没有远行，你已经在前所未有的思想、行为和关系中远行。

如果这些冒险的召唤能促进你成为真正的英雄，那么伴随它们的就不会是轻松快乐的成功。我的许多客户都对此表示疑惑。"'假如'我重返校园，嫁给了英俊的陌生人，喂养了一只超大的雪貂，发明了一种新口味的奶酪，"他们问我，"为什么一切都出了问题？"答案就是，一场没有任何问题的冒险不是冒险，只是一次度假，单单的度假是试炼不成寻路人的。要想把普通的想象力延展成修缮者的冥想，最好的方法就是体验"试炼之路"。

漫漫长路终结果

如果这是真的，那么是时候由小组来修缮这个世界了，读这本书的时候，也许你正在冒险中苦苦挣扎，也许你正在用力抵抗自己去做一些非理性倾向的行为，因为这些行为是狂野的，是深情的，但也是完全没有必要的，这些行为在你的家人和朋友眼里更是荒谬的，但是对这些行为的召唤却不曾停止。正如玛丽·奥利弗（译者注：当今美国女诗人，以书写自然著称）所言："如果你感觉到了嘴边的雾气，如果你提前感受到了远方的城垛，湍流而下的瀑布，雾气蒸腾缭绕——那么，划向它，摇曳着你的人生，划向它。"

不管你是否听到了召唤，召唤你去开启职业生涯，养育孩子，教导囚犯，穿着你的睡衣坐下来思考哲学问题，这些行为都可能把你带入人间地狱。但是反过来，根据无数文化中的英雄故事来看，在这里，用赛弗特的话来说，那就是在"试炼之路"上，你将会迎来属于你的回报：

> 主人公变得自信了，经常得到身体和精神上的奖励。由于个人的局限被打破了，主人公可以看见更广阔的风景（并

且)……了解了终极目的是可以实现的,使命也是可以完成的……

(冒险结束时)主人公拥有了能力、权力、无限的智慧,无论在什么样的世界(身体、心理、情感或精神)里,他都可以使自己放松下来。他已经能够将落后的(旧)社会和文明的(新)社会融通在同一个世界里。

换言之,那些已经经历过某种英雄冒险的人(不管是以寻路人的身份还是在其他原始意向中)是唯一拥有足够冥想的人,可以帮助修复我们现存的世界。英雄的"试炼之路"上充满了未知和困难,这令我们感到恐惧和痛苦,但是这也扩展了我们的冥想,赋予我们能力去吸收外来的概念,作出有意义的改变。扩展了冥想后,一位冒险的修缮者就可以在陈腐落后的行为和新的治愈方式之间创造和谐的平衡。寻路人生来就是英雄。英雄的承诺履行与否取决于天生的寻路人是否顺应了第一声冒险的召唤——或者至少在第一次拒绝了后,没再错过再一次的召唤。

冒险和背道而驰的融通

你知道吗?相对于跟你免疫系统相同的人来说,跟你免疫系统不同的人往往更容易被你吸引。这是由你鼻子里的腺体决定的,腺体可以未经过你的意识认知就获取其他人的费洛蒙,防止意外的近亲繁殖(让你对与你基因相同的人不感兴趣),并且确保你的宝宝可以获取尽可能多的免疫功能。与之类似,为寻路人创造了最宽广、最强大、最有用的冥想状态的冒险,正汇聚了世界上各种完全不同的元素。

这是我眼中的非洲如此迷人的一个原因,作为北美人,我获取的是地球上最年轻、最富有、最机械化的大陆文化,然而非洲却是财富上最贫穷和最不发达的大陆地区,也是人类最古老的家园。两个极端相连,不管是非洲冒险家遇到了美国冒险家,还是美国冒险家遇到了非洲冒险家,都可以导致冥想的飞跃。闲暇时间我最喜欢做的事情是寻找被第一世界激发冥想的非洲英雄的故事。

例如,在肯尼亚,我遇到了一位了不起的女人,她叫做英格丽·蒙罗。作为瑞典人的她嫁给了一位加拿大人,然后一生中的大部分时间都居住在内罗毕(译者注:东非国家肯尼亚的首都)。英格丽的父亲是一名医生,他在肯尼亚居住过一段时间,之后才搬回了瑞典。当英格丽重回内罗毕拜访的时候,她接到了一个电话,电话是一位非洲外科医生打来的,他说他正在给一个被车撞了的无家可归的小男孩做手术。这位外科医生知道英格丽的父亲,他问英格丽是否介意给在瑞典的父亲打个电话,让她的父亲通过电话指导他做手术,好挽救小男孩的腿。

英格丽不仅照办了,她最后还收养了这个小男孩。然后她还对之前帮助过这个小男孩的女乞丐产生了兴趣。她开始集思广益,想出了多种方法来通过投入微小的成本,帮助这些女人摆脱贫困。这已经是多年前的事情了。在我再次遇见她的时候,英格丽已经成功地帮助三十多万个乞丐摆脱了贫穷,她成了一位成功的企业家。她帮忙创建的组织"加米-博拉",已经拥有了自己的银行、保险公司以及城市规划部门(如果你想获得英格丽的第一手资料,那么点开网址http://video.google.com/videoplay?docid=7351863330550836974#)。

下面就让我们看看非洲冒险:"加米-博拉"是由那些曾经流落在内罗毕街头,整日乞讨便士,并帮助像英格丽收养的儿子那样的流浪儿童生存下去的女人们一起创办的。当我问她们其中的一些人是如何在贫困中崛起的时候,这些英雄们告诉我她们得到的小额贷款(约50美元)对她们来说帮助非常大,但是迄今为止,在她们的成功道路上给她们最大帮助的是英格丽看待世界的方式。"她会对我们说:'你可以的。我看到你成功了。'"一位女人这样告诉我,其他人也点头表示赞同。这就是修缮者的冥想，是释放了街头乞丐的冥想，这种冥想召唤她们再一次冒险。"试炼之路"不仅可以带领她们摆脱贫困，还可以把修缮者看待世界的方式传播给成千上万的人。

另一位英雄是威廉·坎宽巴，他的冒险是从马拉维（译者注：位于非洲东南部的内陆国家）的一家小图书馆开始的。由于交不起80美元的学费，无法入学，14岁的威廉从图书馆借来了美国小学五年级关于电学方面的课本。尽管他不会说英语，但是他被书中一张描绘发电风车的照片吸引住了。这张照片激发了他的冥想，从此威廉开始迷上了谜题的破解，他利用一切时间疯狂地破解谜题，仿佛担心明天就不存在了。在课本的指导下，他花费了两个月的时间终于创造了自己的风车。他所使用的材料仅仅是一辆破自行车、一抬拖拉机风扇，还有从凉鞋上剪下来的橡胶块——就在他做这一切时候，他所在的村庄正在经历着一场饥荒。因此威廉的亲戚和朋友们都以为他疯了——直到他摇摇晃晃的风车产生了足够的电力，运行了一台收音机，接着是一个灯泡，他的村庄才第一次见识了什么是电力。

最终，威廉的事情被当地媒体报道，接着是国际新闻媒体的报道。你可以在网上看到威廉描述风车的视频和他第一次来到美国时的感受。从那之后，他创造了更多的风力发电机、太阳能电池板，还有深水井，他希望自己能为他的村庄带来持久稳定的电力。他在他的书《追风少年》中说，如果能早点了解互联网的话，他的发明过程将会容易得多。只凭借一本教科书，威廉就可以有这么多发明，那么如果他的冥想可以在全球的科学和工程设备中尽情遨游呢？他会取得怎样的成就？真是让人想都不敢想。下一次你再谷歌的时候，想一想威廉。

接下来，让我们再来看看伊斯梅尔·比阿，他的家乡塞拉利昂在20世纪90年代被内战所摧毁。在伊斯梅尔的青少年时期，他被一个军事团伙抓获，他们给他灌以药物，对他进行洗脑，把他变成了一个"兵"——基本上就是一个杀人木偶。在地狱煎熬了几年后，伊斯梅尔终于和另一个孩子被救援组织从军营里营救了出来。经过了痛苦的"修复"过程，他终于重新活了过来，最终选择了代表塞拉利昂出席在纽约为年轻人召开的模拟联合国会议。在会议上，他遇见了一个专门讲故事的人（解读"寻路人"）劳拉·希姆斯，他们交谈了好几个小时。

伊斯梅尔重返塞拉利昂的时候，战争还没有结束，他又被席卷进了另一场暴力战争之中。在他的回忆录《长路漫漫》中，他描述了自己在冒险中感受到的未来，还有他与劳拉的对话，正是这次对话帮他冥想出逃离这个国家，回到美国。他一路找到了劳拉，劳拉最终接受了他。劳拉可以向伊斯梅尔打开生命，让他走进来，是因为他的冒险和她的冥想正好开启了他的思想，让他看到了新的未来。

这就是第三世界的寻路人接受了冒险的召唤，与第一世界的经验相交，释放了冥想的故事。从某种程度上来讲，这种冒险几乎是老生常谈：富有、辉煌和乐观的"先进文明"激发了贫穷落后的非洲人。但是任何一位寻路人都会告诉你，两个陌生世界的交会为交换后的冥想同时开启两个方向。

古老世界里的冒险如何传授给新世界的修缮者

我和唐娜都是受过教育的美国人，我们却在非洲找到了灵感，寻到了冥想人类未来的新方法。在我们从小就耳濡目染的文化里，人类肆无忌惮地对城市和技术的扩张被视为"进步"，我们从来没有冥想过原来人类也可以通过治愈我们的内心世界和周围的自然世界来达到繁荣。

在非洲，虽然自然环境已经像其他地区一样遭到了破坏，但是相比于其他国家，非洲被破坏的范围要小一些，这正是因为非洲"发展"缓慢。要想修复曼哈顿树林，你会置自己于举步维艰的困境；要想把瑞士恢复成人类居住之前的原始状态，也是异常艰难；要想恢复美国大平原上的野牛迁徙，首先就得拆迁无数的沃尔玛，更别提城镇了。但是在非洲，我们仍然可以接近原始状态的人类家园，可以让我们冥想到修复伊甸园。在距离人烟稀少的内罗毕贫民区几个街区远的地方，就有一片完好无损的荒野，我曾经拜访过献身于这片土地、帮助野生孤儿小象的人们。伦多洛里和它周围"被修缮的"生态系统要比瑞士的面积大，而且在卡鲁也没有沃尔玛。那里的人、动物和植物，全部都可以把第一世界的人的冥想扩大，就像是在时代广场的冒险足以拓宽非洲儿童的眼界一样。

这就是非洲的神奇之处。

走过人类最古老的发源地，凝视我们远古的祖先奉为神圣的动物之眼，攀登我们伟大的祖父母、伟大的曾祖父母、伟大的祖先们所深爱的大树，任何有修缮者迹象的人，其特征都会在这个过程中显露无遗。也许不是只有非洲才是最好的选择，也许每个寻路人感受到的拉力都分别来自不同的地方，不同的冒险只为他或她的人生量身定做。冒险的召唤把我们带到何方不重要，重要的是只要我们肯去就足够了。

不管此刻召唤之物有多无厘头，会给你带来多大的不方便，尽管说不吧，只要你能。放心，召唤还会再次回来——反复地、执着地，直到你答应为止。然后系好你的安全带，因为这可不是一场舒适的旅行。一旦你接受了英雄的任务，就总会有各种各样的事发生，不是这件事，就是那件事。带上一个急救包，一些净化水的片剂，再带上额外的现金藏在你的袜子里。留心冰岛。在你完成生命中真正使命的道路上，随时做好准备迎接各种复杂情况和灾难，迎接即将扩展你冥想的艰难险阻。

你的英雄之旅也许会挫伤你的心灵，掏空你的钱财，折断你的胳膊，但是它也会修补你的灵魂、你的人生以及你在狂野新世界的那一部分。

用冒险放飞冥想

踏上冒险之路的必要步骤是选择一些你从来没有做过的事情，去新的地方旅游，学习新的技能，使用新的技术。你要不断地学习和创新，而不是享受熟悉和舒适的环境。

寻路大冒险：去你没去过的地方

如果你练习过回应小冒险的召唤，那么对于大冒险的召唤的回应就容易得多了。今天，找一个家附近你从来没去过的地方，去看一看；去一家新的餐厅喝咖啡；去一个陌生的杂货店购物；去你从来没注意到的社区散步。

你可能会产生轻微的不适。你的大脑会被迫创建新的神经元来熟悉新的事物，哪怕只是一个很小的创新。别害怕，别抵触，别逃避，去感受这种感觉。学习在这种不适中感受舒适，因为它与所有冒险都有着千丝万缕的联系。

寻路大冒险：学习一门新技巧

我们大多数人往往会对还未被我们所掌握的技巧感到惊叹，甚至对我们连尝试都还没尝试过的技巧感到惊叹。你是否一直都想做一个陶瓷盆，或者弹吉他，或者舞一曲探戈？对一种还未掌握的技巧感到惊叹就是一种冒险的召唤。从前的你拒绝了这个召唤，但是这一周，请对它说"我答应"。上一课，或者买一些必需品，然后就开始你的摸爬滚打吧。再一次，注意你将感受到的挫折和困惑，特别是刚开始的阶段。仔细观察事事是如何不顺的。习惯它，坚持下去，至少也得让自己看到小小的成功。

寻路大冒险：用全新的方式使用一种技巧

如今的世界被一群冒险家所主导，这些冒险家不敢进入未知的地方，却敢探索未知的技术。如果你是一个从来都没有使用过网络的技术恐惧者，那么通过视频网站来展开一场空想冒险，就像我之前提到过的那样。如果你是一位讨厌外出的计算机科学家，你单凭一只手就能制造集成电路主板，那么你该学习用两根棍子和肌肉的力量生火。如果你是一个讨厌汽车的女孩，那么你该学习改变你自己的汽油燃料。如果你是一位喜爱汽车的男子汉，那么你该学习打毛衣。我们都是使用工具的动物，我们可以使用的工具越多，我们的大脑在狂野新世界里掌舵时就会做得越好。

寻路大冒险：计划一个大事件

在你的日历上，找出空闲的一周，给你遥远的未来做一个计划，去一个你一直想去的地方。为了最大限度地提高你的乐趣，带着修缮世界的目的开启这次旅行：去做灾后清理志愿者；去做仁人家园（译者注：一个国际慈善组织，致力于帮助贫苦的人建造坚固、舒适的房屋）的志愿者；在森林砍伐区种植树木。

如果资金允许的话，你可以把你的冒险转移到国外。如果资金不够充足的话，你可以考虑一下去荒野冒险。带上你的什锦杂果作为路上的点心，也许你还可以在那里发现绿叶菜（谷歌一下）。无论你的冒险在何方，带上一些小组朋友和充足的便利贴，以便记录下你拯救世界的疯狂计划。

寻路大冒险：庆祝你的"试炼之路"

不管此刻你的人生正经历着什么，不管你是处于困境、倦怠、并发症还是挫折（心理上的）当中，与其抗拒和怨恨，不如把这些困难重塑成"试炼之路"。把自己看做故事里的英雄，被人们围坐在篝火旁津津乐道地讲述。去探索，去讲述这个故事。你会发现冒险越是恼人，越是灾难重重，寻路故事就越是趣味横生。

狂野新世界的召唤

最有意思的是，冒险的英雄在可怕的地方经历了可怕的事情，忍受了撕心裂肺的伤痛和梦魇般的试炼之后，反而不愿意回到原来的生活了。在冒险过程中学到的东西使他脱胎换骨，变成了一位更深沉、更快乐的人。正如赛弗特所言："有时候，他更愿意待在智慧的觉悟之中，而不太倾向于（甚至不愿意）重返'家园'，因为家园也许无法接纳他在冒险过程中收获的终极礼物。"

就在我和唐娜等待即将载她离开伦多洛里的小型飞机时,我又一次在她的眼中看到了熟悉的悲伤。她临时打了石膏的胳膊看起来非常糟糕,她的手肿了起来,一片瘀青。由于缺乏睡眠和在路途中染上的肠炎,她看起来非常虚弱。我们到达这里的时候,她已经瘦得皮包骨头了。恐怖的浪潮将我席卷,是我把她带到了这次旅行当中,一切都乱了套。难怪她看起来如此悲惨。

飞机到达的时候,我抱了抱唐娜,再一次向她道歉。她用受伤的眼睛看着我。

"我不能走,"她一边说一边哭了出来,"我不想回去,我必须待在这里。我属于非洲。"面对此景,我并没有乞求她原谅我将她拽到这场灾难之中,反而坚信她很快就会回来。像每一位典型的英雄一样,她深深地爱上了这片土地,是这里帮她卸下了平日里自我割离的情感外壳。在经历了地狱般的苦难后(比任何其他被我带到伦多洛里的人经历得都多),唐娜感觉到自己在这个地球上找到了人间天堂。所以,我保证,当你也经历了地狱般的冒险后,你也会跟唐娜一样找到人间天堂,一定会的。

就在我写下这段文字之时,唐娜正在计划跟她的丈夫乔尔一起进行另一次非洲冒险。其实更重要的是,她从自己的经历中明白,自己从未离开过伦多洛里。在学习修缮者的神奇之术的过程中,她的内心发生了翻天覆地的变化,她的冒险之旅更深入了,如今的她已经可以自由自在地随时进入融通的世界。在那里,在无时无刻之中,冒险无处不在。长颈鹿还是会从树后面突然窜出来,大象会凝视她的双眼,大树会折断她的胳膊,贝壳会包裹她的心灵,非洲朋友们依然会悉心照料她的伤口,地球上继续电闪雷鸣、火山喷发,河流还是静静地流淌,白云还是静静地飘浮,给万物以轻柔的慰藉。

英雄的旅程还未结束，你的下一个冒险就已经降临。你接受冒险召唤的那一刻，"试炼之路"就已经找到了自己的路，从你的潜意识进入了你的意识，放飞、扩大了你的冥想，为你带来了你渴望已久的愈合。再次引用玛丽·奥利弗的一句话，你所有的英雄冒险都会"敲开你的心，我的意思是只要你的心被敲开了，就会一直接纳整个世界，再也不会关闭"。

第四部分 第四种神奇之术：塑就

第十二章　塑就——不是强迫——你的渴望

"真是只该死的猎豹！"我愤怒地大吼，"神奇之术就真的起不到任何作用吗？"

没有回答。天空依旧湛蓝安详，草原上微风徐徐拂过，清爽扑面。为了检验神奇之术是否灵验，我已经至少用了十天的时间去尝试"召唤"猎豹了，而在回美国前，这次游猎是我的最后一次机会了。

我并不是想一睹猎豹的真容，我只是想验证"神奇之术"是否可以"召唤"来猎豹，这一"神奇之术"正是我所进行的实验项目。在科学领域里，一项实验成果必须是在多种情况下可以被重复验证的，之后才能被确定为是可行的。换句话说，一项科学成果，其结果是可以经由同一种途径反复获得的，否则只能停留在预想阶段。因此，无论"神奇之术"多么强大，只有反复"召唤"方见其效。

今天，为了庆祝萨尔（罗恩的妈妈）的生日，我与其他团队的队友一同前往菲达（译者注：位于南非夸祖鲁那他省，属于私人竞技保护区）自然保护区。我们进行了一天一夜的欢庆活动，宴会结束后，大多数人由于喝醉了，回到宾馆呼呼大睡。只有我们不得不在4点半起床踏上游猎之旅。由于是最后一次"召唤"猎豹的机会，所以在宴会当晚，我们只是埋没在人群中，并没有参加太多的活动，因为第二天早上我们得早早动身出发。现在是早上8点整，阳光明媚，这个时候夜习动物几乎都在隐蔽的窝巢里睡觉。

"真奇怪，"身边的萨尔叹息道，"我都来了70多次了，每次都能见得到猎豹，唯独这次是个例外。"随行的祖鲁导师默不作声，因为对做他们这一行的来说，如果不能满足雇主想看某种动物的愿望，那会是很可耻的。于是导师惋惜地说："这里没有任何猎豹的踪迹，甚至在整个草原上也不会有，因为它们现在已经到其他猎场捕获猎物去了。"

我很惋惜，我不得不承认这次实验失败了。失败的原因有两种可能，要么是因为通过思维编程得到的能量网络是根本不存在的，要么是因为这次我们编错了程序。我曾以为第一种解释更为合理，但在经过反复实验之后，我现在反而更倾向于第二种解释了。

犀牛日过去四年了，四年前的这一天我萌生了建立一个致力于保卫地球的修缮者团队的念头。在这四年的时间里，我阅读了大量书籍，进行了多次访问，同时也到各地考察，不断思考，不断向专家请教。于是我开始看到古代神奇之术的共性，并检验每个共性的可行性。虽然我在理性层面上存在着强烈的好奇心，但是我的真正的目标始终是找到自己的真如本性，并对不足之处加以修缮；始终是获得内心更多的平静，感受内心的爱，体验内心的欢喜。尽管在验证神奇之术的可行性时我不够专业，但神奇之术确实都起了作用。我万万没有想到的是，这一过程发生的巨大改变还促进了我的外在生活。

犀牛日过去不久，我与之前培训过的两位教练促膝长谈，他们也不知道当初为什么迫切地想帮我建立这么一个公司，让我投入全部的时间专心地来经营这个团队（而在此之前，我曾设想自己成为一名作家，为别人的公司做培训，没想到最后自己却成为一个企业家，为自己的公司做培训）。这两个在团队建设上助我一臂之力的教练分别叫"麦窦（牧场之意）"和"布鲁克（小溪之意）"，因此我叫他们"牧场"和"小溪"，这并不是一个巧合。他们的慷慨和才干使我在事业上采取了更多大胆的尝试，这是我从未有过的经历。在放手一拼的过程里，同僚们、专家们、客户们及其他人都在我需要的时候及时出现，给予我帮助。他们中许多人和"牧场"、"小溪"一样，尽管他们并不清楚这么做究竟会为自己带来怎样的好处，但就是抑制不住内心中涌动的强大欲望。

我所经历的"同步性"巧合得近乎荒谬。如果我迷上了一个名人，那么我在几天内就可以见到他。当我喜欢上一款平板电脑，但又不愿自掏腰包时，一个数月没打交道的客户二话不说就买给了我。当我弄伤了一只眼睛，祈求神灵来帮助我修复好眼睛的时候，我的眼科医生不仅将我的眼睛治愈了，还为我进行了激光矫正手术，30秒的手术过后，我告别了高度近视，视力回归于正常，甚至更好了。这些收获并不是我应得的，而是因为我使用了前三种神奇之术，使得每件事都顺着我的意向发展。

然而，在猎豹身上，神奇之术却失效了。

去菲达保护区庆祝萨尔生日的前两周，我与同事去了另一处私人竞赛保护区——伦多洛里保护区。每个人都亲身实践了神奇之术，直到整个团队几乎都能在空中飘浮。客户离开的当晚，我与克勒、博伊德开车去灌木丛放松。克勒在不远的草地上沉思。几分钟后，一道流星划过西边的天空，我们从未见过比这个更大、更亮的流星，甚至比落日还要亮，流星又很快变成祖母绿，最后消失在夜空。

克勒站起身向我们走来。她含着失望的泪水，小声说："流星是我召唤来的，但颜色并不是我想要的。"

"是，是啊。"我说道。

博伊德难以置信地摇着头，但是他也不得不承认："这可真是见鬼的巧合。"

"再做一遍给他看看！"我不服气地对克勒说，再来一遍，去他的巧合，再来一遍！

克勒转过身走开了，又回到草地上坐下来。三秒钟过后，另一颗流星再次划过天际，和刚刚出现的很相似。

"但这次的不是绿色的。"我指着流星说。

"一定是流星雨。"博伊德说。

我们大概在原地待了一个小时,目不转睛地盯着天空,但流星再也不出现了。我们请求克勒再召唤一次,但她摇摇头说:"没用,我尽力了。"于是我和博伊德陷入了沉思,因为我们有着同样的预感。第三颗流星不想出现,它不在我们的寻路人冥想中。当然,这一切可能只是巧合而已。但是巧合不可能经常发生,如果经常有巧合发生的话,那么我们会在宇宙里各种各样的巧合中迷失我们的信仰。

所以流星是克勒用神奇之术召唤来的,就跟叫外卖汉堡一样简单,但是我却无法将猎豹"召唤"到伦多洛里自然保护区。但当我来到菲达保护区时,我的沮丧一扫而光,反而兴奋起来,因为别人一直对我说这里是猎豹的天堂。菲达保护区经验丰富的向导信誓旦旦地告诉我,猎豹就在瓦祖的外围。但到目前为止,我们驾车去寻找猎豹已经有两天时间了,却依旧没有见到猎豹,甚至连任何猎豹留下的足迹都没有看到。最后,时间到了,我们的实验失败了。

既然实验已经失败,我的心情也终于放松了下来,我可以安心地沉醉在这美丽的自然风光之中了。我们已经到达了一座山的山顶,从这里望去,视野可以绵延万里,直达遥远的地平线。齐胸高的草随风摆动,像是湖面的涟漪,自然的色彩像是披了件绿色的裘皮大衣,夺人眼球。祖鲁人有一个本事,可以通过地形来追寻任何动物的踪迹,甚至是大象,这对我来说太不可思议。于是在这个神奇的世界里,我跨越了物种的界限,感觉整个世界一下子合为了同体,我变成了青青的草地,变成了广袤的平原,变成了天边的云彩。

"啊哈!"向导大喊道。他开始用祖鲁语和护林人快速交谈,护林人喊道:"盯住它!"便开始来回迅速扳动车的加速杆,这个情景就好像我们是刚抢劫完银行的逃命之徒一样。为了防止被甩出窗外,我系好了安全带，并搜寻着猎豹的身影。我似乎看到它了：草地上出现了一个很小很小的白色正方形东西，大约距离我们有6400多米远。这正是猎豹的胸部，它正在爬上白蚁丘欣赏美景呢。

我从没坐过开得这么快的敞篷车。在我们的尖叫声中，车子沿着泥泞的土路前行了15分钟左右，然后调头在广袤无垠的草丛中又继续行驶了15分钟。我不清楚导游是如何判断行进方向的，尤其是我们所追踪的猎豹几乎是在无规律地移动，它不会待在原地不动，这更增加了寻找的难度。我们终于到达了最初判定的猎豹所处的位置，一到达这里，我们就在这附近驾车寻找猎豹。在我完全绝望的那一刻，在仙人掌下面的草丛里我发现了它的身影，它蜷缩着身子，在3米以外的地方几乎都很难被人发现。

"谢天谢地，"我向天祷告，我把天上的最高统治者称为无名氏（因为这样可以避免拥有不同信仰的人之间产生冲突，包括无神论者），"我们最终发现了猎豹，但是我没有将其归因到奇迹里。因为这只猎豹不是靠神奇之术召唤来的，而是通过原始的狩猎方法，是两组不同的队员及一些世界上最好的向导用了10天的时间共同努力的成果，仅此而已。"

但是即便如此，我依然被人类的意志和决心所折服。这就是我几年前遇到的第一只野生猎豹。穿梭在丛林里经常想不起来带上相机——因为当你真的看到猎物的时候你是来不及调整相机取景器的，然而此时我又多么希望为猎物留下影像。我的手机倒是可以为猎豹拍照，但我却把它落在营地了。

这时突然传来了越野车急速奔驰的声音，随着距离的缩短，声音也越来越大。旅行车很少开得这么快，像是要参加全球汽车比赛，而不仅仅是普通的赛车比赛。第二辆路虎越野车高速向我们驶来，然后突然急刹车。车里只坐了两个人：司机和队员凯利·艾德。凯利是一个专业的摄影师，她穿着睡衣正在四处张望。"猎豹在哪儿呢？"凯利问道。

于是我们指给她看。凯利掏出她那只大得惊人的相机开始咔嗒咔嗒地为猎豹拍照。猎豹只是打了个哈欠，然后温顺地直起身子，像是明星遇到了粉丝，虽然已疲惫不堪，却依然彬彬有礼地配合。

下面来说说凯利的故事：由于在舞会玩了个整宿，凯利坚决要睡到日上三竿。但是早上8点钟左右，一个糟糕的念头打乱了她的睡眠计划："我必须起床，有一只猎豹正等着我去拍照。"她努力不去想这些，于是继续睡觉，但拍照的念头一次又一次地萦绕在心头，就像只蚊子在耳边飞来飞去，使她无法入睡。努力地克制了一番之后，凯利再一次入睡，可还没等进入深度睡眠，房顶出现了天崩一般的响动，又把她吵醒了。

事后凯利告诉我："那是群猴子，它们这样做好像只有一个原因，就是把我吵醒。"猴子们有的在房顶上蹿下跳，有的用拳头不断拍打窗户的玻璃，还有一些在门外大吼大叫，场面乱哄哄。凯利终于屈服了。"于是我二话不说，拿上相机，出门找了个司机就出发了。"凯利说。凯利找到的司机是这个私人猎场的护林人，也是当晚被宴请的客人。护林员不太高兴，因为他在毫无准备的情况下就得帮一位还穿着睡衣的旅客去追踪所谓的猎豹，还是在错误的时期，谁都知道这个季节根本就不会有猎豹出现在这片土地上。后来他通过无线电得知我们发现了猎豹后大为吃惊。

凯利与猎豹的近距离接触使她像触电一般，呆呆地站立了一分多钟，直到猎豹失去耐性转身准备离开后她才缓过神来，拿起相机赶紧捕捉最后的珍贵镜头，之后猎豹便消失在了无边无际的草丛里。而我在他们对视的间隙幸得了一张珍贵的照片，以此作为奇迹的见证。这只猎豹恰到好处地见证了努力与智慧的价值，我将以此来提醒自己。

第四种神奇之术

前三种神奇之术存在于我们的观念、想法、感觉以及梦境等内心世界中。通过这些神奇之术我们可以探究自己的本性，弥补自己不足的地方；通过思想上宁静的无言状态，我们看到了生活的本质；通过融通，我们感受与他人之间的爱及联系；通过冥想，我们重新建立愿望，化解困惑并找到解决问题的新方法。要想把这三个神奇之术同时作用于立体的现实世界，发挥在客观环境中，作用到客观的物体上，应用于我们所想象的事物上，就需要建立一个推力，很小的推力就可以。这种推力就是第四种神奇之术：塑就之术。

塑就之术，正如聪明的你所推断的那样，是指把之前只存在于脑海中的事物形成客观事实。让我们回想之前计算机的比喻，我们通过思维建立起来的能量网络去召唤，通过融通发出能量信息去交流，通过冥想编写代码进行"在线"创造。塑就之术就像是把你所建立的网页打印出来，或者是通过具体操作连接电脑的设备，完成电脑程序的命令。出现在三维空间中的物体或者行为并不只是少许能量的排列组合。一旦你把思维里的东西放到现实世界中去，你就可以把它展示给不使用电脑的人、没有电脑的人、从未见过电脑的人以及不相信有电脑这么个东西的人。掌控塑就之术是指你不需要让人们相信寻路人的技巧，你只需向他们展示结果就够了。并且（正如我从猎豹、猴子、困倦的摄像师那里学到的）如果你不再相信自己的魔法，那么超自然的国度会猛地拉紧束缚你的枷锁，将你带回现实中。

如何阻止塑就

回想我还是个摩门教的教徒的时候，一些教徒告诉我，如果信仰足够坚定，那么在亚当出生前，他的唐氏综合征是可以被我"治愈"的。想要创造类似的奇迹，摩门教规定的信条（并不是所有摩门教教徒都信奉，只是针对部分教徒所言）是这样要求的，如果你属于一个真正的教会，并且遵守所有教义，非常非常虔诚地坚信一件事情，那么你就会心想事成（就算用在收割麦子这样的小事上也会有效）。此外，许多其他宗教的风俗也与此相似。要百分之一百二十地坚信一种人文系统，并且绝对专注于你希望发生的事情，这样就可以创造奇迹。

然而，修缮者并不认为那样做是有效的。

不要误解我——在不同的传统文化背景下，有宗教信仰的人们都努力把心中所想变成现实。黑暗的巫师、自我驱动的萨满，还有神通广大的牧师，虽然他们来自不同的宗教，但都有过这样的尝试。他们中的一些人，用狭隘和局限的方式使用神奇之术，将心中所想变成现实，虽然这也能做得到，但变为现实的事物却有点像怪物，于是引发了一连串的恐惧，这种梦想成真的欢喜仅仅持续了一会儿，就像其他僵尸一样粉碎瓦解了。

相比之下，有经验的寻路人认为他们的神奇之术并不是执守于心中的幻想，为自己的性格忧心忡忡，然后强迫现实满足自己的所需。真正把想法变为现实的过程是发挥个人的想象力，把宇宙万物通融于同体的过程。这个过程温温和和，没有执念，不夹杂任何依附物，顺其自然地迎来无言。寻路人接受现实，他们清楚上帝造物的喜好，然后加入个人的想象，这些想象和他们自己不同的经历有关。结合上帝的喜好和个人的偏好，把想象变为现实，不用管你的意志力坚定不坚定。你并不需要时时刻刻在心里惦记着事物会不会发生，顺其自然即可，你需要的只是毫无保留的爱，强大的爱甚至都让你忘记了先前需要的是什么。通过运用前三种神奇之术，把想象变为现实的过程是轻松的，你只需要毫无顾虑地全身心投入休息娱乐之中，塑就即能成形。

用智能代替蛮力

从小，就有人教导我们要想在现实世界中做成一件事，我们应该怎么做。我们知道做成事情的先决条件是：确立目标，放手努力去做，把娱乐活动推到一边，工作、工作再工作。不断地努力就会成功。但我们也常常需要别人的帮助,所以我们需要努力找到帮助我们的人并给予他们物质回报(如食物、钱财、盟友关系或者支持),如果他们帮了忙,却起了反作用,那么就要给予惩罚(如放弃继续向他们寻求帮助、诉诸法律进行惩治、断绝盟友关系或者批评他们)。做成一件事需要很多时间和努力,不光要投入很多劳力,还要费很多心思。正如《创世纪》(译者注:基督教《圣经》的首卷)中所说:"你必汗流满面才得糊口,直到你回归了尘土,因为你从尘土而来,你本是尘土,仍要归于尘土。"

的确如此,可是……我们现在所处的世界已经与以往不同了,靠体力创造财富已经成为过去,财富是靠纯粹的脑力创造的。很多人想吃面包去购买就可以,根本用不着亲手去做。并且,这并不仅仅是现代社会才有的现象。在《创世纪》之后的篇章中,耶稣不费任何体力就给盲人带来了光明,他的医疗手段并没有比现代社会的眼科医生通过激光手术的治疗过程多费一点力气。塑就,是一种主要依靠信息和能量的手段,可以让我们不费吹灰之力创造伟大的奇迹。只靠口头描述不如展示出来更有说服力。为了更好地展示塑就之术,我经常会邀请长着四只脚的朋友们来帮忙。

训练马的两种方式

几千年来,在许多文化中,一代又一代的人花费了无数的精力来驯服和训练马。当时驯服马可不是一件容易的事,因为马很狡猾,不愿意配合人们;而且它们体型巨大,身体强壮,又容易受惊。几千年来,牧民流传下来一种驯马习俗,那就是通过"驯服"的方法让马听从人的吩咐,从而为人们所用。这种方法就是靠示威性的手法,把马用绳子捆绑起来,并用鞭子抽打,再用铁链拴住。所以几周下来,暴力使马最终别无选择,只好选择服从人的命令。从传统观念上来看,只有一匹马"筋疲力尽"了,才能与人类建立起真正的合作关系。

通过和这种传统的驯马方法相比，克勒和她的顾问提出了新的驯马方法——"顺应天性法"。这种方法的目的是让人与马之间建立一种合作关系，不采取高压管理，而是放任马，细心观察马的脾气秉性，通过人的肢体语言和能量的传递与马沟通。我就曾见识过克勒用这种变革的神奇方法训练受过惊吓、遭到过严重创伤的动物，包括马，这些马曾经为了不被"驯服"，努力地挣脱束缚在身上的缰绳，拼命逃跑、将前腿猛地踢起胡冲乱撞、放声嘶吼表示抗议，甚至抬腿攻击驯养员，因此最后都难逃一劫。克勒曾经感化了野马，就在它们像风一样狂野的时候。她从未想过要彻底驯服某个动物，但是野生大象和斑马却像马一样，用自己的方式向她表示了尊重。克勒把这种"顺应天性法"传授给了上百人，包括我在内，在这第一堂"马语"课之前，我们都从未接近过马。换句话说，通过学习修缮者与动物沟通的方法，我们都能使动物配合。这种先进的方法看起来像一种魔法，但这并不意味着它不具有科学性。

我在第四章阐述过有关"顺应天性法"的部分内容，现在我们来说说这种方法的一般过程（较我之前描述的会有微小差异）：

1.驯养员走进马所在的饲养场地。前提是他们彼此是陌生的，马在此前未接受过任何驯化。

2.驯养员所站的位置不要太远，要与马保持很短的距离。鼓励马围着饲养场走动一小会儿（马如果是本地的品种，那么时间要控制在两分钟到五分钟内）。

3.只要饲养员不慌不忙，精力集中，马很快就能通过耳朵、嘴唇、头部位置和能量传达它的信号，表示与此人在一起，它感到很安全。

4.人稍微走远点，然后停下。

5.马会跟上来，直到它的鼻子接近人的肩膀，然后停下，等候下一步指令。

6.马温顺而安静地跟随着驯养员，不需要绳索的牵引、鞭子的驱赶、铁链的束缚或是其他强迫性手段。

　　我和克勒通过以上步骤和其他方式跟马玩耍（说实话，你不应该把这说成是让马为你工作），并以此示范给课堂上的学员看。我们管这种方法叫做"如何心想事成"，尽管克勒认为这样做有打广告的嫌疑。但是，相对于"如何时时刻刻都注意到事物期望的发展方法，然后为它提供条件和空间，让它成为物理现实"，这样的解释更浅显易懂，对于现代的理性主义者更有吸引力。

　　你可以看到，马是一种会行走、会呼吸、活生生的有爱的隐喻，你可以拿它比作任何你想要创造出来的美好东西。更多的钱、令人满意的人际关系、身体的健康、智力上的突破、情绪上的平和、健康的生态系统以及一双好鞋，等等——获得这些东西的过程和能量与人和动物和谐相处的过程和能量一样。你需要或想要的一切都在等待着与你"连接"。

　　所以你可以完全自由地用你的坚韧和刚毅去"攻击"你生活中的工作，推翻、控制、强迫，并且主宰你想要的一切，包括人，就像许多人仍然使用的传统驯马方式一样。但是，如果你愿意练习无言、融通和冥想，那么就再迈出最后一步，有节奏地交替进行休息和玩耍，这样，你就可以成为一名真正的寻路人，付出更少的努力，收获更多的成功。

意外塑就（你是如何得到了你不想要的）

　　每一天，每一小时，你甚至都没有意识到，其实你一直都在用你的冥想召唤着生活中从未出现过的东西。你所使用的是人类惊人的抽象思维能力，你用这个能力把你的想法投射到了未来，别出心裁地创造出了跟你的生活从来没有过交集的东西。但是你的冥想也不一定就那么自由自在。如果你没有练习过谜题破解和冒险，那么你的期望往往会稍稍有所落空，你可能得不到你认为现在就可能实现的东西。任何在你的冥想中不断形成的消极模式正反映了你内心深处的期望。即使你的脑子里装满了雄心勃勃的积极思想，即使你不断地跟你的朋友们高谈阔论你的凌云壮志，说得你的朋友们最后都想揍你，那也不能改变一个事实，就是最终还是由你内心深处的期望指引着你的行为，决定着你的成长模式。

例如，南希觉得她永远也赚不到足够的钱，好让自己真正地休息下来。尽管她拼命地进行高强度工作，得到了很高的薪水，但是每次获得加薪或者奖金的时候，她都会想方设法破费出去，这可真是向着她预期的"不太够"的财务状况发展啊。

杰拉德在时间上也有类似的问题。他总是那么忙，很少有时间进行个人娱乐、家庭出游，甚至连睡觉的时间都得挤出来。尽管他每天都抱怨这些，但是他不言而喻的潜在预期就是："只有我不断做些什么，我才是有价值的"。除非他能改正他的冥想，否则他永远也不能拥有更弹性的时间安排。

波莉感到非常孤独，她始终找不到浪漫的另一半，甚至连个真正"拥有"她的朋友都没有。尽管她非常努力地去跟人们交流，但是她的预期始终停留在造成她孤独的孩童时代。作为一位勤劳的母亲的唯一孩子，她的学习成绩突出，这就意味着很少有同学能跟上她的脚步。她的预期是主导她预想中的一切，尽管这不是她故意的。

另一种意外塑就的方式是赶走你从其他人身上观察到的消极模式，你身边的不良"模范"做什么，你要试着去跟他做完全相反的事情。这样做的结果会令你感到痛苦，就像你一直逃避的那样，而且常常把你带到你发誓永远也不会去的地方。

例如，我的客户邦妮从小在一个暴力家庭中长大。她发誓要打破这一恶性循环，于是她在与人相处的时候采取了非常软弱和不自信的方式，但不幸的是，她这种卑躬屈膝的能量恰好是掠夺者和施虐者所寻找的受害目标。所以，邦妮嫁给了一个虐待狂，她的儿子们长大后也殴打自己的妻子。

查克的父母非常痴迷于财富。他看不起父母肤浅的物质主义，于是成了一位骄傲却穷困潦倒的艺术家。问题是没有人——除了穷人——比富人更看重财富。不断地被催交房租和索要赊欠的账时，查克逐渐对钱财产生了痴迷，他的痴迷程度一点都不亚于他的父母。

我的母亲患有纤维肌痛综合征，在我出生的时候，母亲几乎都不能行动。为了避免跟母亲一样的命运，我成了一个运动超人，进行高强度的训练，于是乎，我的纤维肌痛症状在我仅仅18岁的时候，就提前降临了。

你是在哪里意外地塑就了你的人生之路呢？你有过可怕的坏运气吗？有人一直起诉你吗？你总是给别人当伴娘，却从来没当过新娘吗？你经常在陌生的酒店客房里醒过来，穿着皮短裤，胡子三天都没刮，或者穿着不熟悉的运动内衣吗？这并不单单是无法掌控的命运强加给你的，而是你自己在无意识中通过第四种神奇之术塑就而成的。现在是时候有意识地掌控局面了，这样你才能把你的人生塑就得美妙欢乐，这才应该是它本来的样子。

在运筹帷幄中塑就

在你使用前三种神奇之术的时候，大多数塑就的过程都是自发形成的。下面使用这本书中教过你的所有技能来完成以下练习。这是一项深度练习。要想掌控塑就的过程，你需要经过多次重复的努力，仔细地盯着看这些努力是否有效，尽量一次比一次提高效力。我在前面章节中提出的诸多练习，你已经试过了。真正的修缮者做每件事的时候都会运用无言、融通和冥想之术，所以他们轻而易举取得成功的能力令人震惊，他们的生活也慢慢变得轻松。

在头脑中塑造形象可不像按下按钮就能轻轻松松开启微波炉那么简单，它更像是进行高尔夫挥杆动作。在你没尝试之前，它看起来轻松简单，但是等到你真正挥杆的时候，轻微的调整就可以决定你是能沿着球道给球结结实实的一击，还是完全偏离球的轨道。在你刚开始进行这项练习的时候，你可以以玩笑的态度练习，但是你一定要有精益求精的目标，就跟你学习任何艺术和技能一样。

步骤一：想出几种在你的生活里，你有点想塑就的东西

记住，这仅仅是一个练习，还用不上你使出大力神的十二分蛮力。通过把注意力一股脑儿地投入你沉迷多年的一大堆事物之上来强力练习塑就，就相当于通过加入如火如荼的全国橄榄球联盟来学习足球规则一样。塑就的关键在于轻轻地触碰，绝对不是紧紧地抓住能量。你只有经过了相当多的实践练习，才能达到你的情感高度投入的领域。这就是为什么我建议你先练习你有点想塑就的东西的原因，就像虽然我不是很需要iPad，但是我确实有点想要一样。你想塑就之物不一定是一件物体，它也可以是一个事件、一种关系、一项技能或者一个经验。

找到一个合适的对象来塑就的最好方法就是依靠我们先前讨论过的各种释放冥想的方法。如果你面临一个问题，那么在你的头脑中清除纯粹的冥想部分，然后使用塑就技术把该问题遗留的现实方面固定住。寻找一个你希望破解的谜题不失为冥想出新方法的好方式，冥想过后你还可以塑就。而且如果你觉得空虚无聊，那么一个小小的冒险会带给你新的信息、新的暗喻、新的视角，帮你改变你世界里的一切。一旦你想到了什么，就把它写在下面的横线上：

我有点想要的东西：

步骤二：注意渴望的扩大和你还未得到之物

我们大多数人都非常容易感到不耐烦、沮丧、被剥夺、被忽视，但是我们却很难以超然的态度对待这些感觉。当你在思考什么是你有点渴望得到的东西时，注意自己的感觉，如果得不到这件东西，你会有多么痛苦。由于我们面临的是小困难，可不是什么"压力山大"的大困难，所以这种感觉不会令人非常心烦（如果你非常心烦，那么改变一下你想要塑就之物，换成令你情绪不那么激动的）。在我们到达正确的塑就领域之前，一旦我们专注于想要或不曾拥有的东西，那么我们很多人就都被困在了负面情绪之中，从沮丧到愤怒，从失望到绝望，从焦虑到无可奈何。这种模式会造成更多的不利局面。

或者，你也可以选择把这种负面情绪赶走，告诉自己得不到也没什么，不值得引起你意识的波动。这是真的，当然是真的，没什么值得你陷入痛苦而不能自拔。但是你现在的目标是不依附任何塑就之术，全方位地感受各种情感。求道者往往否认自己的欲望，发誓终身保持贫穷或禁欲，他们以《圣经》训诫"金钱是万恶之源"或佛教信奉的"痛苦始于欲望"为戒。但其实这是对寻路人智慧的误解。《圣经》上是说"对金钱的贪婪是一切罪恶之源"，佛教教导的是"被欲望牵引创造了痛苦"。《圣经》上认为"先去寻求天国"可以让我们随心所欲地实现我们灵魂深处渴望的每一件好事。"全力以赴，按压沉淀，发愤图强，涓涓流淌。"佛早已不再奉行禁欲主义，放弃了对舒适生活的贪恋，寻求没有任何附带价值的自我实现。

我们对已经失去之物还抱有潜在的期望，所以才导致了我们对渴望之物紧握不放的情感特质，这种情感特质使我们的塑就世界噩梦连连。渴望，但不执念是快乐的，也充满了乐趣。饥饿使食物变得更加美味，而强迫自己去抵抗饥饿最终反而导致我们狼吞虎咽、贪得无厌。摆脱了情感上的依恋，我们就会接收到能量网络里传来的信息，告诉我们我们的需求将会得到满足。这样，我们的期望、我们的行动会让我们的塑就世界更加丰富多彩。

无论何时，如果你发现自己强烈地依附于某个结果，那么无言和融通就会来拯救你。当你进入了精神的海洋之中，仔细观察你的感觉，你会发现，其实你可以放下心头难解的绝望。这就是当我停止追逐猎豹，并享受我在菲达保护区的时光时所感受到的。当然，对我们越是重要的东西，我们就越难放下，这也是为什么我们先拿小事物进行练习的原因。随着技能的提高，你将会自然而然地极度渴望某些东西，痛恨暴行，感受到强烈的危险信号，摆脱危险的泥潭，然而你发现你并没有刻意地去追寻情感。

步骤三：冥想完美……心平气和地

在深度练习塑就之术的过程中会涉及一些肢体动作，你在冥想的过程中已经练习过了：追求完美的结果。在你进行肢体动作的时候，要在头脑里时刻冥想着完美，让它指引着你的物理动作朝着冥想中的结果发展。学音乐的学生们用他们心中的耳朵时时刻刻聆听着琴弦上跳跃的完美音符；网球运动员们一直冥想着完美的发球；诗人们感受着能够完美地激发读者共鸣的诗句；商人和政客们冥想着完美的谈判；哺育新生儿的父母们冥想着要完美地保持温柔、耐心和理智，尽管养育婴儿的过程辛苦且睡不好觉。

如果你为你当前的状况冥想出了完美的结果，那么你会发现你的下巴、你的胸膛或者你身体的其他部位都在收紧聚拢，朝着你冥想的方向匍匐前进。进入无言的世界，感受放松，一直盯着完美的景象，直到你的感觉最终只剩下积极的情绪：快乐、欢喜、感激、满足。不，你冥想的事情还没有发生。但是没错，你真的可以摆脱对现实的所有消极情绪了。如果你不这样做的话，你就是在追赶马，而不是让它们主动来到你身边。你是在用绳索勒紧它们、强拽它们、恐吓它们，直到把它们弄得筋疲力尽。这也是一种方法，但这是一种蹩脚而费力的方法。但是我们要的不是这样的结果，我们要的是神奇。

步骤四：停止塑就你渴望之物，专注于它的本质

一旦你感觉到自己已经完美地找到了解决问题的方法，就不要再在你的意识中想这个问题了，也别再冥想你面临的这个问题了，更别再有任何相关情绪了。

你可能经历过这样的时刻，你的生命中发生了一些美妙的事情（你订婚了，你计划了一个令人兴奋的假期，你完成了一笔生意，你终于逃离了监狱），然后你把这些兴奋的情绪放到一边，开始认真做一些需要注意力高度集中的工作，比如牙科手术，或制作一块非常奇特的三明治。尽管你专注于眼前的工作，你没有惦念着这些喜事，但是这些喜事仍然散发着光彩，悄悄地沐浴着当下的每一刻，让你充满了幸福和满足。这就是塑就的能量。

你的脑海中在来回切换着镜头，时而清晰地冥想着你渴望的东西，时而放下冥想，集中精力回归当前的工作，但是不管怎样，这温暖的光彩一直都在。依靠你的融通之术，既能完全投入当下，又能常常念起美妙的时刻。就在你一边保持着积极的情绪，一边忙碌在当下时，你正在发出强有力的召唤，把冥想中的状况塑就成实实在在的现实。在这一过程中，你的行动会充满乐趣和欢喜，效果也会事半功倍。

步骤五：寻找回应的迹象

热爱当下的每一时刻，也热爱你冥想出来的完美未来，会使你产生无法抗拒的磁性。你可能在内心深处感受得到这些，就好像以前从没冥想过的情节让你感到欢喜，流淌到周围的每一处，汇入了融通之中，途经的每一处也都是第一次见识到你冥想出来的事物，对它充满了强烈的好奇。你可以感觉到你身处连接的状态之中，周围的空气里跳动着兴致高昂的因子。你还可以感觉到在现实生活中，有东西在给你以回应。鸟儿和其他动物离你更近了，人们的笑容更多了，微笑着问你你喜欢什么，自愿跟你合作。你自己的身体、你的言行，都会令你大吃一惊，因为它们几乎在你不知不觉和毫不费力的情况下，恰恰成了你渴望的样子。

当然，从某种层面上来讲，你获得了你期望冥想成真的情景或事物。在这个过程中，真正的欢喜在于你和你周围的一切非常有意思地连接在了一起。因为无言的世界里没有言语，融通的世界里没有分离，你成了一位纯粹的观察者，观察着你的思想和外部环境的美妙连接，注视着冥想之物塑就成形。你沉浸在惊奇和快乐之中，感觉周围的一切都在对你内心的渴望说："没问题！"

步骤六：留心任何你有点想做的事情

不断地感受冥想与现实之间流淌的欢喜就足以让冥想之物飞奔到你的现实生活中来。一旦塑就过程需要你的实际参与，你的心中就会燃起行动的火焰———一种愉快或强大的冲动，与其静止不动，倒不如行动，行动会令你更加愉快。行动的过程趣味无穷，迷人多彩。可能你并不想这样做，但是我建议你最好这样做。

不要把焦虑感或消极的紧迫感与丰富多彩的创造性相混淆。再次重复一遍，执念会中断你神奇的塑就过程，把你留在日复一日的重复性工作里。等待，但别强求，直到一股行动的火焰将你点燃。有时候，当你在别人的塑就过程中充当着一个角色时，会更容易注意到这一点。也许你在莫名其妙中就为别人做了一件伟大的英雄事件。就比如我的朋友凯利，她并没有刻意地睡四个小时后起床拍摄猎豹，但是当她被屋顶上猴子的敲敲打打吵醒以后，她内心的冲动如此强烈，以至于穿着睡衣就跑出了露营。

说到睡觉，我还想起了另一件与冲动行为相关的重要事情：其实不管什么时候，对你来说也许最有力的行动莫过于休息。对此，我不能强调更多了。大自然中万物潮涨潮落，一味地追求只有潮涨没有潮落的生活会引发紧张和焦虑。神奇的寻路道路上需要你踏踏实实地睡一觉，这样才能继续下去。与马连接的最后一步是与它远离。同样，与你试图从冥想中塑就成形的事物相连，最后一步也需要你放手，屈从，完全分离。小憩是许许多多塑就过程中最有效的步骤。如果你有休息的冲动，或者睡意来袭，那么停下手中的一切，睡觉去。

由于这不是一个高风险的塑就过程，所以也许你感觉不到这种冲动行为（或小憩）的无穷乐趣。因为我们练习的只是你有点想塑就成形的事物，你对它的渴望只是一点而已。但是，这么做还是很有乐趣的。

我有一点想做的事情：

步骤七：做你想做之事时，保持精力充沛的塑就状态

当你执行刚刚写在上面横线上的行动时，如果你感觉到了某种诱惑，但是你轻轻地回避了，然后又进入了言语的思考，回到了情感上的依附，或者"解决问题"之中，那么，又一次，你神奇的塑就过程马上就会终止。神奇是在非常超然的情况下发生的，会令你达到几乎无聊的地步，正好与狂躁兴奋形成鲜明的对比。继续密切关注结果，重复成功之处（即使是一点点成功），改正没有成功的地方。很快你就会感觉到一股美妙的能量在平静地流淌，就像老子说的"无为而治"。这种力量会帮你实现一切，包括通过你才能实现的事情。

继续塑就直至真正成形

如果你在按照上述指导进行练习的时候并没有感觉到困惑和阻碍，那么只有两种可能，要么你已经是一位经验丰富的寻路人了，要么你对上面的指导理解有误。任何口头的描述，包括上文的指导，都只是非常粗略地带你感受一下塑就，你并不能真切地体验到生动的塑就之术。纸上得来终觉浅，绝知此事要躬行。说和读是一码事，做起来却又是另一码事。

例如，在第一次尝试与马进行连接之前，我阅读了所有的理论，记住了所有的步骤，还特意在电视上看了一个示范和一场现场表演，但是我还是完全不知道我在做什么。这匹马，就像狂野新世界里的其他事物一样，精确无疑地映照出了我的困惑，停止、前行、转弯、盘旋，我拼命地跟随着的信号正好与连接背道而驰。我的肢体语言乱七八糟，但是问题不在这里，真正的问题在于我的能量：我非常紧张，注意力过度集中，头脑处于亢奋状态，要求也有一些急躁。你也应该有过这样的感觉，比如当热心的店主拼命地向你推销衣服的时候，或者当你的同学疯狂地游说你打扮得时髦一点时。这并不是说你的能量出现了邪恶因子，只是它失效了，或者，更准确地说，是过犹不及。它什么都做到了，独独忘记了玩耍。

我的第一次尝试以失败告终，多年后，我独自一人骑着马，沿着围栏，走了大约15分钟，然后我才恍然意识到这个事实。没有人观看，我也并没有感到任何恐惧，我的注意力完全被兴奋和好奇所主宰，我一个人顺顺利利地就完成了我的第一次连接。你以为我雀跃地上蹿下跳庆祝我的胜利了吗？没有。这种狂躁的能量在塑就的网络里根本不存在。我永远也不会忘记那一刻开怀的喜悦，但是那时的我已经不需要了，我现在也不需要。因为你并不需要已经存在了的东西，你只会静静地观赏。

一旦你能保持这种感觉，同时构想出你有点渴望的事物，感受拥有它的乐趣，并且一直保持当下的快乐，那么天上落下来的硬币将砸入你的怀中。然后，你可以从天上挪来美元，然后是朋友、精心编制的劲舞、猎豹以及天上所拥有的一切。你的路四通八达，无处不在，特别是在我们的狂野新世界里。

与你曾经的冥想之物意外连接

在你一遍又一遍地练习这些步骤的时候，在心里期望一些神奇的事情：你曾经渴望的一切（你的真如本性渴望的）将会朝你走来。达到寻路人的安静和平和不费吹灰之力，你渴望过的一切都会来到你的身边，包括你在童年和青春期盼望得到的；你毕业后期待已久的工作；你单身时期爱恋已久的梦中情人；狂野新世界的物理现实；你为了取悦人生导师编造的愚蠢的梦想。就好像，多年前你对它们的生拉硬拽使得它们铆足了劲，以至于多年后你自己都忘记了当年的渴望，此时它们却姗姗而来了。实际上就是在你忘记当年渴望的那一刻，它们终于降临了。

这就是我召唤可恶的猎豹时，最终亲身经历的事情。在菲达保护区参加完萨尔的派对后不到两个月，我就与一些慈善家来到了肯尼亚，领队的是一位勇敢而卓有远见的小组成员，叫杰莱恩·莉泽。她是其中一位以游客的身份孤身出现在这个饱受战争蹂躏的国家的人。她来到这里以后，很快就成了总理和反政府武装势力领导人的知己,而且第二天下午就在饮酒欢颜中为双方促成了和平。杰莱恩的塑就力量让我十分惊奇。我根本不知道她是如何做到的,但是我只知道我跟她相处的时候相当愉快。每个人跟她在一起时,都是这样。

我跟杰莱恩提到了我执着地追寻猎豹这件事,所以我说完后,她就去"跟一个人交谈",那是一个完全陌生的人,但是很快那个人就归顺了她。于是15分钟后,我们成功地欣赏到了由内罗毕爱心动物学家们饲养的一些孤儿猎豹,要知道,这在平时可是严禁个人参观的。

每个物种都有自己的能量:马非常温柔,容易受到惊吓;小狗充满快乐,容易被感动;家猫性格古怪,容易被冒犯;但是猎豹……噢,我的

一只神奇的猎豹。凯利·艾德/摄

天。猎豹的能量是我曾经感觉到的最甜蜜的。我蹲在一只猎豹旁边,轻抚它毛茸茸的皮毛,它也开始轻舔我的胳膊作为回应。因为猎豹的舌头像工业等级的砂纸,所以我的胳膊感觉到有些疼痛,它每舔一下,似乎都能给我的皮肤蜕掉几层皮。但是我已经被爱席卷,几乎都没注意到这一点。很长一段时间之后,我擦掉了皮的胳膊都一直有些刺痛和敏感,但是我却不介意,我很高兴能有这样一个完美的印记提醒着我,在思想与三维现实交接的那一刻,在创造迸发的那一刻,在寻路人于冥想和塑就之间终于架起了桥梁的那一刻,一切都温柔得不可思议。

又一只猎豹。杰莱恩·莉泽/摄

第十三章　塑就你的艺术，自我修缮

我们还没看见狮子，就已经先闻其声，那声音就像我们在电影中听到过的一样。开始的时候，是轻缓高声地呻吟，仿佛一个人打着慵懒的哈欠，然后慢慢地变得洪亮，一直提升到115分贝——就好像喷气式发动机发出的音量，又像是用扩音器放大音量的震耳欲聋的户外摇滚音乐会，然后才降低音量，渐渐地低落成一连串的咕哝。你在1600多米外就能轻而易举地听到，有时候8000米远都可以。如果你离狮子很近的话，它发出的声音都能令你身体的各个器官震颤。那感觉就好像这头狮子光咆哮就足以置你于死地。

"往后退。"博伊德低声说。我不想往后退，所谓无知者无畏，多年来依然不成熟的经验让我有一股不可动摇的信心。但我还是很不情愿地在索利的领导下，跟着他绕了一大圈，最后来到了一座名叫科皮的小山峰，这里的小山峰都是以它们的形状得名的，它们像倒置的茶杯一样，星罗棋布地点缀着这片大草原。

"往上，往上，往上。"走在后面的博伊德低声说道。平日里他声音悠闲，这次却显得异常急迫。另一声呻吟从我们身后传来，麦格戴斯（译者注：美国著名的鞭挞金属摇滚乐队）的主唱正懒散地对着麦克风打着哈欠。这时候，声音又提高了5分贝，可是传到我们的耳朵里可就不单单是声音了，我们的耳朵还感觉到了疼痛。我似乎感到有一股力量在我的身后推着我。我爬得更快了。

当我们爬到半山腰的时候，索利轻声说："就这儿吧。"于是，我们坐在一排火山岩上，俯瞰山下。

似乎就是在这个时候，狮子从山脚下茂密的丛林中走了出来。东升的旭日映照在这只400多斤重的庞然大物身上，它的肌肉和鬃毛发出金色的光芒，如同杰拉德·曼利·霍普金斯（译者注：1844～1889，英国维多利亚时代的诗人）在诗中的生动描写："庄严的神主宰着这个世界。世界突然大放异彩，好像摇晃的金属箔闪闪发着光芒。"狮子抬起头，大吸一口气，伸展了一下它那庞大的躯体，就像一个巨大的风箱。接着，它那碾碎人头就像碾碎花生一般容易的双颌又发出了一声慵懒的哈欠声。然后声音越来越大……越来越大……越来越大……越来越大，我觉得我的五脏六腑都要被震裂了。我从来都没见过比这更华丽的表演。看来为了赶上前排座，半夜3点就起床真的是值得的。

当然，比起在售票处购买宿营的票，购买狮子"演唱会"的票可得需要些稍微不同的技巧。为了买到票，我们需要跟踪好几个小时，迈着大步在丛林中一路颠簸。索利是领队，我和克勒跑在中间，博伊德背着沉重的步枪殿后，但是凭借他的户外能力，用得上枪的概率几乎为零。对于非洲人来说，土壤里轻微的压痕、一片草叶轻微的晃动，这些我根本注意不到的细节都是明晃晃的霓虹灯，可以帮他们捕捉到狮子的位置，狮子的一举一动，尤其是狮子巨大的头颅里的每个想法，他们都能摸得清清楚楚。

我刚刚了解到追踪，就被深深地感动了。我刚开始学习那天，索利对我招手，叫我过去。他捡起了一根长长的棍子，在地上画了一个圈。"你看到什么了？"他问我。

我盯着被圆圈圈出来的那一块土地，那块柔软的沙地上有一个巨大的爪印。

"呃，这是狮子留下的痕迹吗？"我回答道。索利点点头，我在心里暗自庆幸，我猜对了！但是索利没有动，他又站在刚才那里用他的棍子沿着这个圈画了一遍。

"你看到什么了？"索利又问了我一遍。

我感到困惑，我已经说出正确答案了，不是吗？索利一直都在面无表情地凝视着地上的足迹。我又试着回答："这头狮子非常大，一定是一只，嗯，公狮？"

索利再次轻轻地点了点头，然后他伸出一只手，轻轻地在足迹上一划，眼睛一刻都不离。我又低下头看，这一次，不知道为什么，我发现它非常有趣。

后来我意识到，仅仅是通过简单的肢体语言，索利就把我带进了无言的世界。相比我跟约翰尼近来进行的大脑皮层分析，我现在在观看狮子足迹的时候运用的并非大脑皮层，完全是非语言感觉，是从数百万位祖先那里继承而来的。不假思索地，我就把手放在了狮子留下来的足迹之上，假装自己就是一头狮子，长着巨大的前爪。然后我注意到这个足迹稍稍有些弯曲了，似乎向右偏离了0.3厘米。这个偏离就是索利用手指给我看的地方。我把我的手伸到空中，感觉到一股轻微的力量在扭转我的胳膊。几乎是在不知不觉中，我把头转向了左边，与这股力量达到平衡。

有东西在我的身体里流淌。我突然明白了——不是想到的而是感觉到——狮子大概是怎样留下这串足迹的：它听到了左后方的声音，然后暂停了一会儿，回头看了一眼。我能感觉得到它敏锐的直觉，它巡视丛林中风吹草动的火眼金睛。它在寻找着什么：它的对手猎豹？还是它引以为傲的其他队友？我的耳畔被鸟鸣声、树叶的沙沙声萦绕。我的眼前，蟋蟀在跳跃，百万张清晰的影像从脑中一张一张地掠过，狮子捕捉到的一切我都尽收眼底。最后，眼前的影像停止了，耳边的声音也消失了，我把目光投向了前面，寻找下一个巨大的爪印，然后下一个，再下一个。

就这样，我终于明白了为什么博伊德和索利可以盯着尘土看上数个小时。他们不是因为看不到电视闲得无聊，也不是因为喝了安眠药，他们是在解读。每一行脚印都是一个故事，都是由留下脚印的动物用第一人称书写的。

有一次，我进入了正确的大脑状态，狮子留下的足迹似乎跟我讲话了，就像大侦探福尔摩斯跟可怜又傻乎乎的华生说话一样。这些足迹很深，也很有规律，在我们面前展露无遗。也许它最近吃饱了，并不是在狩猎。它的爪印清晰明显，并不像其他足迹那么模糊，也没有被风吹散。狮子一定是最近才从这里经过的。事实上，我突然冒出一个想法，它此刻正注视着我。想到这儿，我所有的感官都处于高度戒备状态。足迹的故事成了我读过的最有意义的故事，这种线索追踪使我沉迷于大量的侦探小说、《犯罪现场调查》、《法律与秩序》的情节之中，为我的生命增添了乐趣。我被这个故事深深地吸引，我真想整天都跟着足迹追踪。

从那以后，我把几十位长期居住在第一世界城市里的人陆陆续续地拽到了这片丛林中，给他们上第一堂追踪课。他们一个接着一个都是同样的反应：不感兴趣，困惑，深深地迷恋，几近成瘾。我比较认同一些人类学家的看法，读取踪迹是一种明显的进化优势，正好被编进了我们的DNA里。字母、观察分析法以及科学方法本身也许就是由沙子上的足迹演变而来的呢。你看到了什么？你看到了什么？你看到了什么？这个问题已经帮助人们乘坐火箭一路到达了月球，帮助人们通过望远镜和卫星进入了其他星系，帮助人们通过实验走进了物质完全溶解为能量的世界。它也会帮助你在21世纪的狂野新世界里追踪到自己正确的人生之路。它会告诉你在塑就世界里该怎样做、怎样创造。

在狂野新世界里追踪

在我小时候，正值20世纪60年代，那时候发达的国家已经不再需要追踪行为了。我们享受着千年的鹅卵石、铁路和高速公路。工业化淹没了动物的足迹，吞噬了大自然，放任了人口的膨胀，为上百万的生命确定了明确的方向。我小时候的美国，男人们每个工作日都出去工作，纵然这样的生活打开了他们的创造力，让他们想象出了各种各样的自杀方法，他们依然工作个不停。而女人们，除了有时生生孩子，基本上就像家里摆设的家具一样，经历着同样的生命历程。

等我在20世纪80年代成了哈佛商学院的研究助理时，事情就已经在发生着变化。但是说归说，我是在帮忙对哈佛商学院毕业生做纵向研究分析的时候，才更清楚地了解到当今的变化有多大。这些小伙子们（他们都是小伙子）刚从商学院毕业，就找到了非常棒的工作，但是整个20世纪80年代期间，他们一直都在苦苦挣扎，仿佛被锁上了枷锁，人生抱负无法实现。最先感觉到迷失并开始四处奔波的研究对象，最终反而创建了自己的小公司，经济上取得了蓬勃发展，心理上也得到了满足。

"哇！"当我读到这些数据的时候我不禁感叹，"太疯狂了！"工作在"列车轨道"事业上的小伙子们实际上并没有那些驾驭自己人生的小伙子们成功，自己驾驭人生就像驾驶汽车一样，虽然没有固定的路线，但是独立。考虑到这一点，我开始给学生们进行职业培训，告诉他们一个人可以随心所欲地"驾驭"自己的人生。我还告诉他们，也许有一天，他们甚至都不需要道路！也许他们可以像驾驭全地形车一样引导自己的职业生涯！

可是我错了，并不是因为社会形态再次变得僵硬了，而是因为我连做梦都没有想到在我生活的年代，社会和经济结构的流动性有多大、多不稳定。要记得，能被称得上是"寻路人"的人，要求具备的素质是不仅可以在陆地上追踪到自己的位置，找到自己所需的，在开阔的水域上也一样可以。全地形车并不是对现代生活的恰当比喻，因为万物都在连续不断地发生着巨大的变化。不论是老式的列车轨道，还是正值流行的公路，或者是坚实的路面本身，都正在被慢慢地一扫而空。

根据摩尔定律中的一条原理，电子设备的能力每18个月就翻新1倍（许多专家认为这种说法太保守了）。就在我写下这句话的时候，万维网已经前进了差不多6000天。等到这本书出版的时候，网络技术的能力较现在相比将至少提高2倍——那时候网络技术能力与我现在生活的距离就相当于我现在的生活与网络诞生之前的世界的距离。要想知道我们可以在狂野的环境里塑就什么，我们必须从根本上解除预期，然后注意我们的环境和直觉中不断发出的信号，把追踪者的注意力完全投放到所有这些信号上。

幸运的是，在世界真的是一片荒野之时，在火车轨道和高速公路还没有被研发出来之前，在大学本科学历、入门级市场营销职位、企业兼并，还有所有我们20世纪的老顽固自以为坚固的社会结构还没有出现之前，我们的寻路人就已经探索出来了神奇之术，供我们后人随意享用。如今，要想创造一个令人满意的职业生涯和幸福的生活，最好的办法就是抛弃墨守成规的规则手册，好好地使用寻路人留给我们的神奇之术。

接下来，本书将讨论如何在时间和空间中使用神奇之术，其实从第一章开始你就已经在学习了。召回你的真如本性，在狂野新世界里寻路的过程始终是相同的：进入无言的世界，达到融通以感受当下的环境和位置，冥想什么是你想要的，然后塑就冥想之物——情形、物体、关系、项目、活动，一切能表现出你独特视角的东西。这里有一个非常精准的词语可以形容这种源源不断的创造力，那就是"艺术"。

开创你的艺术

与普通艺术不同，你的艺术是你独一无二的真如本性在塑就世界中表达自我的方式。你的生命中一定有过痴迷于创造的时刻，这就是你的艺术。不管你用真正的方式塑就了什么，这些东西在别人眼里都比在你自己眼里更迷人，因为正如卡尔·罗杰斯（译者注：1902~1987，人本主义心理学的理论家和发起者、心理治疗家，被心理学史学家誉为"人本主义心理学之父"）所言："最个人则最普遍。"你的本质融于伟大的本我之中，但是你独特的经验在融通的世界里是前所未有的，也是独一无二的。狂野新世界与人类从前的历史不同，在这里，你可以发现热爱你的艺术的人，支持你创造任何你的真如本性认为丰盈美丽、滋补治愈的东西。在当今的世界上，没有坚实的"成功之路"，没有一模一样的事业路程，但是追踪你的艺术这段历程，是可以相互分享、相互学习和教导的。

比如，我们可以看一下戴维·波塞利的人生和事业之路。温柔、睿智的戴维总是脸上挂着灿烂的甜蜜笑容，他从小就拥有一个梦想，那就是长大后尽自己所能帮助和治愈任何自己有能力帮助的人。这个在多种情况下不断重复的愿望就是一个迹象，表明了他具有修缮者的真如本性。戴维也热爱宗教，他告诉我，他是一位神秘的天主教徒："我从教堂得到了所有的美好之物。我成功地躲过了所有不好的事物。"最后，他成了一名牧师，并深爱着自己的职业。那时的他走在正确的轨迹上。

随后，戴维以传教士的身份被安排赴黎巴嫩工作，那时候这个国家正处入战争之中。戴维在那里居住了多年，每天都提心吊胆的，因为他随时都有可能被炸成碎片。他认识的许多人，包括他最亲近的朋友，差不多都被打死了，存活下来的也是生活在无止境的恐惧之中。戴维也是如此。引导他选择这个职业的欢喜、热情和能量开始变得模糊，他的轨迹也不再清晰可见。终于，在他最焦急的时候，轨迹消失了。什么也不能使他快乐。但是没过多久，他就注意到一些模糊的轨迹在非常特殊的情况下重新出现了。当威胁来到身边时，有的时候他的身体会发生颤抖。但是威胁过去之后，他感到更平静了（这就是一个轨迹！）。威胁来袭时，如果身体没发生颤抖，他反而感受不到安宁和幸福，觉得自己失去了轨迹。

从此戴维喜欢上了颤抖的动作。在给动物做生理学研究的时候，他发现所有的动物在经历了创伤之后都会颤抖。人类有的时候也会这样，但是我们常常克制了自己的颤抖，我们通常不是保持警惕，就是向别人证明我们很好，见鬼，真是很好。在我见到戴维的时候，他已经写了一篇博士论文《伤后颤抖的治愈力量》。他追随着自己的兴趣和爱好，经过了无数次的研究，花费了数千个小时与伤后幸存者待在一起，他发现冻结在恐惧和痛苦中的人可以通过颤抖来"释放"他们伤后的压力，哪怕这种痛苦和恐惧已伴随了他们数十年之久。

戴维现在正在周游世界各地，他在饱受战争蹂躏的地区与遭受创伤的人们待在一起，帮他们修复创伤后压力心理综合征所带来的毁灭性打击。颤抖是他凭借自己天才的头脑塑就出来的，是属于他的艺术。戴维用这个强大的治愈方法修缮了成千上万人，这些人都是坚决不找治疗师的，更别提心理医生了。然而戴维只花费了几分钟或者几小时来引导这些人颤抖，就帮助他们达到了本该几十年的心理咨询才能达到的愈合疗效。

就像博伊德追踪狮子的踪迹一样，如今的戴维在沿着他自己的轨迹，走自己最好的人生之路。尽管日程繁忙、旅程不断，还要深入地球上一些最痛苦的人群之中，但戴维却浑身上下都散发着喜悦。他异常沉静，有着"常人所不能理解的平静"，他已经从生命中清除了所有恐惧的痕迹。

"我是不会离开这个地方的，"我见到戴维的时候，他指着自己平静的身体告诉我，"即使是可以搭国际航班离开，或者是要去抵抗其他人的暴力。"他的身体已经成为地球的一小部分，他总能在这个地球上找到自己正确的人生轨迹。

你能想象得到是一位高中辅导老师激励了年少的戴维，让他将改变世界作为自己毕生的工作吗？"噢，没错。"这位辅导老师会说，"你长大后会帮助大量受过创伤的人颤抖，直到他们感到前所未有的舒服。"或者也不是这样。事实是，在戴维之前，从来没有人创造出这样的职业。但是现在戴维激情正盛，他正在积极地教导世界各地的学徒和学生们。

寻路人的流浪之路

我认识的许多现代寻路人也拥有同样奇特的职业生涯。你已经在这本书里见过几个了。林恩·特洛塔用她对"鸟语"的理解帮助人们与自己丢失的那部分相连。她的丈夫迈克尔是一名土生土长的美国人，也是由美国一手训练出来的"消防车"，他教会了上百位身处困境的孩子通过照料营火来治愈自己的生活。苏珊·海特是一位才华横溢的教练，同时也是一位绿色沙冰爱好者，她不仅帮助客户们减肥，还帮助他们达到了最佳的健康状态。丹·霍华德毕生的工作是教导人们"特意地"去休息，通过一些指导性的心理练习达到他们从未享受过的更深层次的放松。所有这些人都是天才艺术家，还有许许多多像我一样的热心客户，愿意自掏腰包来跟他们学习这些令人敬畏的艺术。

由于变幻无常的浪潮席卷了我们的工作、企业，甚至行业，所以我们越来越难以依靠"一成不变的"陈旧职业模式来维持我们的生活。要想在这个变幻莫测的世界里寻求安稳，也许你必须得追踪你的真如本性，最终到达无人之径，也许你必须得经过这一重要的历程才能完全实现你塑就的人生和事业。你可以像我最初研究追踪狮子那样，先挑选几个非常明显的追踪对象进行密切关注，然后慢慢地发展到对你的真如本性的追踪。我管我们即将练习的第一场追踪叫做"你的1万个小时"。

追踪你的真如本性，课程一：1万个小时

当技术达到了一定的水平时，科学家们已经可以观察到大脑内部的活动，于是，一组德国研究人员来到了音乐学校，找了两组研究对象，一组是天赋平平的音乐生，另一组是真正的音乐天才，他们对这两组对象进行了研究，旨在找出这两组学生的大脑有什么不同之处。然而结果显示，这两组学生的大脑没什么不同的地方。神经科学家们如今认为，没有人生来大脑功能就比别人多，就能比别人多完成一项任务。普通音乐家和天才音乐家唯一的差别是，天才音乐家比普通音乐家多做了许多深度练习，那就是冥想出完美的形式，然后努力在实际生活中将冥想的场景重现。要想成为一名世界级的音乐天才，一个学生要进行大约1万个小时的深度练习。

不光是在艺术上如此，在体育、计算机编程、人际关系、财务管理上，还有任何其他复杂的技术上也都一样。当老虎伍兹还是个婴儿的时

候，他的父亲就把一根高尔夫球杆放到他的小手上，在他最后真正在赛场上挥舞球杆之前，他一定已经在大脑中经历过了1万个小时的练习。在童年快结束的时候，索利和博伊德就已经是练习过1万个小时动物追踪的老手了。戴维·波塞利花费了1万多个小时研究人们创伤后的颤抖。克勒仅仅15岁的时候就每天都沉迷于马语，一研究就是一整天。丹·霍华德数小时来都躺在光秃秃的大地上，用自己的方式感受更深入的静息状态。当静息到一定深度的时候，他可以莫名地感知到地下的水晶。一天，他把他挖到的华丽珠宝展示给我看，他告诉我深度练习静息跟茫茫然过单调的日子是两个完全不同的概念。

韦德·戴维斯写过一个关于茂的故事。茂是一位波利尼西亚人，他刚一出生就被选为寻路人，他还是个婴儿的时候就被放在潮汐池里，感受大海的节奏。在他14岁的时候，茂"把他的生殖器绑在船只的桅索上，这样可以更仔细地感受到独木舟在水中的颠簸"。当你在脑海中思考这个过程的时候（不管你愿不愿意），让自己选择一些非常感兴趣的事物来构想，我指的可不是猫头鹰餐厅的女服务员，我说的是任何你近乎痴迷的事物。就像许多网球妈妈和钢琴老师发现的那样，你可以强迫某人练习网球或钢琴，但是你强迫不了他们进行深度练习，因为深度练习的热情完全来自于一个人的内部。

1万个小时，每天6个小时的话，大约要5年；每天3个小时的话，大约要10年；每天1.5个小时的话，大约要20年；每天12个小时的话，大约要2.5年。有没有什么能如此吸引你的事情，让你愿意花费这么多的时间进入深度练习呢？

几乎每个人对这个问题的回答都是肯定的。如果你实在想不出来，那是因为你搜索的范围还不够广。几乎任何事物都可以成为你的艺术。如果你有一对自恋的父母，那么你已经花了至少1万个小时的时间来了解自恋。如果你痴迷于整理衣柜，那么你非常有可能是一个组织的领导者。如果你花了1万个小时进行阅读,那么也许你驾驭书面文字的能力已经达到了世界一流的水平。当我还在大学教学的时候,我告诉我的学生们可以以视频文件的形式提交学期论文,因为他们已经看过1万个小时的电视,其中许多人早就成为视频天才了。如今我在招收培训者的时候,专门挑选那些已经花了1万个小时努力帮助他人修复人生的教练。只需要轻轻地一打磨,再涂上一层清漆,这些天才们就足以改变他们客户的整个世界。

在下面的空白处写下任何能引发你进行1万个小时深度练习的事物。我们先来看一些明显的:呼吸、寻找美食、爱你的孩子、打扮你的宠物蜘蛛。请注意细节和模式。也许你已经进行过深度练习了,比如跟着收音机和你一直钟爱的乡村歌谣哼唱。也许你痴迷于上网,不断地在网上寻找别人失败的故事。如果你喜欢收集各种东西,从邮票到陨石再到麻布球,那么你已经深度练习了搜寻有价值的标本这项技巧。所有这些活动都是你从无言的世界中塑就出来的形态,寻路人也是从这里进入融通、冥想出未来的。我给你留出来了十行供你写下这些事物,但是如果你只能写出两种,也不要觉得不好,因为毕竟人的一生中也没有多少1万个小时。

我深度练习了1万个小时的事

1. _____
2. _____
3. _____
4. _____
5. _____
6. _____
7. _____
8. _____
9. _____
10. _____

每一行上的任何事物都是你的真如本性留下来的精准、明晰的"热情足迹"。这些也构成了你的艺术的一部分,属于你的真如本性在塑就世界里表达自我的方式。现在让我们暂时结束这一话题,再来看一下在不同基质下的另一组追踪。别担心,等我们再回来的时候,这个列表还会在这里等着你。

追踪你的真如本性,课程二:地狱归去来

许多人都告诉我:"我需要找到我的激情。"他们很少意识到"激情"这个词其实起源于拉丁文"pati",意为"受苦",或者说激情这个词最初的意思就是"痛苦"(《耶稣受难记》里曾出现过)。知道了这一点,你就更容易寻找你的激情了。即使你对任何事物都不感兴趣,那也是因为你经历的痛苦还不够。所有文化中的寻路人都知道,首先将自己从苦难中治愈是治愈他人的根本,也是创造积极正向的塑就世界,从而建立事业和从事工作的基础。让我们来沿着激情之路寻找你的真如本性。你的激情往往是最清晰的线索。

想一下你曾经死里逃生的最糟糕的场景,在下文描述出来。然后再想一次较之次之的场景。如果你的人生漫长且/或多变故,你可以列举一下你坠入地狱的经历:在婚礼上被抛弃;流产;患上了网球肘;遭到持枪抢劫;非常隐私并且包含你身体特殊部位的照片的邮件被你不小心点了"群发"。选出令你坠入地狱的前五个事件,按照可怕程度排序(最可怕的为1)。

地狱之游

1._____
2._____
3._____
4._____
5._____

尽管这些经历令人恐怖，但也正是因为恐怖，才弥足珍贵。痛苦给我们的真如本性以目标，我们可以靠我们真正的激情来追求。不管你是如何坠入地狱的，你都可以引导跟你面临同样情形的人绕开这个可怕的陷阱，也不枉这段经历带给你的意义。对于一个遭受痛苦的寻路人来说，最鼓舞人心的思想就是"我可以帮助那些跟我经历相同的人"。这是一个双赢的想法，不仅治愈自己，还能把悲剧本身转化成一份善良的礼物，保佑和修缮其他人，并向外发出治愈的光芒，照耀着整个伟大的本我。

受伤的治愈者

如果你此刻正经受着许多痛苦，那么你可能没有办法特别乐观地看待把你卷入痛苦的不幸遭遇。许多人认为苦难使他们无法为这个世界带来什么积极的大改变。他们大概认为，他们需要的是一个完美的生活和高学历。说到这儿，让我们来看看这个故事：我的表妹莉迪亚，她挚爱的父亲被痛苦的癌症夺走了生命。在她父亲的葬礼上，有一位女人过来安慰她："我知道你现在的感觉。我的意思是，我身边虽然没死过人，但是我用蜡脱过腿毛，我敢打赌一点也不比你现在的痛苦少。"听完后，这个女人的学历有多高我一点都不在乎，我只知道我肯定不会选她当我的"悲伤顾问"。另外，我也不知道玛雅·安吉罗（译者注：美国著名黑人诗人、作家和活动家）的学历有多高，我关心的只是她了解痛苦，也知道该怎样终止痛苦，她的诗帮我度过了一次又一次的痛苦。一切还得实践证明。

作为未来的移情专家，许多寻路人所遭受的痛苦要比打蜡脱腿毛疼痛1000倍还多。毒品滥用、抑郁症、疾病、迷失、网瘾——这些都是年轻修缮者的家常便饭。他们必须经历，不经历痛苦的煎熬，修缮者就不可能帮别人，当以后别人看着他们的眼睛问起"经历过地狱的苦难后，我就真的能快乐了吗？"之时，他们就会无言以对。请相信这一点：不管你现在经历着什么痛苦，它终将引领你走向你的人生目标。它给你睿智、与他人的共鸣和信誉。它将你转变成一位治愈者，前提是：你必须坚持追踪。正如温斯顿·丘吉尔所言："如果你正在经历地狱，那就坚持走下去。"

往返归来

许多艺术家——电影制片人、作家、画家——专门展现人们在地狱里的生活，他们工作的内容就是探究人类内心深处的堕落和绝望，展现混乱破碎的生活，毫无保留地描绘疯狂扭曲的社会和人际关系。

这可着实不是一件小事。

我可以免费告诉你：任何人都可以坠入地狱。实际上我们大多数人经常进入地狱，地狱与日常生活只有咫尺之遥。但是没有必要时时提醒我痛苦无处不在，我们终将难逃一死。然而，我尊重整日研究这些的艺术家们的才华，但是他们的世界与寻路人的世界相去甚远，艺术家们塑就出来的作品带着他们的观众走向地狱，又从地狱中走回来。糟糕的艺术家忽略了人生的灰暗；优秀的艺术家常常在那里停滞不前；伟大的艺术家拥抱我们面临的所有灾难，并且发现灾难背后更深的安宁、治愈和救赎。

一位研究莎士比亚的教授曾经告诉我，这位吟游诗人写完了伟大的悲剧后，也许是因为老年痴呆症，最终精神错乱。这位教授说，这也就是为什么莎士比亚后期浪漫的戏剧以美好的结局收场，还经常带有精神的、神秘的或是奇幻的事件的原因。我认为这位见解独到的学者是一位优秀的艺术家（对坠入地狱保持着完全的冷静），他对莎翁这位伟大的艺术家（找到从地狱归来的路）感到困惑和不解。"我们不应该停止探索，"托马斯·艾略特在《四个四重奏》（译者注：艾略特晚期诗歌中的代表作，风格与早期的诗迥异，反映了他成熟了的哲学思想和世界观）中写道，"我们所有的探索，最终都将回到开始的地方，然后一切又将从头再来。"

不仅仅是剧作家和诗人，对于所有寻路人来说，也的确都是这样。任何艺术都可以让人们的灵魂从地狱找到归来的路。戴维·波塞利指导的颤抖正好带着人们把压抑已久的最深的创伤完全经历了一遍，然后再轻轻地回到安宁之中。在黑暗和迷茫的期间，博伊德用他追踪者的经验找回了人生使命留给他的踪迹，正如你现在所做的一样。克勒温柔地带着马和人们一次又一次面对他们最害怕的事物，帮助他们克服了恐惧。我培训的教练们把目标对准客户们最糟糕的经历，也就是我们上文提到的"最不满意的地方"，然后引导他们从最低点找回信心和明晰的目标。以上这些人都可以帮助其他人从地狱找到回来的路，因为他们已经从亲身经历的地狱中找到了自己归来的路。

向前追踪

每次追踪都是时而清晰时而迷茫的。即使作为一名初学者，我也可以轻轻松松地在尘土飞扬的道路上追踪一头狮子，但是只要地面换成了岩石，或者只要狮子走进了茂盛的灌木丛里，我就失去了它的踪迹。伟大的追踪者可以读取细微的信号，就好像使用了魔法一样，但是即使是对于他们来说，有时候追踪也会变得迷茫。接下来的过程始终是相同的：回到动物留下的最后一个清晰的踪迹处，从那里研究出动物可能走的路线，然后沿着你预感的方向追踪，努力寻找前方的踪迹。如果没有找到任何踪迹，那么再回到踪迹清晰的地方，然后展开另一个方向的追踪。最终，也许在河流、岩石或者倒下的大树的另一侧，你会发现另一处有迹可循的踪迹。

有些时候，我们的真如本性留给我们的轨迹可以指引我们准确无误地一路向前。通往正确人生的下一步也许对现在的你来说清晰可见：你非常强烈地渴望嫁给你的灵魂伴侣，学习挪威语，开一间自己的面包店，或者（我的最爱）小憩一会儿。如果是这样的话，向前进！追随这些轨迹，即使下一步令你提心吊胆，看起来不合逻辑，即使每个人都认为你疯了。如果你不沿着清晰的轨迹前进的话，你将永远达不到你的目标。

但是也有些时候，你可能完全不知所措，漫无目的，前途未卜。如果是这样的话，那是因为有些时候，你并没有追随你的真如本性留下来的轨迹。这时候，不要费力气找寻当下的足迹，往回走，回到最后那个最明晰的踪迹处，回到你沉迷于1万个小时深度练习的最后一刻，或者回到你最后一次迈步向前时感到放松和幸福的地方。最清晰的轨迹将满足这两个条件：它们得是在你用你世界一流的技巧来治愈自己的伤痛之时诞生的。

回想你沉迷于深度练习时，感到痛苦得以解脱或者更加快乐的时刻，在下面的空白处写下来。也许你对油画的激情帮助你进入了无言的状态，帮你脱离了沮丧；或者你悉心照料你的生活，远离愤怒；或者烹饪给你注入了希望的能量，你可以给你自己和你的家人身体和情感上的滋养。让你的冥想寻找任何这样的踪迹，哪怕模糊的一小块也好。

我1万个小时的沉迷如何帮我走出地狱

我喜爱的（描述一下你的1万个小时练习）＿＿＿＿＿＿＿＿＿＿
帮我逃离（描述一下你最痛苦的经历）＿＿＿＿＿＿＿＿＿＿＿＿
＿＿＿＿＿＿＿那段时期，我（叙述一段你通过深度沉迷的练习减轻痛苦的经历）＿＿＿＿＿＿＿＿＿＿＿＿＿＿＿＿＿＿＿＿＿

如果仔细回想一下这段记忆，你将发现你已经完全使用了这四种神奇之术。你的1万个小时练习使你沉醉于无言的世界之中，帮你与融通相连，让你感受到比自我更广阔的本我，帮你在这里冥想出漂亮的动作、对象或事件，然后指引你将塑就世界里的东西变成现实。你在练习治愈这门艺术之时，一个小小的不同产生了，你伟大的自我创造了属于你的独一无二之物。你是这门特殊艺术的世界级大师。

以修缮者的身份追踪你的未来

试试这个：按照角色定位，把你上文写下来的语句重新组合一下。大声说出来："我通过（1万个小时的艺术）帮助了那些挣扎在（我曾经坠入的）地狱的人们。这就是我的工作。"当然，这不是你唯一的工作，也不是你唯一的身份。但是比起那些以职业或社会模式为基础的外在角色定位来讲，这种角色定位对于你的真如本性来说也许更稳定、更适宜。

随着时间的推移和社会变迁的加速，这一点将变得越来越真实。我们这个日新月异的时代所产生的技术，一边摧毁了旧职业的轨迹，一边创造了新的机会，主要是让志趣相投的人更简单、更直接地进行接触，哪怕是围绕最奇特的艺术，这些人也都可以迅速地聚拢在一起。

接下来这一章我会提到寻路人，你可以看到这一点是如何在他们的生活里体现出来的。戴维每天都做着特殊的工作，他用治愈自己创伤后压力心理综合征的方法来治愈他人。博伊德的整个家庭曾面临创伤，一些家人相继死于疾病和空难，他们的去世驱使他和剩下的人创建起安全的保护所，成了"万千生灵的守护者"（也就是伦多洛里）。保护所的建立成为他们的激情所在，也成为他们的全部生活。还是个青少年的时候，克勒就寻找马匹公司，为那些在她童年时期被掠夺成性的大人们伤害过的马疗伤。当初的布鲁克不但被抢走了一生的积蓄，体重还长了七十多斤，在这之后她才创建了盈利的公司，还减掉了多余的体重。

这里还有更多的例子，讲述人们是如何一路追踪自己的激情，忍受痛苦，最终实现人生目标的——一些人是通过熟悉的工作，还有一些人是通过新奇的工作。凯瑟琳最糟糕的经历是在她20岁的时候患上了恐慌症。她通过跟朋友们进行有意义的对话来让自己冷静下来，如今她已经成为一名治疗师。安东还是一个孩子的时候遭到过猥亵，后来又用毒品来麻痹自己的痛苦，他主要是依靠冲浪来找回希望和爱的（帮他恢复"更高能量"的是大海）。现在，安东教导处于康复阶段的瘾君子们冲浪来恢复健康。珍妮曾在上学的时候受到过残忍的欺负，于是她逃进了奇幻的文学世界，如今她把自己写下的故事在网上出售，安慰并鼓励那些被别人疏远和排挤的孩子们。克拉克从小就生长在暴力街区，所以他从小就没有安全感，直到有一天，他救了一条遭到虐待的比特犬，这条狗在他的训练下成了他的朋友和保护者。如今克拉克参与了一个项目，帮助犯人们驯养服务犬，为残疾人服务。

如果你真的生来就具有修缮者的原型，那么使用你1万个小时的艺术提供帮助或治愈点什么——人、动物、植物、生态系统——这个念头会令你强烈地感受到一条明确清晰的轨迹。它会拉着你向前，激发你的好奇心和热情，告诉你该如何塑就。即使你目前离正确的人生轨迹还远，也不要紧，因为比起在你考虑范围之中的其他道路来说，这条轨迹会令你觉得更加舒适和轻松。它会引领你直接进入狂野新世界，那里渴望得到只有你才能赐予的礼物。

不管未来的经济和社会如何变化，这个世界永远都需要修缮者的艺术（每位修缮者都有自己独一无二的艺术），为什么？因为万物，特别是人类，都需要被治愈。这就是为什么在我培训过的学员中，即使是无家可归的海洛因瘾君子，也设法为街头的流浪狗筹钱（每年约20万美元）。修缮者的技能就像药物一样，有强有力的安抚作用，但不同的是，它不存在药物不可避免的副作用，不会令你口干舌燥、体重增加，更不会令你走上犯罪的道路。

如果修缮者的原型并没有在你的身上体现，那也没有关系。你仍然可以使用所有的神奇之术，召回你的真如本性，找到幸福。这个过程对你的职业生涯有着不可估量的作用。但是如果你过着传统寻路人的生活，你可以，也许也应该靠创造你的艺术为生。你可能需要一点点帮助，塑造一个传递系统，来找到需要帮助的人。塑就阶段是我们下一章要讨论的主题。真正的问题不在于你的寻路艺术可以帮你赚到钱——尽管的确如此。最令人兴奋的事情是在狂野新世界里，其他什么都不需要你做，你的艺术就足以维生。也就是说，你只需要每天早晨起床后进入1万个小时的激情练习之中。也就是说，你只需要做最令你着迷的事情，直到你从前的悲伤和弱点变成你最大的快乐和优势。如果你是一位寻路人，你已经待在地狱里了。如果你还没有去过天堂，那么现在是时候塑就你的艺术，开始你的生存之路了。

练习塑就你的艺术

这里有一组额外的练习，在你进入下一个塑就阶段之前，你可以先热热身。基本上练习的目的都是激发你的冥想，帮助你想出办法，将你的迷恋投入你曾经经历过的苦痛之中。如果你跟朋友一起练习的话，会特别有趣，尤其是跟我们的小组成员。

塑就寻路人：谷歌你的艺术

打开你的电脑、苹果手机，或者其他任何能让你在荒野中进行追踪的设备，我们称它们为网络。找出你在上文写下的"1万个小时"列表和"地狱之游"列表，"1万个小时"也就是你的技巧，"地狱之游"也就是你的挑战，现在把你的技巧和挑战同时输进谷歌搜索框中。

例如，如果你喜欢钩针编织，但是同时也患有糖尿病，那么你应该在谷歌中同时输入"钩针编织"和"糖尿病"。我刚刚这样做了，天哪，结果显示有网站专门针对青少年糖尿病，提供"钩针编织治愈法"。如果你的技巧是骑自行车，而你的地狱是痛苦的离婚，你可以在谷歌里输入"自行车"和"离婚"。我刚刚发现了一个专门为离婚爸爸建立的网站，在这个网站上，离过婚的爸爸带着孩子进行自行车之旅，并且组成了一个骑车小组，叫做"走出离婚的阴霾"。

最起码，这个练习可以给你灵感，让你知道该怎么使用你的艺术。几乎毫无悬念，它会帮你找到跟你志趣相投的部落群，部落里的人可以帮你生存。但它也许只能给你指出一个"清晰的踪迹"，这时候你的真如本性就会马上识别出来，指引你迈出下一步。

塑就寻路人：输入大事件

这个练习跟上一个练习不同的地方在于这次需要你在谷歌里输入的是你1万个小时的技巧和令你困扰的社会性，甚至全球性的问题。例如，如果你是一位厌恶种族歧视的时尚达人，你可以在谷歌里输入"饰品"和

"种族主义",果然有很多结果。有些人出售含有反种族主义信息的饰品,有些时装设计师为社会正义而工作,还有的网站上每出售一件饰品就会将部分钱捐赠给增进种族间理解的基金会。又一次,这个练习可以点燃你激情的火焰或者给你提供方法,带你使用你的艺术。

塑就寻路人:十种方式,让你的艺术帮地狱的人们归来

使用你的电脑、朋友的建议或者任何能激发你灵感的催化剂,用你的大脑集思广益,至少给每个1万个小时的技巧想出十种方法,帮助别人从你经历过的地狱中找到回来的路。这个想法可以是完全不切实际的,可以是荒谬的,甚至可以是愚蠢的,你只需来者不拒就可以了。在这个过程中,你将会发现一个明显的踪迹。

塑就寻路人:追踪你的无畏之路

在我们的狮子追踪远征后,我回到了家,我已经爱上了狮子的声音。我花了几个小时在网上寻找这完美的轰鸣,然后把它放在了我的手机里作为铃声。想要找到真正相近的声音很难,因为这得需要庞大的数量才能达到这种轰鸣的效果。我的一位技术专员朋友帮我把手机音量调高了两倍——虽然还不是很完美,但是已经好多了。

一天晚上,大约在午夜2点钟左右,有人拨错了电话,拨到了我的手机上。我从床上一跃而起,赶紧躲到了浴室厕所的后面,我浑身都在发抖,然后才反应过来发生了什么。从那以后,我才意识到我是故意把自己置于大自然最可怕的噪音之中。我认识的一位人类学家认为,因为剑齿虎猎杀原始人类,所以人类的整个大脑防御系统都时刻保持警惕,对狮子加以防范。基本上,我是在与敌人共眠。但是当我一路追踪狮子,它们都可以在途中杀了我的时候,我却觉得它们的咆哮是我听过的最美妙、最悦耳的声音。

我从中得出的经验是,当我们进行追踪时,我们所有的感官都保持着警觉,所有的注意力都镇定地集中在当下,我们的身体知道我们处于最安全的状态。随着世界变得越来越陌生,每一天变化得越来越快,我们身边产生了一种新的野性,追踪再次成为我们最安稳的港湾,也是通往安全之径。沿着你的激情——你对着迷之物的激情,你与痛苦作战的激情——追寻你的"试炼之路",是最紧张、最集中,也是最无畏的寻路过程。当你对我们所认知的狂野新世界感到不安时,不要寻找安全的避风港,那里再也没有避风港。这时候,你要做的是把目光投向你的生活、你的历史、你的激情,还有你兴趣的方向。然后一遍又一遍地问自己,就像你的祖先们在100万次不同的"试炼之路"中相互询问的那样。

你看到了什么?

你看到了什么?

你看到了什么?

保护好你的脾脏。比格斯托克/摄

第十四章　如何塑就生活

"我想她遇到麻烦了。"我说。

"不,"博伊德说,"海龟一直都在游泳池里游荡。"

"在游泳池比在河里更安全,"布朗温插了一句,"毕竟这也是它们的家。欢迎它们跟我们一起游泳。它们刚游过。"

游泳池的岸边草木丛生,我透过岸边的一排树木张望,曾经就是在那里,我一边踩着水,一边给我的一位客户上课(说来话长)。不知怎的,水中的小东西吸引了我的注意力。"作为一名游泳者,它还是不够强大,"我说道,"对于一只海龟来说。"

当我们穿过草丛,走向游泳池的时候,布朗温纠正道:"这不是一只海龟,这是一只乌龟!"

你知道,乌龟是陆生龟,它们一般不在水里。这个小东西正在胡乱地蹬着粗短的小腿,也许是在竭力保持背着壳的矮胖身体浮在水面上。它朝着池畔游过去,但是我能看出来,它永远也没办法自己爬出游泳池。我把手伸进水里,把它拿了出来。它已经累得气喘吁吁。我从来没有见过,也从来不知道原来乌龟也会气喘吁吁。

"天哪,这又是一只豹纹龟!"当博伊德寻找到一小块适合乌龟待的地方,把这只小乌龟放下来的时候,我不禁惊叹道,"这已经是我今天看到的第三只豹纹龟了。现在是它们出现的高峰期还是怎么回事?"我的朋友们大摇其头,他们不知道为什么我每隔几个小时就能碰到一只豹纹龟，但是我知道。

你知道的，一旦你把四种神奇之术都用上了，神奇的事情就会发生：融通开始与你讲话，并在塑就世界里使用任何可使用的信使把它的信息传达出去。出现在你身边的对象和事件给你信息，为你指明前方的最佳路线，帮你远离困难险阻。很明显，在我的伦多洛里之行中，融通选择了爬行动物与我交谈。

多年前，我的身体患上了疾病，情绪也不好，基本上丧失了行为能力，我蜷缩成胎儿的姿势，我把乌龟作为我的吉祥物。从那时起，我就一直在收集带有乌龟图像的东西——珠宝、雕刻、很酷的照片，提醒自己即使不能行动，也要缓慢稳定地坚持努力，当我想向前爬行的时候，要勇敢地从壳里伸出脖子来，要保持弹性的外壳、柔软的内心。自从我开始研究神奇之术后，我就时常希望自己能有一个更鼓舞人心的吉祥物，这个吉祥物的名字就叫做豹。豹或者类似豹的动物（美洲狮、猎豹、美洲虎，甚至毫不起眼的家猫）都是整个地球上的修缮者们的吉祥物。所以当我知道伦多洛里因为与人异常友好的豹以及一种叫做豹纹龟的小动物而闻名时，我觉得非常高兴。这个美丽的小动物看起来就像是一只身穿catprint连体袜的优雅小乌龟。

因为这只豹纹龟很快就成了我最爱的动物，所以我非常强烈地感觉到这只气喘吁吁的小动物在伦多洛里的游泳池里几乎窒息，我得马上营救它。救了它之后，我感到一阵欢喜，你的举手之劳就可以成就一件好事，都不用消耗一点卡路里。但是就在我帮助这只溺水的小动物时，我大脑中的无言的世界在对我轻声耳语，我走上了一条双行道。不知为何，似乎在我营救这只豹纹龟的时候，它也在帮助我。

这似乎解释了为什么我在短时间内接二连三地遇见豹纹龟。在我访问非洲之前，我只有幸瞥见过一次豹纹龟标本。这次它们无处不在：从瓦提小屋回到露营的路上、在我们展开追踪的草丛里、我们吃午餐的露天天台旁边。在游泳池与豹纹龟邂逅之后，我刚抬起脚往房间走，面前又出现一只豹纹龟。然后，就在我坐在房间里打算写作的时候，我的注意力被玻璃门的另一侧吸引了。果然，又是一只豹纹龟，这个小东西正在沿着小屋阳台绕来绕去，说来也怪，它似乎是有意在这里绕，因为它看起来就像一位正在执勤的士兵。

我停止了打字，盯着这只豹纹龟看，直到我的视线模糊不清——看了几秒钟我的眼睛就花了。因为几个月连续的奔波、公共演讲、辅导工作，还有写作期限的压力已经消耗了我所有的能量，此刻的我像一具被抽干了的尸体，只不过不像尸僵时肌肉那么紧张罢了。我身体里的每一个细胞都感到酸痛和疲劳，因为时不时不分昼夜地疯狂工作已经让我忘记了该如何睡觉。在我的记忆里（尤其是自打我的记忆广度缩减到了20秒钟之后），我能做的最放松的事情，就是小睡一会儿。我打了自己一巴掌，然后继续盯着豹纹龟看，我告诉自己要专注、专注、专注。为什么有这么多豹纹龟经过我的道路？它们是在努力给我传达什么消息吗？它们是在告诉我不管有多累，也要坚持下去吗？看起来应该是这样。

这只豹纹龟停了一小会儿，用它漆黑明亮的眼睛注视着我，然后继续爬行。它沿着阳台爬，来来回回，来来回回，目光一直注视着我。最后，与我不久前被游泳池里的豹纹龟吸引了一样，同样的吸引力驱使着我走到阳台，我把它捧在手心里。它差不多跟扁平的排球一般大小，身上镶嵌着金色、黑色和棕色的美丽花纹。我把它捧到我的眼前，跟我面对面，它从它的壳后面偷偷看着我。

"你想告诉我什么？"我问他。此时我有些头晕眼花，我觉得自己似乎是在跟尤达谈话，尽管这只豹纹龟实际上看起来更像唐·里克斯（译者注：美国的单口相声演员）。这让我觉得很安心，因为谁不爱唐·里克斯呢？这只小豹纹龟稍稍地探出了它的小鼻子。我发誓，我看到它在对我笑。

"好吧，"我说，"你为什么不给我展示出来我应该怎么做呢？"我把这只豹纹龟放回了地面上。刚一落地，它的四条腿和头就从壳里出来了，然后它几乎是以冲刺（以乌龟的速度为标准）的速度爬到了一米远的一棵低矮植物的树荫下。

它在那里睡着了，睡了15个小时。

当天晚上我也睡觉了，睡了一个沉沉的好觉。小豹纹龟蜷缩在我的门口，就像一只长满斑点的大花猫，但是它不是。在我的梦里，我飘飘欲仙地走在舒服的大草原上，感受草原触摸我的脚，仿佛是在给我的肩膀按摩，我听到青蛙、蟋蟀、鬣狗以及河马的声音，它们的声音仿佛是从我自己嗡嗡的身体里发出来的。我就是这片荒野。这里的石头、植物和动物都与我的神经系统相连。这只豹纹龟是我身体延伸的一部分，会自动过来安慰我，就好像我会自动把挡在眼前的头发拂开一样自然。

我怀疑，这就是真正的修缮者长久以来对生活的感觉。治愈，是经历过融通，用爱带来的自然功效，融通也不由自主地回以更多的爱，作为治愈的能量。帮助他人，就是帮助自己，你付出了什么，你就会收获什么。在一些美洲印第安人的文化中，人们认为温柔的慈悲龙卷风可以"修缮被卷走的人"。你越是按照这种方式来体验这个世界，就越是觉得其他的意识状态索然无味。成为一名修缮者，是一种伟大的生存方式。

这些天，我也体验了伟大的生存方式。

为什么修缮被卷走的人是一项稳健的财政策略

你可能还记得，在2011年3月，日本发生了一场大地震，由地震引发的海啸将近一万米范围内的内陆都变成了海洋。数百人用"神奇"的技术——主要是智能手机上的视频摄像头——记录下了他们经历的这场灾难。大约一个星期后，我发现自己对网上一个特殊的视频非常入迷。视频里先是响起来警报声，紧接着浪潮就朝日本仙台市拍打而来。情况开始严峻起来，然后真正的危险降临了，再然后的场面绝对震撼人心。整整6分钟，浪潮不停地汹涌而来，卷走了船只、车辆、建筑物，最后海水达到了两层楼那么高。整个视频像是被施了魔法的噩梦。

我一遍又一遍地重新观看这个视频片段，努力让我的脑海想象这场巨大的灾难，就在这时，奇怪的事情发生了，我的电脑自己打开了另一个视频。我不知道这是怎么发生的，我一定是无意中碰到了哪个键，但是这个视频仿佛自发地出现在我的显示器上。视频里出现的是冲浪运动员迈克·帕森斯碰到畸形波（译者注：畸形波又叫"怪波"，英文名为Freak wave，之所以称为"畸形波"是因为它的波高超乎寻常的大，而且出现得很突然，几乎无规律可言）的情形。跟海啸的视频一样，浪潮刚开始的时候令人印象深刻，然后变得惊人，再然后令人瞠目结舌。海浪达到顶点的时候，足足有20米高，相当于一座七层建筑的高度。当海浪到达波峰、突然回旋时，朝帕森斯轰然倾倒的海浪看起来似乎都足以淹没一座城市，更不用说一个站在木板上身无盔甲的人了。然而，乘风破浪之后，帕森斯不仅更加精力充沛了，还兴奋得高声呼喊。他刚刚实现了所有冲浪者的梦想。机会到来时，他在完全对的地点和完全对的时间里，分毫不差地抓住了它。

这两个视频是我能举出的最好的例子，可以充分反映当前全球经济的状况，包括你的个人财务状况。如今的社会充斥着哈佛商学院教授克莱顿·克里斯坦森所说的"破坏性创新"。固有的做生意方式正在遭到侵蚀，然后被连根拔起，摧毁。始作俑者就是机器，人们在不断地创造新的使用方式，用机器购买、销售，并且展开人类的各项事务。我们常常称之为"坚固"的经济结构再也不坚固了，甚至还比不上海啸来袭时，日本仙台那些木制和混凝土建筑物安全。但是，非常小的企业单位却可以"在变化的浪潮中乘风破浪"，那是因为，它们可以迅速灵活地融入不断变化的环境之中，它们越做越好，不仅可以在浪潮中存活下来，还可以展开一次振奋人心的冲浪。

想一想你正在读的书，书籍曾经比黄金都宝贵，因为过去的书属于纯手工制作而成，制作过程十分辛苦。所以，很长一段时间内，所有的书几乎都是由作者亲自"执笔"把内容书写下来，然后印刷机将手稿进行活字印刷，制作成许多副本，销售给零售商。打字机的产生使该过程稍微轻松了一些，但是当我写第一本书的时候，仍然经过了成千上万的人——出版人员、造纸工作人员、打印机维修技术工人、卡车司机、书商——才得以将我脑海中的话语传递给遥远的读者们。尽管如今所有劳动者仍然存在，但是如果我想发表一篇影响力真正广泛的博文，我只需要把这篇原稿（也就是"我亲手写的稿子"）在虚拟网络上一发布，几乎就可以在顷刻之间让数十亿人都看到，既省力又省钱。其他行业也跟我的写作行业一样，曾经需要许多工人花费大量工夫才能完成的工作，现在由个人来完成就可以，还能更节省、更迅速。

几乎每一个行业都发生了类似的情况，主要都是因为技术的创新。在20世纪的时候，由于交通运输技术的发展，制造商可以花费更少的钱在欠发达国家里雇用比本国更便宜的劳动力。如今，几乎瞬间就能完成的信息传输意味着美国的公司和个人可以从印度雇用员工，来完成所谓的知识型工作：会计、法律文书、广告、平面设计、调度，以及更多。在线零售商在百货大楼里就可以分配物流。曾经风靡的音乐产业，如今也随着用电子邮件发送歌曲的实现而垮台。在所有发达国家中，报纸行业也日渐萎缩，因为人们都选择了去网上搜索信息。

曾经获得普利策奖的经济学家托马斯·弗里德曼观察到，由于技术，"世界是平的"，这意味着如今赚钱已经不是只在金字塔形组织结构中展开的游戏，而是在一个相当公平的比赛场里进行的。无论是在孟加拉国，还是在西伯利亚，任何一位与外界隔离的天才都可以登录学校的电脑，跟在美国国会图书馆的研究人员一样，立即获取同样多的信息。到处都有个体和小团体（网上冲浪者）在利用这一情况，采取新的方法做生意，他们将大组织机构（坚固的结构）逼得走投无路。如果你有一份传统的工作，那么要么就是变化的浪潮已经扫过你的行业了，要么就是它已经离你不远了，随时做好准备，因为它马上就要撞击你的"安全"之地。

有两种方法来处理这个巨大的变革浪潮：你可以选择躲在传统的老式公司里，但这里可能是一个金融的死亡陷阱；你也可以选择去冲浪。如果你选择了第一种做法，那么祝你好运，我的朋友。即使你的工作以某种形式存活了下来，跟你相往来的临近行业也正在消失之中。慢慢地，你会发现自己的工作越来越困难，赚得越来越少，你赚到的钱只够维系公司的生存。但是爬到"冲浪板"上就安全多了，这个小规模低成本的赚钱方式可以一边给你带来巨大的欢喜，一边帮你达到垄断地位。你垄断的是什么呢？为什么呢？毫无疑问：当然是你寻路人的艺术。

寻路人的全新思维

托马斯·弗里德曼最喜欢的商业书籍当属丹尼尔·平克写的《全新思维》。平克把发达国家里这场变革海啸看做是信息向创造力转变的一部分。"我们从农民社会前进到工人社会，又从工人社会前进到知识工作者社会。"平克写道，"如今，我们还在取得进步——我们在向创造型思维、设身处地（共情）型思维、模式识别型思维和追寻意义型思维的社会发展。"

在这种新经济中，手工劳动和知识工作将会变得非常机械化，以至于无需投入太多的人力。最赚钱的产品和服务不是高科技，而是"高概念"和"高触觉"。这里是平克对这些术语的描述。当你阅读的时候，在心中谨记整本书一直都在讨论的寻路人原型。

"高概念"包含以下能力：创造艺术和情感上的美丽；发现模式和机会；编造出一个令人满意的故事；结合看似无关的想法创造出新颖的发明。"高触觉"则包含以下能力：产生同理心；能理解人际交往的微妙之处；能从自身找到快乐并将快乐传递给别人；超越平凡；追求人生的目标和意义。

换言之，修缮者的艺术、想象力、特立独行的个性是你在狂野新世界中最有价值的东西。如今的经济转型还不完整，但是它还在进行。浪潮还在上升，我敢打赌你生来就会"冲浪"。

平克描述了在狂野新世界中尤为珍贵的六种"感觉"。他说的这六种"感觉"可不是看或听这类的，而是感知的能力，就像"幽默感"。要想获得高收入，就得需要有这六种感觉：设计感、故事感、和谐感（把不同的东西协调成有意义的模式）、设身处地感、游戏感和意义感。作为一名寻路人（如果你不是一位寻路人的话，恕我冒昧问一句，那你还在这里干什么呢？），这六种感觉是你的个性中的最美之处，也是最令你幸福的东西。几乎可以肯定，你的艺术包含一个或者多个感觉。要想在实现终极目标的同时实现繁荣，你只需要像介绍产品或服务那样将你的艺术介绍给你的部落。

你是富足的创造者，不是传播者（这是一件好事）

使用你1万个小时的技能将人们从地狱中带回来，对这个世界来说，这是一份珍贵的礼物。你的欢喜、激励、安慰和治愈能力正是一些人迫切需要的，他们都愿意为你的艺术付钱。但是，想做成这个买卖，你需要找出在塑就世界里传播你的艺术的方法。因为每一个人都有属于自己的艺术，所以我没办法一一确定你的艺术可能呈现的形式。也许下面其中一组信息，可以帮你在塑就的时候思考你的艺术。记住，不管它占用时间（比如一场表演）、空间（比如一幅画），还是虚拟现实（比如脸书），只要可以在大脑中相传，它就已经进入了塑就世界。

你的艺术形式

你的艺术形式（你的商业模式构成）		
满足需要（需求）	对象（商品）	行动（服务）
教育	书籍、电影、录音，等等。	讲故事、教学、演讲，等等。
人与人连接	俱乐部、组织、团体活动、援助工作，等等。	指导、商讨、组织、筹款，等等。
美和审美	绘画、雕塑、珠宝、建筑、设计，等等。	音乐、舞蹈、表演、单口相声、电视或广播节目，等等。
谋生工具	电器、汽车、电子、网站，等等。	贸易、工艺、艺术等课程或个人指导。
日常需求	房屋或其他建筑物、衣服，等等。	宠物护理、儿童护理、烹饪、购物、差使，等等。
身体健康和舒适	食品、饮料、医药、肥皂、化妆水、香水，等等。	按摩、针灸、手术、个人培训，等等。

不管你的艺术是研究生物化学制药，还是研究彩色玻璃窗，或者是给那些忙得连口草都吃不上的素食主义者提供新鲜食物，都或多或少能跟上述其中一个类别贴上边。现在，我们进入非常重要的环节：请注意，上述列表中的每一个条目都具有自己的价值。你不能说20世纪的绝大多数工作都是一样的，但是大多数工作都只是在传播，而不是在创造。经营一份报纸，你需要雇用比记者数量多得多的卖报男孩（和女孩）；经营一家服装公司，你需要雇用比服装设计师多得多的销售人员；经营一家电影和电视公司，你需要调动大量的劳动力才能把电影和电视节目呈现在大批的观众眼前，但是只有少数的作家和演员创作这场演出。

随着世界越来越平，传播工作也逐渐消失了。新闻博客不再需要报童。服装设计师不再需要商店或百货店巡视员来卖衣服，一台电脑、一个相机、一个贝宝支付账户就足够了。数百名技术工人合力制作电影和电视节目的时代早已远去，如今每一位郊区的妈妈都可以把她心爱的双胞胎宝宝的视频放到网上，然后让它向病毒一样迅速传播开来，整个过程她一个人就可独立完成。

潜心于你的寻路艺术会令你成为一位富足的创造者，在当今的新兴经济体中，成为富足的创造者是最好的工作，保你衣食无忧。没有一台电脑可以像你的艺术一样，知道该如何帮助人们从地狱中归来，但是反过来，你的艺术却永远也不可能像机械一样呆板僵硬。再也不会有第二个人可以把你1万个小时的技巧和你特殊的激情结合在一起，他们可以尝试模仿，但是任何人都模仿不了你独一无二的个人能量。想想所有试图通过模仿奥普拉、J.K.罗琳、Lady Gaga来复制她们的成功那些人，这是行不通的，因为令富足的创造者们散发出迷人光彩的内在个人能量，是任何人都伪装不了的。

最重要的是，通过各种不同的技术，你可以很轻松地找到自己的部落——需要你的艺术的人群，即使他们分散在世界的各个角落。不，收回这句话。用不上你去寻找需要你的艺术的人，他们自然会找到你的。他们已经开始找你了，你唯一需要做的就是在他们找寻你的地方出现。

帮你的部落找到你的艺术

商业作家赛斯·高汀在他的畅销书《部落》中阐明了经济对于共同利益者的重要性，以及共同利益者将如何塑造我们现在居住的如海啸般翻滚奔腾的世界。"部落是一群人连着彼此，连着领导者，连着一个想法……你相信你在做什么吗？每一天？事实证明，信念恰好就是一个精明的策略……最丰盈的道路也是最可靠、最简单、最乐趣无穷的。"

客户部落正在形成，因为在当今的经济形势下，人们渴望有意义的工作、有意义的产品和有意义的服务。工厂式的生产正在被"破坏性创新者"所击败,这些"破坏性创新者"踩着小"冲浪板"乘风破浪,还构想出了这些有意义的策略。正如高汀所言:"许多消费者选择花钱去购买非工厂生产的商品。他们不打算把时间花费在现成的思路上。他们反而愿意把时间和金钱花费在时尚、故事、重要的事物,还有他们信赖的东西之上。"

因为技术部落的经济流动性非常大,所以我们每个人都属于多个部落,每个人也都有可能成为一个部落的领导者。作为一名寻路人,你权高位重。最有激情的部落由需要同样帮助的人组成,因为他们身陷同样的地狱之中。不管是什么创造了你地狱般的修缮者培训经验——失去、幻灭、贫穷、虐待、吸毒、失败、束身内衣、愤怒的小鸟,它同样影响着其他人。这些人在那里寻求安慰和指导。现在,就连你的祖母也不再使用电话本,遇到最糟糕的问题也不再去图书馆查找信息了。几乎每个人,不是亲自去谷歌具体的问题,就是从谷歌过问题的人那里寻求答案。

身处当今的世界,你也可以选择不通过网络来成为一位成功的修缮者,但是这也就是说说罢了,网络如此轻松地就能聚集一个部落,如果不用的话可真是有点傻啊。比如,我培训过的一位教练阿比盖尔·斯泰德利专门帮人治疗盆腔炎。如果阿比盖尔在家乡成立自己的诊所的话,我是说在1980年,那么也许她得租一间办公室,找一大块牌子,在上面写上"盆腔炎治疗中心",挂在门前招揽顾客。也许她还可以在黄页上列出服务项目,或者大张旗鼓地在报纸上刊登广告,甚至还可以在进城的高速公路上立一块广告牌。这样的宣传不仅费钱,而且数千名盆腔炎患者找上门来的概率几乎微乎其微。但是现如今,这些人正在卷起一场谷歌风暴,很快阿比盖尔的名字就能突然在他们面前弹出来。他们只需敲几下键盘,就可以给她发送一条留言。"哒!"阿比盖尔获得了一位客户,这位正在经受痛苦的部落成员获得了阿比盖尔帮助性的应对技巧、信息和指导。

这就是所谓的"集客营销"。你不再需要走出家门,大力宣扬你的产品或服务,已经有一条特殊的盈利市场渠道给你提供最好的服务,把你独一无二的有用产品提供给正在寻求帮助的部落成员。以前你努力推广,希望可以让无数人看到自己的产品,但结果却是只获得了寥寥几位客户,但是如今你不再需要这么费劲巴力,你只需要专注于你的产品,让那些需要你的客户沿着他们的"冲浪"之路找上门来就可以。比如,如果你写了一本食谱,书名叫《为糖尿病患者量身定做的犹太素食食品》就比叫《每个人都喜欢的食物》更吸引顾客。没有人会谷歌"每个人都喜欢的食物",但是只吃犹太素食的糖尿病患者会在网上搜索的时候输入与你提供的特殊食谱相关联的词条。

修缮者的艺术和技术传输系统

如今,寻路人的商业模式基于一个简单的事实:人类技术的变化要远远快于人类本身的变化。也就是说,在机器和城市主导的时代里,我们仍然跟从前以小团体群居、接近大自然的祖先们一样,需要大脑、身体和最基本的需求。在当今狂野的新经济世界中,有一条成功的规则:使用最新的技术,为客户提供最原始的产品和服务。

这就改变了人们脑中的旧时定价规则。在过去(从穴居时代到20世纪),大多数产品都是由原始的工具和流程制造的,整个过程需要个人亲力亲为才能完成。简单的手工制品低等级、低价格。而用机器来制造和生产的高技术产品,在人们眼里就是奇特和精致的。不管生产出来的是什么,只要产品的创造系统所采用的技术越是复杂,人们就越是愿意花更多的钱来购买。但是如今,事实恰好颠倒了过来。过去"高科技=高价格;低科技=低价格"的规则,如今已经变成了"高科技=低价格;低科技=高价格"的趋势。

旧规则与新规则

旧规则 高科技＝高价格	新规则 高科技＝低价格
新规则 低科技＝低价格	旧规则 低科技＝低价格

比如，也许你可以以相当便宜的价格就下载到电子书，可是用由僧人亲手誊写到手工纸上，再由粗鞣革扎成一束的书，却值一大笔钱。下载杰·雷诺（译者注：美国脱口秀主持人）讲笑话的视频分文不用（如果你借用别人的电脑下载他的视频，那你更是连自己的机器都用不上了），但是观看他本人——让有血有肉的真人立刻出现在眼前，与你建立最基本的物理连接——将花费你相当大的一笔钱。再比如，即使是去门票昂贵的城市动物园看狮子（高科技），都比去看被上帝放到伦多洛里的狮子便宜得多。

作为一位寻路人，为了生存，你可以选择通过高科技传播技术，大批出售价格低廉的商品（比如通过订阅或广告赚钱的流行博客作者），你也可以选择通过原始的传播方法，提供少量的高价位商品（比如来到你家，亲自监督你进行反复蹲起练习的私人健身教练）。如果你喜欢新技术，那么尽管选择高销量低价格的模式；如果你是一个回归自然的孩子，那么给自己寻到最佳位置，尽情施展你的神奇技术，让兴致勃勃的顾客主动发现你的艺术。这里有两个例子：

我的朋友塞巴斯蒂安是一个笨拙的小孩，他整天沉迷于网络，大部分时间都是在新奇的"计算机实验室"里度过的，给纸卡打孔来运转大型计算器。等到上大学的时候，他已经可以制作简单的游戏了。他主修的是计算机科学专业，所以他的编程能力也越来越好。当达到可以喝酒的法定年龄时，他已经完成了1万个小时的练习。

不幸的是——你可以看得到，塞巴斯蒂安并不是人气先生。他的害羞几乎达到了一种病态，他整日整夜地做着白日梦，梦想自己是一位侠客，设计出计算机机器人,英雄救美,亲手屠龙。在大四那一年,塞巴斯蒂安与一位艺术家朋友合作,共同制作了一款屠龙游戏,他们把这个设计卖给了游戏公司,赚了一大笔钱。在此期间,每个人都开始使用计算机,即使是女士也如此。在世界各地,每当计算机网络连接中断、文件消失,或者死机时,美女们都会咬牙切齿。

最终,屠龙救美的思路使塞巴斯蒂安策划了一场聪明的营销活动,"营救"遇到计算机问题的人。塞巴斯蒂安开始了第一项"极客服务"(译者注:greek,是指智力超群、善于钻研但不懂与人交往的怪才)。身居大学城,足不出户的他通过电话就可以给寻求帮助的人以技术支援,帮他们解决技术故障。塞巴斯蒂安不仅靠帮助人们屠杀机器中的"巨龙"获得了丰厚的利润,还在帮助别人时脱掉了把社会隔离在外的外壳。尽管很多技术人员对不太熟悉电脑的客户嗤之以鼻,但是他却发现自己作为一名技术人员,对拯救活动的热爱让自己变得更温柔、更有耐心了。塞巴斯蒂安后来聘请了一位女助理——也是一位极客,也就是如今他的妻子。通过将1万个小时的艺术(编程和幻想成为营救英雄)运用到地狱归去来的练习中去(孤独和害羞),他寻到了通往事业、爱情和生活的幸福之路。

与塞巴斯蒂安的例子完全不同,下面我再来讲述另一位修缮者费尔南多的故事。费尔南多在墨西哥北部的峡谷长大,他从小就学习古老的技能,比如追踪和与自然融通,因为只有掌握了这些技能,才能避免被毒贩杀害。费尔南多是该地区唯一"文明"之人。他在学习技能的过程中,爱上了在山间奔跑。在20世纪80年代的时候,跑步在美国成了一个热潮,而费尔南多已经是当地有名的超级马拉松运动员(尽管这个称呼在他眼里毫无意义)。

费尔南多开始训练北美赛跑选手,这些选手也开始学习他的"技术",并且很快就从他那里学到了一个道理:跑步不是说迅速跑完一段距离了事，而是要通过神圣的游戏之路进入无言的世界。他同他的一位美国学生开始为选手们提供"诊所"，教他们带上融通一路奔跑，放飞冥想，让激情指引自己塑就人生。30年后，尽管费尔南多深居简出，从来不让客户们把任何有关他的事情告诉别人，但是他的专业课程表还是被排得满满的，需要他帮助的人自然找上了门。通过第一世界的技术，他的影响力无声地进入了网络，传播到了世界的每一个角落。

如果你正在出售低科技产品，那它可得卖个好价钱，因为它是"高触觉"的稀缺之物，是任何东西都不可替代的。你的产品面对的客户只是一个小部落，但是他们一定会认可你的产品。如果你正在出售的是轻而易举就能被复制的高科技产品，如每日博客，你就只能收取很少的费用，因为你几乎可以毫不费力地引来数亿客户。无论哪种方式，你的修缮者艺术越是特别，你的部落越是激情四射，你就越成功（记住，"激情"是指他们要么着迷，要么痛苦，或两者兼而有之）。你的部落会对你的产品或服务口口相传。变革的海啸会将你卷起，抛向前。你所需要做的就是在你的"冲浪板"上保持平衡。

范例：修缮者使用神奇的技术传播艺术

因为每一位寻路人都是不同的，所以你不能一字一字地（在高科技产品中，像视频播客）或一点一点地（在低科技产品中，像美味的饼干）模仿其他人的业务。然而，在你思考其他成功的修缮者时，你也将发现破解自己事业难题的方法。范例可以激发你的想象力，帮助你梦想出你需要的商业模式，然后创建到你的塑就世界里。因此，这里有一些范例，都是现代修缮者真实的故事。

眼下，我正在打字的电脑屏幕的最右侧栏，正播放着爱荷华州迪柯拉的鹰巢的现场直播。视频是由地球上的某些佚名修缮者以猛禽资源项目的名义播出的。这些修缮者可以通过在现场直播网站上插入简要的广告来为研究筹集资金。就在此刻，这个非常关键的时刻，我可以看到三只毛茸茸的小鹰围着鹰巢扑腾扑腾地拍打着小翅膀，它们任劳任怨的鹰爸爸正在旁边整理干草垫。一个月前，我看着它们孵化，并且——噢，等一下！它们的妈妈回来了！它抓到了一条鱼！现在它正在给小鹰们喂食，它耐心地用自己那巨大的嘴叼着肉丝，小家伙们在它旁边不停地折腾，伸直了脖子争着吃食。我喜欢看这个老鹰家庭。就在此刻，又有五万多人点开了这个视频。老鹰的部落的观众们遍布全球，但是从真正意义上来讲，我们正一同坐在一棵高高的树上——谁也没有去打扰它们一分一毫。

尽管老鹰一家的现场直播对我的诱惑力很大，但是我还不如到Chewy Lou公司的官网上，买一件我最喜欢的T恤衫。Chewy Lou公司是由一位名叫阿丽莎·诺维兹的女人在她妈妈被确诊患有乳腺癌后创立的。有一天，阿丽莎一边洗澡，一边在脑中寻找感觉良好的东西，这时她的冥想突然传递给她一张图片：一件设计精美的高质量T恤衫，上面印着鼓舞人心的话语，镶嵌着施华洛世奇的水晶。有了这个创意，阿丽莎决定雇用患有认知障碍的人帮她制作T恤衫。她的T恤衫跟现在市面上的都不太一样。当我穿上的时候，人们都会不约而同地问我是在哪里购买的。我告诉他们T恤衫出自Chewy Lou公司，于是他们马上上网给自己也买了一件。阿丽莎艺术的治愈表现在很多方面：为癌症研究项目筹款，为弱势群体解决工作，为像我一样的客户带来欢喜。

购买了一件闪闪发光的T恤衫后，为了给自己庆祝，我又访问了艾莉·布洛什的网站，她是一位极具滑稽的幽默感和漫画艺术才能的女人（不用说你就能知道她至少已经经历过1万个小时的深度练习了）。最初，在艾莉的朋友建议她写博客的时候，她连博客是什么都不知道。长话短说：如今艾莉的网站"Hyperbole and a Half"已经拥有成千上万的粉丝，这还给她带来了稳定、可观的收入。如今，艾莉已经在出自己的书了。简简单单地做自己，讲述自己的故事，画自己的画，就轻松地为快乐部落带来了欢喜和精神茶点，这就是艾莉的寻路艺术。

看完了艾莉最新发表的文章后，我又迅速来到迈克尔·特洛塔的虚拟家园。他的网站上提供了野外生存经验和他对自然的认知。尽管我可以通过我的电脑直接获取这些信息，但是迈克尔业务的完整物理形态——人们积累学习技能和思想的物理空间——几乎遍及地球上的任何狂野之地：美国东北部的树林、西南部的沙漠，加拿大大平原。如果你不介意我这样说的话，其实迈克尔工作的地方几乎无处不在。

现在我该开始今天的写作了，所以我决定访问一下其他作者（在线），给自己一点激励。作家阿曼达·霍金从小就开始写奇幻小说，开始是手写，后来在电脑上写。不幸的是——不，等等，应该说幸运的是，没有一个出版商购买过阿曼达写的书。所以她只能靠在残疾人之家工作来获取微薄的收入，勉强度日，闲暇的时间才能写她的奇幻小说（能不能说她具有"修缮者原型"？）。最后，阿曼达决定自己一个人在网上出版自己的书，那时候还是2010年4月。如今，正在我写这些文字的时候，也就是2011年4月，阿曼达已经成功售出了185000多册书，她被誉为"Kindle百万富翁"。她已经拥有了一支充满激情的团队，并且还在日益壮大，队员们如饥似渴地汲取着她的艺术。

你开始相信我的话了吗？任何通过自己的创新，提供独一无二的宝贵艺术的人，都可以成为部落的寻路人，并在这个过程中谋得生存。我很幸运，每一天都可以跟这样的人一起工作，尽管我写这本书的时候正值重大金融危机时期，但是我的这些朋友们却依然日益发达。如果你拥有一位寻路人的真如本性，那么使用神奇的科技（在物理世界里，与人类物理相连的所有机器）传播神奇之术（无言、融通、冥想、塑就）是最简单的方法，可以帮你在狂野新世界的经济海啸里乘风破浪。事实上，如果你操作正确的话，这个方法简单得不可思议。那么，在变革的浪潮里，怎样才能"正确使用"该方法呢？实际上，你可以使用我整本书中都在讨论的神奇之术塑就你的寻路事业。然后，寻找科学技术——不可思议到近乎神奇的新科技——传播你创造的东西。

使用神奇之术吸引并维护你的部落

当然，你必须采取实际行动才能在物理世界中生存下去。但是随着新技术的产生，实际行动变得越来越不重要。而且，在当今，再多的实际行动都不足以创建一个成功的职业生涯。随着世界的变化，越来越多的老式工作——也就是到21世纪来临之前，大多数人一直从事的公司职位或体力工作，我们眼中的"典型"工作——对维护旧式经济繁荣起到必不可少的作用。企图在当今社会建立类似20世纪90年代那样的商业和企业，就好像在海啸席卷而来的时候加固建筑物，还没等你建成，海啸就已经将一切都卷走了。从另一方面来讲，当你需要塑就一个实际事业的时候，要想让无言、融通、冥想同时为你的塑就创造出足够多的能量，那么这个过程中的每一个细节你都要保持温柔、快乐和愉快。良好的"冲浪"技巧是由修缮者的神奇之术决定的，而不是单凭顽强的努力就能练就的。

我是在废寝忘食地疯狂工作时发现这一点的。现在我做的业务跟以前大不相同。我成立了一个小虚拟公司，我们这个小公司召开会议的时候差不多就是这样的：五到十个人不管身处何方，都拨打同一个会议号码。我特意把公司的规模控制得这么小，因为我可不想让自己的公司在变革的海啸中被淹成一个水泥仓库。公司的首席执行官要求每个人在开会期间都穿着舒服的睡衣。一般情况下，都会先有人提议看一段黄金猎犬跳曼波舞的视频，然后我们才讨论业务，我们的业务主要包括培训教练和研究视听课程，目的是帮助人们解决生活的各方面问题，并最大限度地提高他们的生活质量。

随着会议的进行，我和我的同事们寻找我们可能破解的谜题，尽量多为我们和我们的客户创造双赢的局面。我们处理问题的反馈，并思考如何更好地为客户和教练服务。如果解决方案最初并不明朗，那么整个小组就进入无言的世界，在融通之中进行感受，发动我们的非语言大脑提供解决方案，构想你"希望发生"什么。然后我们几个人全部都要描述一下自己刚刚的冥想。几乎无一例外——到了近乎荒谬的地步，我们的主要想法完全一致，不管是关于产品创作、改进服务、人才招聘，还是眼下需要做的任何事情。在偶尔出现意见分歧的时候，每个人都会检查自己的信念体系，看看是哪些显而易见的"问题"（几乎总是无关紧要的信念）阻止了我们看到彼此的观点。

　　一旦我们的意见达成了一致，我们就该在塑就世界实现我们的想法了。这是一个很重要的环节，所以一定要认识到这是一个充满乐趣的游戏，千万不要严肃紧张。"业务是严肃的，不是游戏，也毫无乐趣"这样的态度会导致财务上的失败，我绝对不会允许这种情况在我的公司发生。如果我和我的员工在破解谜题的时候遇到了困难，我们会问自己两个问题：怎样让谜题破解的过程更有趣？怎么让谜题的破解过程更放松？如果我们对某个问题感到疲乏或劳累，那么我们都会挂断电话去休息——为自己，为彼此，也为客户。我们稍后会再次开会，然后继续在游戏中破解谜题。

　　我监管的业务主要"提供的产品"是轻松和欢喜的能量。所以如果我把疲惫和焦虑的能量注入了我的工作当中，就相当于我给客户们提供了烂苹果——而且客户们知道这一点，因为即使他们意识不到，他们也能感觉得到我和我提供的产品有多真实。他们在融通的世界里与我相连，你也一样。要想在狂野新世界收获财富，你终究要学会按照这条建议生存：休息，直到你感觉休息就像在玩耍；然后玩耍，直到你感觉玩耍就像在休息。其他的事情，一概不要做。

休息和玩耍的无限循环

　　在伦多洛里之旅中与豹纹龟的邂逅让我明白，我必须按照豹纹龟教我的方式去好好善待我的生活。从久违的酣睡中醒来后我才知道，只有我好好照顾自己，它才会不断地帮我使用神奇之术，给我的整个部落带来积极的影响。然后，整个塑就世界用各种各样的方式给我以支持：情感上、身体上，还有财务上。醒来后我的冥想世界里出现了一个清晰的符号，代表寻路人的一生，象征自我维持的休息和玩耍无限循环，永无止境。于是，我马上把这个符号草草记了下来。

只要你悄悄溜进恐惧或疲惫之中，哪怕你每件事做得都对，包括这本书中的所有练习，你的修缮事业也无法取得进展。这些有百害而无一利的感觉正好将你踢下"冲浪板"，将你踢入当今的金融浪潮之中。这并不意味着你应该在企业中找一份工作了，对于当今世界上的寻路人来说，在企业工作无异于扼杀活力，自断财路。相反，这意味着你该休息和玩耍了。执念、不妥协、不遗余力这些强迫性行为散发的能量会扼杀企业的活力，驱散客户，摧毁创造力，给成功设置重重困难。

也许你会觉得，待在休息和玩耍无限循环的能量圈里也太容易了，因为这里的感觉太美妙了。但是对于大多数人来说，陷入恐惧可比保持幸福容易得多。这是因为我们的大脑被分为了几个部分，其中一部分叫做爬虫脑，位于大脑深处。爬虫脑首先往爬虫模样进化，然后不断地创造恐惧，我管这种恐惧叫做"匮乏和袭击"：担心当前拥有的不够，担心坏事的突然来袭。我管你的爬虫脑叫做"内心的蜥蜴"。你的内心有一只惶恐不安

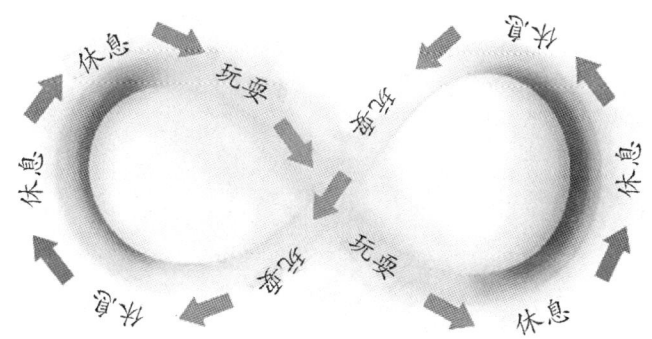

休息和玩耍的无限循环（我的版本）。马莎·贝克/绘

的蜥蜴一直在担忧匮乏和被袭击,所以它紧紧地抓住任何能使自己免受匮乏和袭击的救命稻草,把任何给自己带来一丝一毫紧张情绪的事物拼命推开。在事业上,这股紧抓不放的能量正好创造了这只蜥蜴的冥想:被恐慌主导的金融和社会灾难。

从一整夜的酣眠中醒来后,我发现小豹纹龟还在我房间旁边的阳台上愉快地休息着,此刻的我从未如此清醒地意识到我的"蜥蜴恐惧"已经远离了我休息和玩耍的循环圈,远离了我的整个人生。我已经研究神奇之术多年,但是我从未真正把它们当做信仰。我仍然认为我需要不断地辛苦工作才能保证经济上的收入。工作是我坚实的保障。我"内心的蜥蜴"不敢放手,不敢"冲浪",不敢在想休息的时候休息,不敢在想玩耍的时候玩耍。就在我坐下来思考这些的时候,一只小蜥蜴突然窜到了我的阳台上。

"你好,"我说,"你是我恐惧的象征吗?"

就在这一刻,我向上帝发誓,一条漂亮的小蛇爬上了我的阳台。在我还没有反应过来的时候,这条蛇已经用身子紧紧地缠住了蜥蜴,几乎瞬间就要了它的命。蛇将蜥蜴吞入口中,然后滑向了一棵树,给自己找了一个

休息和玩耍的无限循环(爬虫版本)。马莎·贝克/摄

舒服的位置，我用我的手机把这一幕拍了下来。

是的，在这场特殊的旅程中，塑就世界一定是以爬虫的形式来跟我说话了。它也会跟你说话的，以各种各样的方式，等你开始放下恐惧，换一种传统又自然、欢喜又美妙的发达方式之时，塑就世界就会来跟你说话。

下面有一些谜题需要破解，在进行下面的游戏时，你可以把自己当成在人生中"冲浪"的修缮者。当你做下列练习时，如果你感到有任何压力或紧张，你就必须让自己"内心的蜥蜴"平静下来。你可以通过寻找更快乐（如果你处于高能量状态）或更放松（如果你处于低能量状态）的方式来做到这一点。另外，请记住，尽管这些谜题是在塑就世界中破解的，但是只有你可以保持无言的意识状态，爱上融通的世界的舒适，沉迷于无限冥想的极乐世界到了一定程度，你才能得出有效的解决方案。

艺术融入部落，游戏让工作更美好

塑就寻路人：打包你的艺术

1.回想一门修缮者的艺术，或者你通过前面章节定义出来的艺术，再回想你的1万个小时练习，以及你如何通过1万个小时练习度过最悲惨时期的经历。

2.想想还有没有其他人与你经历过同样可怕的挑战（你的"地狱归来"经历）。他们都属于你的部落。感受他们。

3.冥想自己用自救的方法将其他人从地狱般的煎熬中拯救了出来，特别是那些与你志趣相投、连接你1万个小时练习的人。用你心的眼睛看着自己这样做。

4.冥想出三个可以采用的对象——查看一下"你的艺术形式"表格，为你的冥想做准备——帮你将你的艺术传达到你的部落。如果你想让这些想法达到最佳效果的话，那么你就得傻一点、顽皮一点。找一位朋友，跟你一起集思广益。先列出你的前三个想法：

a.＿＿＿＿＿＿＿＿＿＿＿＿＿＿＿＿＿＿＿＿＿＿＿＿＿＿＿＿

b.＿＿＿＿＿＿＿＿＿＿＿＿＿＿＿＿＿＿＿＿＿＿＿＿＿＿＿＿

c.＿＿＿＿＿＿＿＿＿＿＿＿＿＿＿＿＿＿＿＿＿＿＿＿＿＿＿＿

5.使用相同的快乐能量，冥想出三个可以进行的活动——再次查看一下"你的艺术形式"表格，寻找这些想法——帮你教导你的部落使用你的艺术，去治愈他人。

a.＿＿＿＿＿＿＿＿＿＿＿＿＿＿＿＿＿＿＿＿＿＿＿＿＿＿＿＿

b.＿＿＿＿＿＿＿＿＿＿＿＿＿＿＿＿＿＿＿＿＿＿＿＿＿＿＿＿

c.＿＿＿＿＿＿＿＿＿＿＿＿＿＿＿＿＿＿＿＿＿＿＿＿＿＿＿＿

6.四处询问——快乐地。找找看，你的周围是否有人属于你的部落，把你的想法讲给他们听。寻求反馈，看看你怎么能使你的产品或服务给客户带来更大的帮助和价值。冥想下去，直到你想出了可以在塑就世界里创造的东西。

塑就寻路人：研究如何用神奇之术将艺术融入部落

你可能已经谷歌过跟你最不幸的经历相关的词条。现在再做一遍，这一次看看其他寻路人是如何给你的部落提供产品和服务的。注意一下哪里是最吸引你的地方，然后就用它激发你的冥想，看看如何促进你的艺术与你的部落之间的沟通。这不是复制内容，内容的创作永远都是不可复制的。这样做只是为了看一看目前跟你拥有相似艺术的人是如何将自己的艺术传播出去的。

塑就寻路人：休息和玩耍是对"内心的蜥蜴"的蔑视

一天几次，一次一个小时，注意观察你工作时感受到的能量。如果你觉得疲劳或恐惧，那么你已经服从了你"内心的蜥蜴"。在当今世界上，服从"内心的蜥蜴"可不是一个有效的策略。如果你发现自己处于低能量状态，觉得疲惫或沮丧，那么问问自己："现在做点什么能让我更轻松？"可能你想躺下来休息一会儿，或者试试丹·霍德华的"意向休息法"，让你的思想休息一会儿，这样才能让身体更有效地恢复活力。任何形式的休息，不管有多不起眼，都会提高你内心的工作效率，改善你的内心生活。

如果你处于高能量状态，那么问问自己："现在做点什么能让我更快乐？"讲笑话，在网上看一段好笑的视频，陪你的孩子比比看谁能更逼真地模仿动物的声音。玩得开心点！你"内心的蜥蜴"一定会在你的休息和玩耍面前感到紧张或恐慌，你只需要深呼吸，继续练习下去。无限循环的休息和玩耍会将你"内心的蜥蜴"吞噬。只有到那时，你才能发现寻路人的事业注定是成功的。

塑就寻路人：为部落而休息

躺下来，想一想正遭受着跟你一样"地狱归去来"经历的人。冥想自己在太空中俯瞰这个地球，你部落中的每个人都在地球上的某个角落散发着光。故意让自己休息一会儿，然后默默地重复一句话："我现在在为我的部落休息。"感受你与部落成员的连接有多深。这个奇妙的练习是我至今发现能与部落连接的最好方式，而且可以（把它放到相当讨厌的21世纪）拓展你的业务。

成功的乐趣

自从塑就世界通过三种爬行动物——豹纹龟、蜥蜴、蛇——跟我进行沟通后，我就决定相信这些动物信使了，我的信仰发生了飞跃。我开始更加频繁地使用神奇之术，特别是在做"工作"的时候。发生在我身上的事情后来也几乎都发生在了数百位客户身上：我更加健康了，更加轻松了，并且以意想不到的热情享受着每一天的生活。每天早起玩耍后，我都感觉自己比儿时还要健康和快乐。我感觉自己做的工作越来越少了，但结果却是不仅我的企业没有倒闭，我们的业务反而提升了，反而被狂野新世界的浪潮推动着继续向前发展。

　　我从"爬行动物之旅"的融通中得到一个启发,尽管豹纹龟游泳游得不那么好,但是它们仍然那么喜欢冲浪。如果你的目的是修缮,那么融通现在就可以给你发送类似的消息,让你感受这样的奇迹。睁大你的双眼,静候消息的到来。看看你的周围,什么是你最大的乐趣。你并不是注定每天都要重复枯燥无味的"工作",相信这场欢乐的游戏才是安稳和繁荣的入场券。我们生活在一个流动的世界里,每一天浪头都越涨越迅猛,但这反而是一件好事。你不能坐以待毙,淹没在海啸的浪潮之中,你注定要驾驭好你的冲浪板,乘风破浪。

休息的梅斯特。比格斯托克/摄

第十五章　跃入狂野新世界

一个漆黑的夜晚，就在我所有小组成员面前，我又一次被一棵树"逗弄"了。然而这一次，这些树不存在于热带雨林中的萨满的歌声里，也不是我狂热的冥想，而是实实在在的树。我跟博伊德、克勒，还有十位客户一起坐在搭建在阿拉伯橡胶树树枝上的木制平台上，这里离我们在伦多洛里的露营有几公里远。现在是凌晨4点，我们几个一动不动，鸦雀无声。

我不知道我身边的客户们是否享受这次旅行，也许他们正热切地希望此刻的自己正待在家里，一手捧着一袋玉米片，一手拿着遥控器，悠闲地看着电视。我希望他们都能快速进入神奇之术的轨道上，通过寂静之路融入无言的世界之中，或许还可以——鉴于我们此刻疲惫不堪，冻得瑟瑟发抖，怎么待着都不舒服——通过折磨之路。

当然，这里还包括欢喜之路。看着像车轮一般的银河系在空中滚过，发出闪闪的光芒，听着鸟儿和其他动物在黑暗中的召唤，呼吸着开在夜间的花朵散发的幽幽花香：这些是我们的祖先每个细胞中都流淌着的经历，如今却淹没在垃圾车的轰隆声和空调的嗡嗡声中。请注意，我非常感激垃圾车和空调，而且我也不想每天晚上都坐在非洲的树上打坐，但是如果一生中一次这样的经历都没有过的话，我会后悔来这世间一遭。

这些想法出现在我的意识里，又像雾一般消散了。无言随之而来，我感觉到了一股熟悉的能量，提醒我我与周围的漆黑是融为同体的。我们脚下的河流成了我的血液，温柔的风成了我的呼吸，1万只相思小青蛙的清浅吟唱成了我的心跳。

然后,我感觉有东西在注视着我。

我感觉有毛发刺在我的脖子上。我的全部感官都集中在离我几米远的树枝上。天太黑了,我什么都看不清,也什么都听不到。但是我可以感觉到有一个动物在盯着我,我能感觉到它脚上的纹理和树皮的纹理,仿佛自己是这只兽,也是这棵树。然后,我非常非常清晰地——也许我的感觉有误——闻到了一股好像破旧电影院大厅里散发出来的黄油爆米花的气味。我的心脏像敲鼓一样怦怦直跳,因为就在我最后一次闻到这股气味的时候,我被杀死了。

这只是一个梦,但是这个梦境如此真实,以至于我数个星期都难以忘掉,我不禁怀疑是否梦境比清醒的现实都要真实。这个梦很清晰明了,但是绝对令人恐惧。在梦里,我拉开露宿的帐篷时,突然发现一只猎豹就蜷缩在我的帐篷外面。在看到这个令人震惊的大动物的那一刻,我的欢喜瞬间就消失不见了,就在我们四目相接的一刹那,猎豹突然向我扑来。猎豹的重量强大到令人咂舌,就连用厚帆布制成的帐篷门帘都被它压坏了。我突然惊醒,四顾茫然,浑身都是汗水。然后,我用了一个多小时才再次入眠。当我再次睡着的时候,猎豹还在梦中等着我。

在第二个梦里,我刚要拉开帐篷帘,这只猎豹就撕碎帐篷扑了进来。我感觉到它在用牙齿咬我的喉咙,用后爪击打我的肚子,然后将我撂倒。我不光能闻到猎豹发出的强烈的黄油爆米花味,还能闻到从我的身上散发出来的黄铜锈般的血腥味。我猛然从梦中挣脱出来,好像拼命将孩子从流沙中拉出来一样,费力地喘息着。这一次,我再也不想睡觉了。毫无疑问,我知道只要我一进入睡眠,猎豹就会回来。我盘起腿,试图静下心来打坐,我想起了自己被噩梦纠缠的孩童时期,那时候哪怕是困得不行,我也会因为无法摆脱的恐惧而不敢入睡。

大约半个小时后,我的大脑右半球突然冒出了一个想法,这个想法真是非常简单、非常明显,以至于我不禁放声大笑。那就是我抵抗什么，什么就会持续存在，所以要想结束噩梦，我需要做的就是放弃抵抗。我"扑通"一下栽倒在枕头上，进入了睡眠，很快我又重新进入了同一个梦境。但是这一次，我有条不紊地拉开帐篷的拉链，走出来，在把拉链重新拉上后，我站在开放的户外。我专注地看着猎豹美丽迷人的眼睛，它也在凝视着我。猎豹朝我扑来，我让自己晕倒在地。我感觉到它的双颌就在我的脖子周围徘徊，当它用后腿将我扒开的那一刻，我融入了猎豹，猎豹也融入了我。等我再次醒来的时候，我感到前所未有的清醒、平静和安宁——与此同时，随着伦多洛里小屋窗外的徐徐微风，随着电影院的黄油爆米花的气味，我轻轻地飘了起来。

当我对一位非洲朋友吐露我奇怪的猎豹梦境时，他告诉我三件事情，我稍后会在书中以我的亲身经历来证实：一、在许多传统文化下，从普通生活转变成修缮者生活的显著特点就是，在梦境中或想象中被杀死和/或被吃掉；二、出来吃你的野兽通常是一只大型猫科动物；三、在现实生活中，猎豹确实闻起来像黄油爆米花的味道。

黑夜里，我跟朋友和客户们一起坐在搭建在阿拉伯橡胶树树枝上的木制平台上静静地打坐时，我记起了一切。就在我收紧了我的感官，每吸一口气都细细地嗅一下黄油爆米花的气味时，我开始怀疑我为什么要同意来这个树梢守夜。突然，我觉得选择在树梢上彻夜"宁静冥想"就像组织幼儿园的孩子去顶级安全的监狱进行实地考察一样明智。我想赶走一切：黑暗、寒冷、迷茫、疲劳、不安。我想拿到我的电视遥控器。

豹夜之魂

在每个寻路人的生命里，都会有一些这样的夜晚。你现在就可以经历一次。也许你会对你的个人传奇感到陌生和不安，你不知道接下来会发生什么，但是你可以清晰地感觉到会有不好的事情降临。你的工作或你的职业也许会慢慢融入历史的迷雾之中；你的家庭也许会四散分离；你的身体也许会慢慢垮掉；矛盾的心情也许会将你撕裂。你非常有可能忘记这场冒险的初衷。早期点燃你的灵感和动机如今在你看来是那么愚蠢和失败。

我希望我可以告诉你，你可以退回到安全理智的文明世界，在那里一切都会井然有序地按照你预想的方向发展。但是很抱歉，我不能。因为我们恰好就出生在当今的世界上，我们无法回归从前那种滞后陈腐、在当今的神奇面前黯然失色的存在方式。对于一位天生的修缮者来说，要想在狂野新世界里生活得安宁和富足，唯一的方法就是放弃老一套思维模式、工作方法、决策方式以及其他相关的行为模式。如果还不奏效，唯一的选择就是放弃得再多一些。让事情顺其自然地发展，哪怕你会遭受可怕的巨大损失。相信神奇生长在你的灵魂之中。让猎豹杀了你，杀了现在的你，只有这样，你的真如本性才能出现。

信仰的飞跃

如果要找一个名词来形容一些猎豹（比如一群母牛的"群"）的话，那么这个词选择"飞跃"（leap）再合适不过。猎豹有着令人难以置信的跳跃能力，我就见过一只猎豹衔着一只跟他差不多大的死羚羊优雅地跃到了三米多高的大树上。这个术语"飞跃"也非常适合猎豹的密友寻路人。任何打算走寻路人人生之路的人必须在信念上不断取得无穷而惊人的飞跃。每一次面对未知的未来，你没有死死地抓住自己知道的那点东西不放，而是发挥了自己的创造力，那么你在飞跃；每一次你敢于相信自己的艺术可以维持收入，那么你在飞跃；每一次你给予自己的部落成员以信赖，那么你在飞跃；每一次你敞开胸怀，用你赤诚的身心和灵魂去深爱，那么你在飞跃。与之相对，每当你开始不相信自己，不相信命运，也不相信自己治愈世界的能力，那么你一定是跃离了神奇。

寻路人的生活要比你现在紧紧抓住不放的落后生活更快乐、更有爱，也更富足。但是要想在狂野新世界里寻找到真正属于自己的路，你不能只以修缮者的世界观来思考事情，你必须敢于拥抱这个世界。实际上，你必须相信神奇的存在，相信自己可以创造神奇。如果所有证据都显示，长久以来一切被你视为安全合理的事情都开始变得稀奇和古怪，那么你必须作出决定，将这一切都推翻，并不是因为科学不支持这是一个有效连通、反应灵敏的宇宙这一概念（它支持），而是有效连通、反应灵敏的宇宙这一概念在你所处的文化里被认为是不正常的。

事实上，如果你选择以寻路人原型的身份生活的话，即使你从我们称之为"常识"和"常理"的生活跃入了一个更加理智、更加健全的新世界，你也不会对你从前的文化产生蔑视。新的文化已经开始觉醒——不仅在你身上，也不仅在你的渴望和希望里，而是在塑就的现实世界里。它融通了传统修缮者的智慧和令人震惊的新机器。它不会破坏人类、动物和地球的真如本性，反而会治愈、修复、培育和拥抱我们及围绕着我们的所有本质。它不是以政策和法律为载体，施行强制性传播，而是由陪伴着我们的最亲爱的朋友用他们的故事、他们的笑声和他们的冒险进行传播，是由神奇之术通过神奇的科学技术进行传播。不管你在哪里，它都会找到你。此刻，它正在你生活中最黑暗的部分寻找你。

我近几周的相关经历

也许，在研究这本书的时候，我就已经让我的思想深深地沉浸在了神奇之术中，我看到我的身边到处都是神奇之术，就像是在一位医学专业的学生眼中到处都是症状，在一位购物狂的眼中到处都是清仓一样。或者，在用我所学的方法做了这些练习后，在我将所有注意力放到了传统与现实的融通之上后，我实际上正在塑就的情形就已经证实了我的小组理论和小组使命。但话又说回来，也可能是遍布我们这个蓝色星球上的寻路人真的在感觉他们的命运，学习他们的技巧，在惊喜无限的塑就世界里练习他们温柔的艺术。不管到底是什么原因，有些事情确实正在发生着。让我给你举一些例子，它们正是我在写这一章的时候发现的。

示例一：那是在菲尼克斯的时候，那一天天气晴朗炎热，我花了一个下午的时间训练一位年轻女子，她赢得了由全国零售连锁店赞助的比赛。我甚至都不知道这场比赛是关于什么的，我只知道每一个小时对我来说都是一笔酬劳。我唯一能假设出来的就是，获得第二名的选手得挨板子了。我无法弄明白到底什么在人们眼中值得赢取。我拿着笔记本和笔，准备暂时回归"常规"训练，多年前我就已经放弃了"常规"训练，把所有时间都投入了我的小组当中。

比赛的赢家是一位非常有组织能力的年轻女人，她叫基里娅。我们坐在她的酒店套间里，她告诉我她想听一些建议，如何让更多的人知道她的业务——培训服务狗为残疾人服务。基里娅的狗不光帮助盲人，还帮助患有癫痫、瘫痪、创伤后应激障碍的病人。实际上，她训练的很多狗还为从中东战场上回来的退伍老兵服务。大家对服务狗的需求非常大，以至于基里娅不得不加紧攻下硕士学位，这样她就可以合法地把她的方法传授给大学和研究生学院里崭露头角的心理健康专业人员了。

"你知道，"基里娅的语气听起来异常小心，"这些狗在为人类做事，但是不仅仅是身体上的保护和帮助。而是……"她的声音渐渐低了下来。

"这不是你用言语能形容得了的，对吗？"我提示道。

"没错。"基里娅回答道，"我知道这听起来很疯狂，但是你可以感觉到，这些狗在做着——它们在修补什么。"又一阵沉默，"而且我不知道为什么，但是我知道我必须得做这份工作。"她眼巴巴地看着我，"当我还是一个孩子的时候，我就知道了。我必须这么做。"

"你曾经得过奇怪的慢性疾病吗？"

基里娅眨了眨眼睛，然后说："你是怎么知道的？"

"你是不是感觉到有什么大事很快就要发生，而且你是这件事的一部分？"

基里娅眼中蓄满的泪水已经证实了一切，无需多言。

"孩子，"我对基里娅说，"扣好你的安全带，准备起航吧。"

我放下了笔记本和笔，花了一个小时口若悬河地尽力给她介绍我们的小组。我一口气把四种神奇之术全都给她讲了一遍，最后我告诉了她"我们如何拯救这个世界"，讲完后，我擦了擦滚烫的额头，但愿这个可怜的女人不会受到太大的惊吓，可别以为自己跟一个疯子关在了一个房间里。

基里娅深吸了一口气，然后缓缓地呼出。"你说的一切都与我的想法完全契合，"她用再正常不过的口吻说道，"我只是从来都没有向任何人提起过，我们下一个步骤是什么？"

加油！

几天后，我在最后关头收到了一份惊喜的邀请，那就是去参加《奥普拉·温弗里脱口秀》节目的录制。我欢快地把截稿日期推到一边，充满感激和期待地来到了芝加哥。就在观众等待录制开始的时候，主办方的热身预演活跃了整个演播室的气氛，全场的粉丝们都狂热地高声尖叫起来。当脱口秀节目进入倒计时的那一刻，我的耳膜都被欢呼声震麻了。我突然明白了，每个座位下面精心摆放的纸巾，不仅是为观众们相互挥泪道别的时刻准备的，也是为了让观众们用来擦拭因肾上腺素激增而流出的激动的汗水。然后，一个特殊的手势信号亮起，这意味着她来了！

尖叫声立刻默契地变成了紧张的屏气凝神。所有目光都投向了演播室的后门，那里就是奥普拉经常登台的地方。30秒钟过去了，观众们屏住呼吸，准备好了下一刻震耳欲聋的尖叫，好迎接心中的偶像。1分钟过去了，一些人忍不住再次呼吸了。又1分钟过去了。人们脸上的表情由兴奋变成平静。又过了1分钟，全场都开始放松了下来。我不知道奥普拉是不是等的就是这一刻，但是就在这个时候，舞台后面的帷幕拉开了，奥普拉平静地走了出来。

我敢肯定，当时一定有欢呼声，但是我已经不记得了。我的记忆中只有舞台上的那个女人,她周身散发的无言是我在整个狂野新世界里见过的最深沉的。她的能量将全场观众融为一个整体,由无言的力量牵引。在表演的最后一个小时里,这位电视女王没有过多地表现自己,也没有大量地发放赠品,而是静静地讲述了流淌在每个人身上的神圣的能量,以及冥想是如何塑就我们所经历的一切的。她正在将这简单强大的信息带进塑就世界里,不光凭借言语的表述,更多的是自己的切身力行。我不知道《奥普拉脱口秀》节目最终通过电视这个神奇的科技播出后会产生怎样的效果,但是在现场,她将全场的观众带入了虔诚的深思之中,人们被这份宁静震惊了,被巨大的治愈浪潮席卷。

加油!

离开芝加哥后,我就直接前往我的客户安德鲁居住的城市。安德鲁是一位成就卓越的人,他当时正面临着一次巨大的信仰飞跃。若是跟随他的心,安德鲁将不得不失去巨大的权力和影响力,放弃一大笔我们想都不敢想的财富,与一些辜负他信任的密友断绝关系,还要在一定程度上不可避免地受到公众的监督,因此而名声大跌。安德鲁的信仰飞跃所面临的社会压力是难以形容的。唯一鼓舞他向前进的动力是一线薄弱的希望之光,噢,对了,还有一位来自南美洲的导师。这位导师是萨满继承人,叫罗德里戈,他像他的祖先一样也居住在热带雨林里,想当初我遇见他的时候曾大喊"你!你!你!",激动得几乎眩晕。

罗德里戈不喜欢"萨满"这个称呼,因为这个词已经由于错用和误解而被玷污了。他称自己为导师,而我呢,当然称他为寻路人。他曾经身居亚马孙雨林,与一个从未与现代世界接触过的部落居住在一起。后来,这片雨林爆发了疟疾,罗德里戈不得不离开,离开后的他,攻下了三个哲学博士学位。然后他开始在发达国家里用传统的治愈方法为患有心理疾病的人们治疗。尽管他从来没有为自己做过宣传——实际上,他还让他的客户们谨慎地选择治疗,但有许多世界上最具影响力的人却主动登门拜访,你永远都不会想到原来这些人也会去找一位在丛林中受过训练的精神导师，向他寻求帮助和建议。

我来到安德鲁在帕克城的顶层套房时，正好赶上了罗德里戈的治愈课程刚刚开始，今晚这个课程会持续几个小时。这就像是一次高强度的治疗，进展速度令人眼花缭乱，因为罗德里戈只需要盯着对方的眼睛，仿佛就能非常清晰地读懂人心。当他开始帮助安德鲁进行信仰的飞跃时，他把安德鲁从来没有对外人提起过的事情和感受说得清清楚楚。罗德里戈在两种临床心理学方法间灵活转换：格式塔疗法和罗氏疗法，他还使用了一些我花了1万个小时在书上、专家那里，还有课堂上学到的其他理论传统。

在一次完全不同的经历中，我也见识过罗德里戈现在这个动作，只见他蹲在地上，直盯着安德鲁的眼睛，温柔地提出和回答问题，几个小时的时间里他几乎都没眨过一次眼睛。他动起来就像一只大猫，看起来也像一只大猫。他在追踪，他的眼睛跟踪着客户的思想，不过他的目的只是为了给客户带来舒适和安宁。罗德里戈是在用爱进行追踪。

加油！

可以实现的梦想

在这个长夜里，我和罗德里戈单独出来，到另外一间房间里吃三明治。我觉得我们像是一同吃过上百次饭了，一点也不像第一次进餐（你！你！你！）。尽管我永远也达不到他那种运用技巧的水平，但是我和他却拥有同样的激情：我们都是用人类意识召唤美丽幽深、原始又完全陌生的新事物。我们拥有同样的目标：扩大意识治愈范围，从个人到他人，再到其他生物和其他系统。我们拥有同样的折中研究方式：学习和使用任何可使用的人类知识，不论是来自古代传统文化，还是来自最新流行的同行的学术期刊。

"顺便说一下，我还在看着安德鲁。"罗德里戈说道，他朝着安德鲁和其朋友们待的房间点点头,那个房间其实是我们的视线所不能及的,"如果我注意力不是很集中的话,我向你说声抱歉。"

"不,不,我完全明白,"我说,"你属于我们小组。"我甚至一点都不担心他可能不明白我说的是什么,"我喜欢看小组成员们做自己的事情。我管这叫做你的艺术。我认识一些治愈生态系统的非洲人。"我知道此刻的自己已经语无伦次,但是没关系。就好像我在其他兄弟姐妹的活动中又结识了一位家庭成员。

"太好了!"罗德里戈的脸上堆满了笑容,"你遇见来自中国的成员了吗?"

"我都不知道还有从中国来的呢!"我说道,"这真是个好消息!"

"是啊,每一个国家的都有。"他说,"我们有一组成员很快就要在加拿大召开小组会议了。"

我这才恍然大悟:"其实你已经参加过小组会议了,是吗?"

"噢,没错。"罗德里戈说道,他又咬了一口三明治,"我已经跟许多不同的团队,在很多地方都开过小组会议了。你管这叫艺术也好,叫别的也好,你喜欢叫它什么就叫什么。你要是知道了谁在这个小组里,一定会大吃一惊。"他跟我提了一些毫不介意公开自己名字的人,听完后,我大为震惊。然后,他一边往法式薯条上点了一些番茄酱,一边看着我的眼睛,回答着徘徊在我朦胧意识中的问题,尽管我并没有大声问出来。"是的,这当然毋庸置疑,"罗德里戈带着温和的笑容说道,"这当然是真的。"

加油!

你自己的狂野新世界

像所有这些寻路人,还有我见过的数百人一样,也许你会感觉到有声音在召唤你,让你成为你希望在这个世界立即发生的改变本身。做到这一点，你需要先治愈自己的真如本性，然后再去治愈召唤你之物的真如本性。立即开始吧，我指的就是现在这个非常时刻。没有必要非得等着外在制度或老师给你牵引的绳索。在寻路人的道路上，没有任何固定的结构，也没有任何确定好的培训方式。你可以找到其他修缮者——实际上他们自然会被你吸引而来，但是他们只能给你他们一路上编织的绳索。寻路人，顾名思义，开辟世上没有的路，到达别人从未到达的目的地。你可以做点什么，好将自己的神奇之术变成一种生活方式，也可以变成一种存在方式，那么你将成为第一个这样做的人——用你自己的独特方式。

如果你当前达到了人生的终极目的，舒适地从地狱归来了，还对自己的航行技巧信心十足，那么看在上帝的面上，教教我们这些还在道路上摸索的人，你是怎么做到的。反过来，如果你盯着前方的黑暗，不知道自己该何去何从，那么飞跃吧。纵观人类历史，塑造目标容易，但是达到目标却难得多，所以由此可以得知，在狂野新世界中选择修缮者的道路，是一种设计人生的方法。虽然寻路人的旅途是根植于静止之中的，但是它会带你走进狂野新世界里最狂野、最活跃的角落。以下是一个简短的总结，提醒你作为一名寻路人，如何度过这一天，如何追寻人生的目的，如何治愈狂野新世界中围绕着你的每一个角落，从生机勃勃的非洲平原到坚实的曼哈顿峡谷。

寻路的一天，步骤一

只要你醒来，无论是从睡眠、坏心情，还是各种各样的需求中，就会进入无言的世界。这也许会发生在一天中的任何时刻。也许是因为你得到了充足的休息，也许是因为你太累了，以至于你无法让神志不清的大脑在枯燥无味的工作上多停留一秒钟。也许一杯浓咖啡、一句伤人的话语、一个失败的项目或者一张美丽的面孔，这些都会将你唤醒。不管它是怎么发生的，只要它发生了，每一次你都可以使用任何你知道的方法到达宁静之地，在那里，你的整个生命没有纷纷扰扰，你现在就可以开始。

如果你的痛苦不能被动物所感知，让无言的世界来告诉你，你的痛苦只是一个谎言。正如泰勒所言，"进入右边"的大脑，因为右脑具有强大的观察功能，积聚了大量的能量，所以不能承受痛苦的经历。从文字语言跃入爱的絮语是一项技巧，你需要深入练习。做这个练习的时候你要相信，通过释放你应该控制的思想，你会进入真相，歪打正着地发现你言语思维一路寻找的治愈方法。

寻路的一天，步骤二

由于无言将你带入了当下，所以你选择目前的道路和人生的道路的优先权将会发生改变。你会感觉到融通的平静，融通可以满足你所有特殊的需求。这将带给你感激，你会感激万物，不再心生执念，并且完全扭转为大多数人所恐惧的行为方式。如果你曾经强烈地抨击过喋喋不休的配偶，或疯狂地工作，好赶在截止日期前交工，或对蜂鸟们在厨房窗子外面搭建的鸟巢不理不睬，那么今天，你可以放下手中的一切，出去看看这些蜂鸟。别把孩子们送去学校了，你可以跟他们躺在秋天的落叶里。

在这样做的时候，保持无言和平静，因为融通带你走的道路可并不安宁。更多的时候，它不是把你带到悬崖边上，就是一把将你推下悬崖。不要去想着着陆，不要担心坠落，因为你坠入的是爱的海洋。随着你坠入融通的世界，你将为你爱的人、圣人和一直闻名的修缮者作出狂野的选择：你将看到每个人最好的一面。你将会知道，你是安全的、强大的、美丽的。这些事实会治愈你的伤痛，使你成为鲁米口中的"强大的仁慈"。

寻路的一天，步骤三

随着无言和融通慢慢地清除了你内心的忧思、防御和恐惧，你将释放出巨大的情感和身体能量。你的下一个寻路任务就是看看此刻你的思想可以走多远，你的冥想可以搭建多大、多美的巢穴。使用你生活中的谜题练习释放你的创造力。冥想一下以下情况的最好结果：与喋喋不休的配偶因一个问题争执不下；提交工作的日期日渐迫近；你的孩子们因为跟你躺在秋天的落叶里而落下了功课。想一想，如果你和你遇到的每一个人都完全生活在无言和融通的状态下，那么再遇到上述这些情况，会出现怎样的状态。然后你就会看到他们的真如本性，每个人其实都已经生活在了这种状态中。冥想一下。

注意，在你把你的冥想送入广阔无边的无言网络时，不要把如今发生的事件贴上"问题"的标签，你要把它们当做指引你、启发你的谜题。如果这些你都做不到的话，不要担心会发生什么可怕的事情，慢慢忘掉你的预期。你要知道，被你视为消极的结果也许实际上对你反倒是一种激励，鼓励你冥想出更美好的事物。把你最喜欢的娱乐与破解谜题的过程放在一起比较，然后问问自己："这个哪里像那个？"随意往你的大脑里扔进1000种客观事实，然后去户外任意走走，让你的大脑右半球创造出一个尤里卡时刻。

不是说你今天冥想的一切都会在塑就世界里出现，但是随着冥想的成真，你开始把偶然情况、新朋友和好运带上了桥，桥的这边是无时无刻的融通的世界，桥的那边连接着物理世界。而且这时候束缚越来越少，每个人都可以拥有更多的力量把冥想之物变成现实。亚瑟·查理斯·克拉克曾说过："发现可能性极限的唯一方法，是冒险多前行几步超越这些极限，迈入不可能之境。"如今，地球上遍布神奇的科学技术，文化思想也达到了前所未有的融通，所以哪怕是构想点不可能之物，也得需要无限的冥想。不管怎样，构想一下。飞跃。

寻路的一天，步骤四

一旦你的冥想成了无言和融通的世界里的仆人，那么你就可以投入你的物理能量将你冥想过的一切塑就成现实的模样。永远不要忘记，实现这一点，你必须得做到：玩耍，直到你感觉玩耍是在休息；然后休息，直到你感觉休息是在玩耍。如果你发现自己在做别的事情，比如工作、消磨时间或者寻找逃脱的办法，那么你就已经徘徊在言语的边缘了。停下来，呼吸。跃回无言的世界，犹如你的生命离不开它一样。任何其他的事情都会停止你的寻路魔法，让你绝望无助。如果真的发生了这种情况，那么回到最后那处"清晰的踪迹"，回到你最后感受到修缮者轻松愉快的生存方式的那一刻，从那里出发。

随着你在塑就世界里的玩耍，你将发现最好的玩耍与坚持不懈的努力是分不开的——常常是非常具有挑战性的工作，濒临你能力的极限——享受过程，别过分地去依附结果。神圣的玩耍和休息本身就是我们为之努力的原因。我们曾经称之为"成就"的结果其实只是追寻真正目的、施展神奇之术的道路上供人娱乐的副产品而已。

如果你形成了与融通的世界相连的无言能量，那么用你的想象力撬开束缚的瓶盖，你的艺术将在这个非常的日子里给你带来新鲜的东西。刚开始的时候，你的期望仍然控制着你的冥想，所以进展得很缓慢，但是如果你深入练习神奇之术了，你将会看到奇迹开始降临。你的身体、你的安全、你的人际关系将让你越来越满意，一切都发展得太过完美，仿佛是完美的巧合。你将发现你在治愈，治愈你自己和你身边的人，治愈你曾经以为会一去不复返的东西，治愈你以为破碎后就无法修复的东西。在你没有尝试之前，你是不会相信的，但是如果你试过了，你就会相信它。飞跃吧。

领路

这是我们拯救世界的方法：一句平和的话语、一个慈悲的行为、一次舒服的酣眠、一阵哄然大笑。如果你拥抱这样的生活方式，言语自会传播，哪怕是用最普通和最平凡的方式。也许你的目的只是寻到自己的道路，但是你却令别人感到了平静，你却用你的艺术、你创造艺术的方式、你单纯的存在就治愈了别人。你在能量网络和塑就世界里传播的信息会传播得又快又远。

这在无数位我认识的小组成员身上都得到了验证。基里娅没有想到有那么多人支持她关于治愈老兵的服务狗项目，她被深深地震撼了，这些援助之手到来的速度之快让她意识到了她在塑就世界里冥想的目的。许多电视上的脱口秀节目主持人都试图模仿"奥普拉效应"，但是他们却模仿不了奥普拉向这个世界传播的能量，他们的塑就达不到奥普拉的治愈效果，也不能引起广泛的关注，他们不是奥普拉。奥普拉还是一位名不见经传的主持人时，她在芝加哥的脱口秀节目就颇受关注，但是这些人却不能。在吃三明治的时候，罗德里戈问我："为什么有这么多人愿意花钱让我去做我每天都会做的事情呢？我真的跟其他导师有什么不同吗？"这个问题令我笑了起来。我见过许多治疗师，但是很少有人能够把神奇之术运用到罗德里戈这种程度，也很少有人看着别人的眼睛就能轻而易举地知道对方的想法，就好像是这个人大声告诉过他们一样。这是一种古老的治愈力量，与理性主义技术相结合，这种力量使罗德里戈的日程表提前两年就被预订满了，其中一些预订他课程的人是这个地球上最具影响力的人。

　　如果你真正飞跃到寻路人的原型之中，如果你学习和练习神奇之术，再通过我们惊人的文明创造出来的各种神奇的科学技术传播这些神奇之术，那么同样的成功就会莫名地发生在你身上。这不仅会帮你在狂野新世界里寻找到你的路，还会帮你为其他人引路。用不了多久，你回头看看，就会发现在不知不觉中你的小组成员们已经跟在了你的身后。

　　当你感觉到有声音在召唤你带领你的部落走上思想和行为的治愈之路时，你必须飞跃。你必须以谦逊的态度，发挥你的领导作用，为整个世界服务，就像老子形容大海一样："江海所以能为百谷王者，以其善下之，故能为百谷王。"你必须温柔地告诉别人不要追随你的足迹，告诉他们要挖掘潜藏在身体和灵魂背后的寻路能力，沿着自己的目的进行追踪。没有一条安稳的道路能够通向人类最好的未来：我们生活的年代，道路无限。我们唯一需要共享的就是我们的承诺，承诺要通过存在、慈悲、想象力和创造力行驶在狂野新世界里，承诺要与几百万亲密的朋友玩耍得愉快。

如果有足够多的人接受这样的领导,如果有足够多的人开始以寻路人的方式生存,那么一个新主流世界观很快就会出现在我们的星球上。这是一个不切实际、乐观得荒谬的憧憬?当然了,这是。我不是要求你相信它——甚至连建议都算不上,我只是请求你去冥想一下。

对我来说,这很容易,因为自从我决定跟我的小组成员们一起玩耍,我就被数百位修缮者包围了,他们的存在让我充满了感激,我几乎忘记了思考。在未来,整个人类文化都由这些人创造,将会与我们自相残杀的残酷过去大相径庭,达到令人难以置信的地步。这里有两种世界观,其中一种已经接近毁灭世界的危险边缘,另一种是拯救世界的世界观,让我们来比较一下:

两种世界观

生活区域	过时旧世界	狂野新世界
个人的内心世界	被可怕的经历主导。	满满的都是当下。
关系	相信各种文化下的各种社会标准。	相信人与人之间的真爱。
事业	一个人在工作时压抑着真如本性。	一个人在工作时表达着真如本性。
行业	庞大的组织通过传输获取利益。	个人和小组为内容创新提出双赢思路。
技术创新	设计机器来贮藏货物、开采大自然、吞噬资源。	设计机器来治愈和保护自然,使资源再生。

你可以继续冥想新旧意识之间的差异,实际上,我强烈建议你这么做。我们越是多冥想充满修缮者的世界,就越能想出更多的办法,从而在塑就世界里创建这样的世界。在你治愈自己的真如本性的时候,你冥想的事物不仅会更加频繁、有力地出现,还会有更多安静的注意力关注着你,你会帮助更多的人找到回家的路。不管你的艺术是什么,都会把你带向属于你的部落,不管部落里的人是谁,都会更深入地进入你治愈的魔法之中。

在路出现前找到你的路

我曾经笨手笨脚地尝试过，我曾经带着修缮者的意图，用修缮者的方式过我的一天，我经常在奇怪和意外的情况下结束我的一天，我不禁怀疑我是否在做梦。有时候这种情况很美妙，但是有时候我又重新陷入成为修缮者之前的意识状态之中。然后，在回来的路上，噩梦中的情形都还在我的心头萦绕。

与我的寻路人朋友们于漆黑的夜晚在非洲的阿拉伯橡胶树树枝上的木制平台上彻夜打坐是我最艰难的时刻之一。一个又一个小时过去了，我越来越冷，越来越疲惫，我的幻想破灭了，我感到恐惧。我总有一种奇怪的感觉，猎豹正在盯着我看，我尝试着让自己去顺从这种感觉，心甘情愿地让猎豹杀了我，但是我在这个木制平台上取得的效果比不上我躺在温暖的床上进入梦境时好。

我努力用我的所学，以寻路人的方式来生活。我努力进入无言的世界，寻找可以奇迹般平静我的恐惧，给我带来幸福的极乐状态的安宁，可是我做不到。

最后结束这个悲惨夜晚的不是神奇，而是清晨的到来。地平线上的灰色薄线渐渐变成了耀眼的黄色，太阳的光芒沐浴着大树，透过这些光线，我可以看到我们附近并没有化身为萨满的外来动物。可笑的是，我依然闻得到黄油爆米花的味道。

这一天剩下的时间里，我还是隐隐地怀疑自己还能闻到记忆里的那种味道。一晚上的期冀过后，我终于可以离开平台了，但是离开后的我却止不住地想回去。在狂野新世界里寻路常常就是这样的感觉。尽管它正在发生，但是信仰的飞跃——迁移到另一座城市，接手庞大的创意项目，生养一个孩子——并不是什么你愿意再重复一遍的事情。然后，等它真的结束时，你又突然止不住怀念它有多么美好。一整天里，在我和我的教练同伴们带着客户一起玩耍的时候，我一直心心念念回到地狱般的平台。幸运的是，这个特殊部落里的人都非常理解这样的事情，所以在培训休息期间，我问博伊德能不能把我送回阿拉伯橡胶树下，他一声不吭地就同意了。

就在我们靠近这棵树的时候，博伊德息了路虎的火，让路虎缓缓地沿着斜坡向下滑行。我们慢慢停了下来。很长一段时间里，我们陷入了深深的沉寂，这片非洲丛林在"窃窃私语"。最后，我终于进入了无言的世界。我和我周围的一切都融为了同体。由于眼下的一切如洪水般将我席卷，我放下了漫长夜晚里的那些想法。

然后，我用我的余光看到了有一个移动的东西在闪烁。

在离我们只有一米多远的地方，有一颗行走的"珠宝"从草丛中走来。这个金色的萨满四只脚踩着风火轮，从永恒中径直走出来。这只猎豹从我们身边走过，它离我们如此之近，以至于我们都可以听到它浅浅的呼吸声，还有它巨大柔软的爪子与地面接触的声音。三次飞跃之后，它跃到了大树的平台上，就是我跟我的朋友们打坐时待的平台。所以它一直都在那里——但它不是为了伤害我们，而是为了保护我们。它听到了人类寻路人在融通的世界里无言的召唤，然后就来了，就像它远古时代的祖先们一样，它们都是修缮者在塑就世界中的密友。

猎豹沿着平台的纵面阔步向前走，仿佛走着猫步的时装模特，它抬起头，展示着白白的喉咙上的黑色"项链"。它停在路虎的正上方，坐了下来，它特意将头郑重地抬起，注视着我们两个的眼睛。

眼神的交汇直接将爱之矛传递给了我。野生猎豹的眼睛如此明亮深邃、狂热澄澈，你在它的眼里找不到一丝一毫的虚伪。一旦你看着猎豹的眼睛，猎豹也看着你的眼睛，那么你有两种选择：你可以努力假装这没什么大不了，你也可以选择屈服，相信魔法。猎豹永远也不会责怪你选择了"常态"，放弃了典型修缮者的道路。但是如果你想一览它的神奇，那你就必须选择飞跃。

你的猎豹已经就在你的身边。它在你最悲惨的夜晚里，在黑暗中等待着你，耐心地守护着你，陪着你直到天亮，与此同时，你也让它在狂野新世界里为你指明了道路。一个新向往、一本异常迷人的书、一段抓住你注意力的视频，在塑就世界里，它一直都在以某种方式追踪着你。你可能永远不会去非洲大陆，你可能永远不会离开你出生的城市，你可能对每一种猫都严重过敏，但是如果你选择作为一名寻路人来生存，今天的某一时刻你就要与猎豹四目相对。爱在狩猎你的真如本性，它就在你的附近，永远不会停息。

寻路，就从这里开始

环顾你的周围，现在就看看，发生了什么？是什么东西在草丛中沙沙作响，是散发着黄油爆米花的味道的神奇之物在等着迎接你吗？你可能感觉这种拉力充满了渴望和吸引力，发出温暖的光芒，让你的心脏随时都有可能停止跳动。不管它是什么，冥想它，塑就它。用寻路人的激情和坚持不懈给它承诺。练习神奇之术，让神奇之术带给你最狂野的风景，你可以触摸、居住、共享。

此刻，我正在伦多洛里，我坐在瓦提小屋的阳台上写下这些话，这片愈合的土地曾被神奇之术和神奇的科学技术治愈，如今的它叫做"万千生灵的守护者"。我不自觉地想在这里结束这本书，但是事后回想起来，这本是我的预期。

我这样冥想过。

就在前几天，我跟克勒、博伊德、索利再次进行了"犀牛追踪"，但是这一次我们带来了更多的小组成员，跟我们一起分享经验。比起被狂野新世界唤醒的目的感更幸福的事就是与你的部落分享你的经验。频频发生的梦境就是我的生活，自母犀牛差点扑向我那次算起来，已经五年过去了，当我再次抬头时，我又看到了巨大的灰色东西悄悄地在草丛中移动。我们设法离它远一点，但是这头犀牛却比我们平静多了。这是一场成真的梦境，只不过比梦中更好了。

是我令它发生的吗？也许吧。跟我的小组成员们在一起的时候，我进入了永恒之中，冥想自己有机会以此为生。我们都在塑就世界里进行了这样的展望。我们一起设计了一次惊人的非洲研讨会,这在从前可是让人想都不敢想的。我和克勒又回到了伦多洛里,博伊德和索利用超自然技能对犀牛进行定位追踪,其他跟我们在一起的修缮者加入了我们的这次旅行,这也是一次巨大的信仰飞跃。我对这一结果的感激之情——从我看到第一头犀牛开始后发生的每一件事——无以言表。但是我并没有感到多么吃惊,以后也不会了。因为我已经用许多方式测试过修缮者的方法,我的亲身体验告诉我它们总是那么有效,如果说我对它们还存有怀疑,那肯定是在撒谎。

今天早上,我刚一醒来就进入了无言的世界,我在融通之中感觉到了我的猎豹密友,我找到了它。然后我开始冥想另一只猎豹,就是我上文提到的今天从我身边走过的那只。猎豹从我身边走过这样的情况发生的概率是无限大的。五分钟前,我用我的生命发誓,它又发生了一次。猴子和鸟儿开始发出警报,然后我看到一个金色的东西在闪耀,在高高的草丛中像波纹一样荡漾开来。我的一个朋友过来问我是否看到了猎豹。他很肯定地说,猎豹刚刚从小屋前悠闲地走过,走进了露营里,一路上引起了森林管理员的注意。不仅"我的"猎豹在光天化日之下从我眼前经过了,而且就在它经过的同时,我的电脑突然连接上了无线网络,在这个本来不应该有网络的地方有了网,我可以立即把我的猎豹密友光临本地的消息发送到整个狂野新世界里。

这让我笑出声来,但是不至于震惊到休克。对于我来说,这样的事件已经成了正常现象——令人眩晕的奇妙,没错,但也属正常。

告诉我:你希望什么对你来说成为常态?你可以创造,从现在这一刻开始。飞跃。

当你的脚离开地球的时候,你可以在一片寂静中听到狂野新世界在召唤你的真如本性。融通在你耳边轻轻告诉你,你以为你失去的,其实还属于你,你生命中破碎的,也可以被重新治愈。你内心深处潜藏多年的渴望,就是你的真如本性,它等待着恢复最初的姿态。给它空间,给它爱,它会重新强大起来。在此期间,特别是在漫长寒冷的灵魂之夜,你要知道，你最恐惧之物恰恰散发着它的力量，保你平安。

因为源于内心，所以显于外部：你内心世界真实的部分，对万物归一的本质来说也是真实的。正如很久以前一位寻路人朋友告诉我的那样，我们向黎明前进，黎明就已经来到。在这个精致的星球上，在这个美好的小组里，你周围的一切都在醒来，抖抖冰冷僵硬的四肢，对着彼此的眼睛微笑。在地平线上，灰色的光线正在延长、变亮，慢慢地交织成红色和紫色，然后是耀眼的金色。在丛林中，犀鸟在鸣叫，狮子在咆哮，猎豹在呼吸。这一天已经清晰可见，已经开始对你召唤，召唤你去修缮你的生活，召唤你在人类历史上最狂野的世界里寻找你的真如本性。

哦，哦，哦，我的队友们，这是一个多么光荣的早晨。

视野。比格斯托克/摄（上）舒特尔斯托克/摄（下）